Be Your Personal Best

做最好的自己

李开复 著

人民出版社

宋健（右六）参观微软时，与比尔·盖茨、李开复等人合影

高中时创办公司获奖

与亚洲研究院的同事在一起

参加亚洲研究院为他举办的送行会

国学大师钱穆为父亲亲笔题写的对联

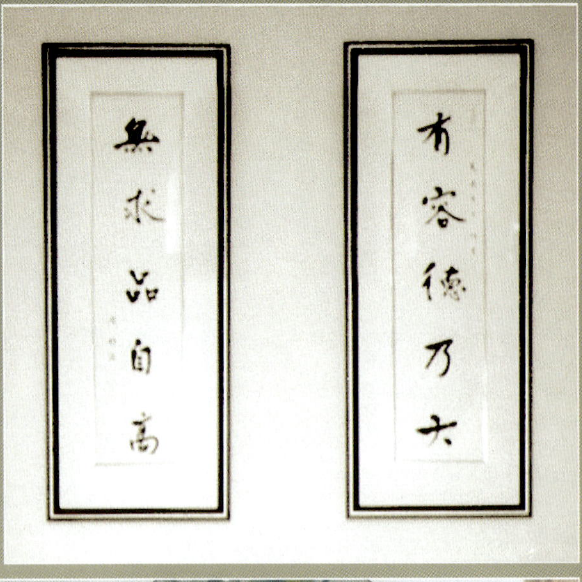

四岁的李开复

与父亲在一起

与母亲、妻子和女儿的合影

传承爱心

（代序）

李开复博士，刚及不惑之年，已在信息技术领域教学、科研中取得了杰出成就，对信息产业的发展做出了重要贡献。他于1998年到北京创办了微软中国研究院，现更名为微软亚洲研究院。历任世界多个著名信息技术公司的高级领导人，正值事业旭日东升之际，他不遗余力地投身于中国的人才培养和科技教育事业。开办了“开复学生网”，在网上与学生们谈心释疑。为青年学子们写了一系列文章，《我的人才观》，《给中国大学生的一封信》，《科技·人才·教育》等，谆谆叙解科学技术对国家强盛和现代社会的重要，历述亲身经验，指点事业成功的规律和达到卓越的途径。他说，人生最重要的事不是在特定企业，而是向青年一代传承知识和经验。这是因为他从旅美30多年的切身经历和中外历史的对比中，看到了“一个理智、自信、充满活力的亚洲大国的和平崛起和她开明的治国方针以及勤奋、向上、坚持不懈的拼搏精神”。对故土炊烟的眷恋和悌善爱心引发了他向青年学子传授知识、经验和指点津梁的激情。

记得那是2003年10月，中国工程院王淀佐副院长和我在出席美国国家工程院年会之后，顺访了位于西雅图市的微软公司总部。开复亲自安排和陪同会见了当代青年IT英雄比尔·盖茨和微软奠基人之一的R·拉希德教授，进行了令人愉快的交谈。开复还安排了与一批来自中国的青年科学家和工程师的座谈会。这都增加了我们对IT产业的了解。

在访美之前的9月30日，我访问了开复于1998年创办的微软亚洲研究院，倾听过张亚勤、沈向洋和张宏江等院长关于微软企业文化的诉说，有了初步印象。当亲自看到在研究院工作的青年学子们宽松的工作环境、奋然向上的事业追求和愉悦的精神面貌，我真是被感动了。

20世纪末信息技术的出现，蓦然改变了世界，迅速发展到信息化社会，出现了全新的信息文明。开始时这种变革是局部的，为完成特定任务而创造的。随着应用范围的扩大和网络的出现，信息技术中出现了大系统。像Windows这样的大型操作系统，要控制程序、管理资源、联结网络和人机交换

等，规模之大，结构之复杂，从设计、编制、测试到可用产品，需数千人数年之劳作才能实现。今天的信息技术，和航天、三峡、粒子加速器等一样，已变成大科学、大工程、大系统。人们习惯认为对大工程或大系统的管理需要的是铁的纪律、细密的专业分工、坚硬的时间表和严明的阶次服从（下级服从上级，局部服从整体）。提倡的是限制自我，以至用“自我牺牲”的精神去服从大局。

大自然启示我们，世界的人口越多，个人所能分享的自由越少。例如，18世纪以前，当世界人口只有5.5亿（1650年），中国人口1.9亿（清，1757年）时，人们可以在地球上自由迁徙。到了20世纪下半叶，世界人口达到60亿，中国12亿，到处人满为患，各国都采取了严格的管理制度，发明了复杂的签证程序，限制人口的自由流动。同样，在现代文明社会中，科学、工程和社会组织中，系统越大或工程越大，对局部组件的功能限制就越严格，子件的自由度就越小。这是不可避免的，否则系统的总体功能就会丧失、瘫痪而出现导致衰亡的混乱。动物器官的分工、不同细胞的功能特化就是大自然对人类的最高启示。在如今这样一个人口众多、文化多元和五彩缤纷的世界里，在功能高度特化、组成极为复杂的科学工程系统中，为达到系统的优越性能，对局部、子系统、组件不能没有制约，不能没有纪律。纪律规范和制度是绝对必需的。另一方面，只讲整体的需要，过分强调全局的性能又会走向另一个极端，引向总体管理的独裁和专制，扼杀分系统、子系统和个人的些许自由和创造性，窒息了机体进步的动源，也必导致整个系统的停滞、腐朽、僵化和衰亡。在人类社会中，无论是近代社会组织或者工程科学史中都提供了无数的事实证明了这个规律。

地球史上中生代侏罗纪、白垩纪中恣意横行、统治过地球1.5亿年之久的恐龙，正是由于它们那庞大笨重又僵化了的机体不能适应变化了的环境而进化，所以走向了衰亡灭绝，不管地球环境大变动是由小天体撞击地球，还是火山爆发或者由于宇宙环境变化而引起的。这在地质学界和生命科学界已是无可争议的事实。现代系统工程始终处于两难之中，很难找到既保证系统整体功能优化，又能使子系统和组分发挥进步的能动性，这个问题至今是系统科学中的难题。

我们在研究院看到了另一种被称之为企业文化的管理模式：形成诚信、友谊、和谐、主动协同、公平合理的工作环境，鼓励人人创造，个个创新，提倡做得比过去更好，更能满足用户的需求的那种奋进精神。

在那里工作的中国学子们愉悦地诉说他们的工作佳境和实现了的创造发明，

为推动信息产业进步所做出的贡献而意气风发。我们未来得及去了解在微软的大系统总体是如何协调的，是否也有“坚硬”的时间表和对个人创新的限制。开复讲的“要的是有用的创新，而不是为创新而创新”是否也是一种必要的“限制”，我不敢断言。无论如何，那种鼓励人人创新，提倡每个环节都追求卓越的风尚会更好地发挥每一位参加大工程的工程师的积极性和创造性，为提高全系统的功能会提供更多的选择。这可能是最终达到既有纪律又有自由，既有统一意志，又有个人放手创新的理想境界的重要步骤。总体和组分同时进化，就会避免恐龙灭绝这种悲剧的发生。

开复热心于培育中国第一流人才，是出自对中国青年学子们的信心。我想起了 1995 年曾在美国《时代周刊》（1995 年 9 月号）上见到某君 Jeff Wise 写的一篇评论，题目是《是否亚洲人更聪明些？》。文中说，经过多次符合科学标准的测试统计表明，亚洲人特别是华裔子弟的智商都较高：日本人是 103，美国人 101–102，中国人 110。Jeff Wise 说，研究人员进行过多次不同规模的测试，结果都大同小异。在科学界有争论的问题是，即使这类些微差别确实存在，是否会决定一个人一生的成就和贡献？众多的历史事实证明，答案是否定的。智商还不是智慧，前者对后者的影响最多是间接的。每一个人都在社会群体中生活和工作，随社会进步而生存、成长和奉献。如果闭于自我，封于幽室，凝结于隘事，看不到大局，至死不识社会进步大潮，那么即使智商高一点，只能称之为小聪明，反而做出许多傻事、蠢事、坏事，像红楼梦里的那个王熙凤，聪明反被聪明误。真正有智慧的人识大局、知环境、认航向，尊重别人、善于共事。这样才能充分发挥才智，在为社会进步和科学、技术、企业、事业做出贡献的过程中达到卓越。在琐事碎物方面即使糊涂些，也不是笨的表现。这大概是宋·苏轼所说“大智若愚”的含义吧。

李开复博士，在科研中有重要建树，受到同行敬仰。信息科学技术是现在发展最快、对社会进步影响最大的事业，开复在这一领域有丰富的经验和贡献。30 多年的旅美生涯中，他有足够的时间和机会观察了解世界各类国家和社会。我读过他写的多篇文章，知他阅历广泛，观察细致，知识丰富，论述有可靠的科学依据和事实支持。他以真诚的感情和对中国青年学子的手足亲情，捧心置腹传述他的经验、观察、告诫和期盼。他把自己的大部分业余时间用于研究、写作、发表文章，以期对青年们有所帮助。2004 年中他在公益网站上与 2000 多位学子交流、答问、释疑和谈心。现在要出版的书《做最好的自己》，结合他的人生经历和事业成功的经验，提出了“成功同心圆”的理念，即以诚信价值观为中心，包含着六种姿态，决定着六种行为准则，作为现代社会中一个人寻找通向成功和达到卓越道路的抽象模型，对于青年学子们选择未来的道路，在推动社会进步的过程中雕塑出未来的自己是会有帮助的。

我期望，若干年后，人们尊敬开复的不仅是他的科学贡献、事业成就，更有他对青年一代的热忱、爱心和奉献。

宋健

2005年7月15日

自 序

1998 年 8 月，受微软公司董事长比尔·盖茨先生的委派，我来到北京，组建微软中国研究院并出任院长。虽然当时无数的人对在中国创办世界一流研究机构的做法持怀疑态度，但我自己却对这一目标充满了信心。我相信，只要汇集了海内外杰出华人的智慧，我们就一定能把研究院办成全球最出色的研究机构。

在不到两年的时间里，经过归国的海外华人专家和国内极富潜力的青年才俊的共同努力，我们成为了亚洲最优秀、最有影响力的研究团队之一。在 2004 年，美国 MIT 的《科技评论（Technology Review）》把微软亚洲研究院评为“世界上最‘火’的计算机研究机构”。

2000 年 8 月，一纸调令，微软将我召回总部，任命我为全球副总裁，负责开创一个重要的产品部门。然而，虽然身在美国，但五年来我时刻关注着在中国所发生的一切，时刻牵挂着那片充满生机的土地以及和我血脉相通的炎黄子孙。

在北京工作的那两年，每一天都带给我无比的振奋，每一刻都给我留下了难忘的回忆。尤其是大学校园里的那些莘莘学子更是让我难以忘怀。曾记得清华园里的激情演讲，曾记得未名湖畔的尖峰对话。从南到北、从沿海到内地，我所走过的每一个校园、我所遇到的每一个年轻人，都让我感慨万千。从他们身上，我看到了朝气与活力，也看到了不安和躁动。我希望自己的成长经历和成功经验，可以为年轻人提供思想和方法上的帮助。就是这份责任感驱使着我，在家居美国的五年里我先后回国 15 次，做了 50 场演讲，写了 4 封“给中国学生的信”，并创办了一个专门与大学生交流的公益网站“开复学生网（www.kaifulee.com）”。

2004 年 11 月，人民出版社的李朱编辑，到“开复学生网”发帖子，问我：“李开复博士，可否为中国青年写本书？” 于是，在 10 个月的时间里，几经反复，终于完成了这部 20 万字的书稿，也完成了我要为中国青年写一本书的愿望。

* * * * * * * * * * *

中国的青年非常优秀，但是中国的学生非常困惑，因为他们面对着高期望的父母、习惯于应试教育的学校和老师以及浮躁的社会心态。如果能够有过来人帮他们指路，让他们能走得更踏实、更精确一些，他们将成为中华民族更上一层楼的最大动力。

中国的青年是中国近百年来第一次能够接受先进完整的教育、能够有条件专心读书并且拥抱了信息时代的骄子，他们应该成为融会中西的精英。但是，他们虽然有幸出生在能够自由选择的时代，但是时代并没有传授他们选择的智慧。

我出生于热爱祖国的中国家庭，受教于崇尚自由的美国学校，是一个跨中西文化的代表者。我曾指导过勤奋的中国学生和积极的美国学生，看到了一个集合中外优势的机会。作为一个充分体验过中西方文化特点的炎黄子孙、融会了中西方文化特点的典型代表，我愿意、也自信有能力为那些渴望成功的中国青年提供帮助，帮他们远离困惑，走向卓越。

* * * * * * * * * * *

我希望中国青年可以从这本书中理解“人人都可以成功；我可以选择我的成功”，希望他们能够成为：

一个运用“成功同心圆”法则均衡自己的价值观、态度、行为的人；

一个“德才兼备，以德为先”的人；

一个既有勇气又有胸怀，既有理智又有激情，既自信又谦虚，既聪慧又善于表达的人；

一个追寻理想和兴趣、终身学习和执行、深谙与人相处之道的人；

一个能够从思考中认识自我、从学习中寻求真理、从独立中体验自主，从计划中把握时间、从表达中锻炼口才、从交友中品味成熟，从实践中赢得价值、从兴趣中攫取快乐、从追求中获得力量的人；

一个有勇气来改变可以改变的事情，有胸怀来接受不可改变的事情，有智慧来分辨两者的不同的人；

一个“拥有选择的智慧”，并用智慧选择成功的人；

一个融会中西的国际化人才；

一个最好的自己。

* * * * * * * * * * *

其实，这本书里的许多想法都是我在过去的文章或信函中表达过的。而且，如果由职业作家来写本书，语言以及文字一定能更加流畅、更加生动。但是，我自己总有一种提笔写作的冲动，因为我相信自己在青年一代中有一定的影响力，我希望能尽力帮助他们。

我深信，读者无法理解的说教或难以产生共鸣的案例是不可能被读者接受的。在年轻人看来，发生在成功者身边的故事最值得学习和品味，最容易从中汲取经验和教训。如果说我的写作还有某些特点可循的话，那就是，我更倾向于用缜密的逻辑和真实的案例（而不是枯燥的说教）来阐释成功的秘诀。虽然这本书不是一本自传，但是在本书中，也有许多发生在我身上的有意思和有价值的事情。

我把这本书献给我深爱的祖国，献给渴求进步的青年一代。因为我深信：

惟有更多的青年找到了自信和快乐，找到了真正属于自己的成功之路，中华民族才能够拥有更加辉煌的未来。

我把这本书献给我高龄的母亲，并谨以此书纪念我敬爱的父亲。这些年来，父母的教导我时刻牢记在心，父亲希望撰写《中国人未来的希望》的遗愿也时刻在鞭策和鼓励着我。但愿此书能实现父亲的遗愿——中国的青年一代不正是父亲所说的“中国人未来的希望”吗？！

在这本书的写作、编辑和出版过程中，我得到了许多热情的鼓励和无私的帮助。在此，我要感谢黄勇、李朱、周虹、王咏刚、贾兰和陈燕玲为完成这本书所做的工作，感谢凌志军让我采用他书中的部分案例，也感谢在这一过程中所有曾给予我帮助和鼓励的人们。

Be Your Personal Best

目录

contents

Be Your Personal Best

目录

contents

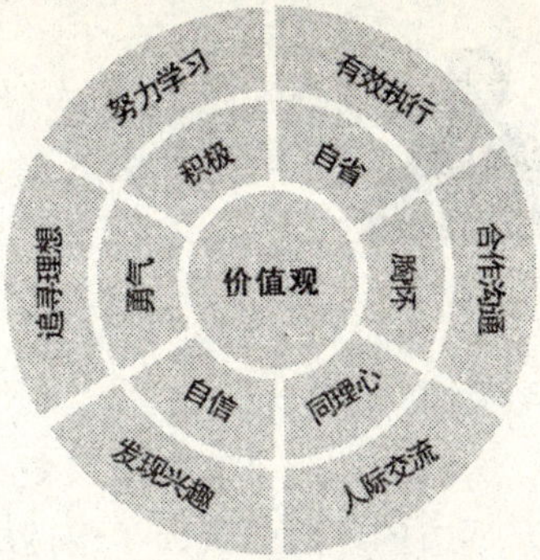

第1章　成功
——做最好的自己

“不虚度此生，就是我的成功”

曾经在微软亚洲研究院工作的潘锦辉是一个典型的女才子。在清华大学电子系读书时，她就天资过人，同时又兼具诚恳、谦逊等品德。在微软亚洲研究院实习时，潘锦辉用她灵活而敏锐的思维方式以及锲而不舍的钻研精神赢得了许多专家的一致好评。后来，潘锦辉又以优异的成绩考入斯坦福大学深造，并有机会在许多国际知名的大企业中工作。

在常人眼里，潘锦辉的人生旅途可谓一帆风顺，但潘锦辉自己却不这么想。她常常问自己：成功究竟是什么？难道学业和事业上的一帆风顺就是最大的成功吗？难道许多人梦寐以求的名和利就是最大的成功吗？如果成功只有一种定义，那么，自己多年来拥有过的许多美好的憧憬和设计又该如何实现呢？

有一天，一位学长无意间问潘锦辉：“你到底对做什么感兴趣呢？”这句话一下子点醒了潘锦辉，令她在一瞬间明白了许多：成功之路有许多条，成功的定义也有许多种，只要在理想的指引下，真正做了自己想做的事情，真正实现了自己的人生价值，就是一种成功，就应该为此感到自豪和快乐。

从此，潘锦辉积极投入到了乐观、充实的人生当中。

工作时，她总是尽力做到自己的最好。每进入一个新领域，她都会无比兴奋，因为可以从学习的过程中积累更多的经验和知识，学到与不同的人相处、合作的技巧。

业余时间里，她在美国欣欣教育基金会担任项目负责人和区域负责人，帮助中国贫困山区建学校、办教育。在做义工的过程中，她认识了许多来自不同阶层、不同领域的人。

潘锦辉说：“现在的我，经过了许多顺境和逆境，虽然不知道在别人眼里算不算成功，但却更加自信和快乐。因为我学会了把远大的理想变成具体的奋斗目标——做好每一件事，快乐每一天。我不能确定自己将来能否获得许多人推崇的名和利，但对我而言，成功就是不断地超越自己，让自己的人生快乐、充实、有意义。事业进步是成功，给家人快乐是成功，广交朋友是成功，能对他人有所帮助是成功。成功并不遥远，不虚度此生，就是我的成功。”

1.1 对成功的困惑

成功，一个既简单又复杂，既平实又玄妙的字眼。在浩瀚的历史长河里，东西方的无数先贤为了悟透成功的真谛而皓首穷经；在纷繁的现代社会中，一代又一代的年轻人为了追求或世俗、或理想抑或是有个性的成功而奔波忙碌。人人都在追寻成功，但却很少有人能静下心来好好想一想：

到底什么是成功？
成功究竟能带给人们什么样的满足和体验？
二十一世纪的年轻人应当如何追寻成功？

这些看似简单的问题，却经常令青年一代陷入迷茫和痛苦之中……

* 有的人见到社会上一夜暴富或一步登天的例子，就希望自己也能用速成的方式获得地位和金钱。为了达到速成的目标，他们经常在“零和竞争”[1]中伤害他人甚至危害社会。
* 有的人虽然考上了名牌大学，但他们似乎已经习惯了中学时代名列前茅的感觉。在大学校园里，面对实力不俗的众多优秀学子，他们惘然若失，甚至深感自卑，对自己的学业和前途丧失了信心。
* 有的人从小就处于被动状态，读书、选学校、选专业等等完全听命于父母和老师。这些人不知道何为积极主动、何为自觉和自主，除了盲目的竞争、攀比以外，他们惟一可做的就只有虚度光阴了。
* 有的人考上大学之后，突然发现，可以由自己支配的时间骤然增多，但不知道应该如何管理时间、如何控制自己。这些人常因为对自己要求不严或交友不慎，沉迷于网络游戏等不良习惯之中，最终既荒废了学业，又耽误了前程。
* 有的大学生对专业学习兴致索然，对校园生活也提不起兴趣，他们明知自己不喜欢或不适合所学的专业，却既没有勇气改变现实，也没有胸怀接受现实。
* 有的大学生面对校园里流行的各种思潮和价值观，如经商、创业、出国、从政等等，感觉无所适从或者人云亦云、朝秦暮楚，完全丧失了自己的立场和主见。

[1] 零和竞争：通常指一种技术的应用带来的市场份额上的增加，必然会导致另一种技术在市场份额上的减少，双方加起来的总变化量为零。现在也用来比喻无法带来总量增加或整体进步的恶性竞争。

* 有的大学生把自己封闭在校园的围墙之内，他们不了解社会现实，对社会实践和就业深感恐慌，或者在求职时眼高手低，屡屡碰壁后又对自己在校园里虚度光阴的做法自责不已。
* 还有许多年轻人无法处理好正常的人际关系，当自己在学习、生活或感情方面遭受挫折的时候，就会由此消沉下去，甚至走向极端（杀害同学的马加爵就是一个极端的例子）、抱憾终生。

每个青年都向往成功，每个学生都企盼成功。有时候，成功好像近在咫尺，有时候，成功又似乎遥不可及。

几年来与中国各地大学生的面对面交流、与无数年轻人的网上沟通，令我真切地感受到，中国的青年一代经常会走入一元化成功的误区无法自拔，他们迫切需要关于成功的指导和帮助，并希望学到真正有效、切实可行的成功法则。

我写作本书的目的就是要为青年一代提供最真挚的帮助和最有效的指导。我愿意和广大青年读者一道，探索成功的奥秘、寻找通向成功的道路。但在展示和讲解具体的成功法则之前，需要先探讨一个最基本也是最重要的话题：

到底什么才是真正意义上的成功?

1.2 一元化成功的误区

成功＝管人？

我在中国工作的时候，认识了很多中国学生。其中有位来自名牌大学的同学，成绩优异，智商和情商都非常出众。

有一天，这个学生问我："开复博士，我希望自己能像您一样成功。根据我的理解，成功就是管人，管人这件事很过瘾——尤其是在每次发放薪水时，管理者一定会有大权在握的感觉。那么，我该怎么做才能走上管理者的岗位呢？"

我问他："你认为，成功到底是什么呢？"

他回答说："成功就是有财富、有地位，成功就是做领导、做管理。"

我没有想到，一个名牌大学的高才生对成功的认识竟然如此片面和肤浅。而中国社会历来也有个通病，就是希望每个人都按照一个模式发展，衡量每个人是否成功时采用的也是一元化的标准：在学校看成绩，进入社会看名利。

我并不排斥将成绩或名利视作成功的标准之一，但同样有价值的成功标准还有许多种，不能因为强调成绩、名利而忽视了其他因素，更不能因为推崇某一种成功模式而堵死了所有其他通往成功的道路。

片面追求成绩或名利、限定成功方向的做法是典型的一元化成功模式，对青年一代的负面作用相当大。一旦走入一元化成功的误区，就会因为急功近利和目光短浅而忘记了真正属于自己的目标和理想，忘记了自己在社会中应有的价值和责任。即便最终获得了梦寐以求的名和利，也不一定能体验到真正的快乐和幸福。

在我看来，一元化的成功模式有两个极为明显的弊端：

首先，一元化的成功会让许多人失去正确的奋斗方向。

在一元化成功模式的影响下，即便是某些最优秀的人，也往往不甘心于“自我评价”和“自我激励”，他们时刻企盼着成为世俗评价体系中的“成功人士”，一旦遇到大的挫折，或是遭到机遇和命运的捉弄，就会逐渐丧失自信和快乐，甚至有可能就此走向迷茫或消沉。

还有85%的成功机会

有位学生曾发封信给我说：

“2004年7月9日，我收到了某重点大学电子信息工程系的录取通知书，整个村庄的人都为我高兴。但我自己明白，这一结果与我的既定目标清华北大之间还有不小的距离，这根本不是我想要的结果。

“我现在是多么困惑、烦恼和无助啊！我的上帝呀，我知道我这是在堕落，可我又能怎样呢？”

我回信是这样写的：

“一个优秀、努力、自信、自觉的学生，进了名牌大学，他能取得成功的概率也许是90%，进了其他重点大学，概率也许会降到85%，进了普通高校，这个概率也不会低于80%。

“但是，一个没有良好的价值观，没有正确态度的学生，即便进了名牌大学，他的成功概率也一定是零。

“我自己当初申请大学时，最想进的哈佛大学、斯坦福大学都没有录取我，结果，我去了哥伦比亚大学。但我并没有选择自卑和沮丧，我很好地把握住85%的成功机会，在学业和事业上都做出了很好的成绩。

“祝愿你把握住 85% 的成功机会，不要成为一个自暴自弃的人。”

成功的道路不止一条，成功的标准也不止一个。在与他人的竞争中脱颖而出固然是成功，但有勇气不断超越自己、不断超越过去的人，为什么就无法跻身于成功者的行列呢？如果只知道被动地接受世俗化的成功标准，就只能在人云亦云的氛围中迷失自我，盲目地选择那些并不适合自己的成功之路，或是像这位高分考入重点大学的学生那样，为自己戴上沉重的精神枷锁。

其次，一个崇尚一元化成功的社会一定是不完整、不均衡的，社会中绝大多数成员都很难体会到真正的快乐和幸福。

在一元化的视角下，如果仅以“成绩”和“名利”来衡量个人、团体乃至社会的成败，那么，这个社会上 99% 的人都无法跻身于成功者的行列。毕竟，在学校中考得高分的只能是少数人；在工作中晋升为领导或成为亿万富翁的也只能是少数人。这些人固然在自己的奋斗方向上取得了成功，但其他人都是失败者吗？例如，那些不善于死记硬背、却能在实践中一展身手的学生，那些缺少一些领导才华、却能在特定领域深入钻研的技术专家，还有那些不喜欢追名逐利、却能在知识的天地里自由驰骋的学者，我们能说他们都是失败者吗？

如果一个社会的整体价值观只承认少数几类成功者，那么，在各自的领域里取得了不俗业绩却无法获得社会认可的人就很难体会到真正的快乐，这个社会中有勇气从事那些寂寞、枯燥但却真正有价值、有意义的工作的人就会越来越少。这样的社会很难达到均衡发展的状态，也很难在国际竞争日趋激烈的时代走到世界的前列。

1.3 多元化成功才是真正的成功

真正的成功有很多种：它可能是创造出了新的产品或技术，可能是取得了突破性的科研或学术成果，可能是因自己的行为而给他人带来了幸福，可能是在工作岗位上得到了别人的信任，也可能是找到了最能使自己满足和快乐的生活方式。同样，靠自己的努力取得令人羡慕的名望和财富也是一种应当被尊重和认可的成功。

一句话，多元化的成功才是真正的成功。从不同的角度理解成功，尊重并鼓励年轻人选择最适合自己的成功道路，以便发挥他们各自的特长，实现他们各自的价值——这才是对待成功的正确态度。

在多元化成功的视角下，衡量成功的标准有很多种——可以是一个人的地位和财富，也可以是一个人的创造力和影响力，可以是一个人对他人的帮助或贡献，也可以是一个人在自身基础上的提高和超越……但无论对于哪一种类型的成功来说，最根本的衡量标准都应该是：

该行为是否对社会、对他人或对自己有益，是否能让一个人在自主选择的过程中，不断超越自己，并由此获得最大的快乐。

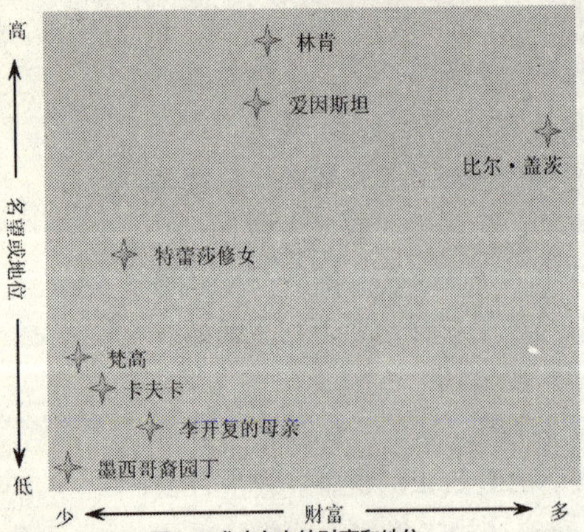

图1–1 成功人士的财富和地位

现在，让我们来看一看不同类型的成功人士是如何理解并追寻最适合自己的成功的。在图 1–1 中，列出了几位成功者的代表人物，他们所拥有的名望、地位或财富差别极大，但他们都在各自的领域里取得了令自己满意的成功。

* 林肯是美国第 16 任总统。他的成功是在叱咤风云的政治和军事舞台上取得的，但更让所有美国人难以忘怀的是，他在通向成功道路上表现出来的对国家、对民族的深厚感情。
* 爱因斯坦是著名的物理学家、相对论的创始人。他对大自然中的一切都怀有强烈的好奇心，无论何时何地，他都宁愿如醉如痴地漫步在科学的圣殿里，也不愿花时间理一理自己蓬松的头发，或者为自己选一套合身的衣服……
* 比尔·盖茨是微软公司的创始人，是全球软件产业的领军人物。应当说，比尔·盖茨在获取名利和实现人生价值这两方面都取得了成功。在他看

来，衡量成功的方式可以说有很多种，其中最容易衡量成功的方法就是，看能不能给自己的家人、朋友和自己所尊重的人带来帮助以及通过什么能改善他们的生活。

* 特蕾莎修女是诺贝尔和平奖获得者。她一生致力于帮助那些每时每刻都在与贫穷和饥饿做斗争的人们。也许她无法从自己所从事的事业中获得更多的财富，但她的无私奉献却为自己和他人带来了最大的快乐。
* 梵高的一生，是在艰难的生活、世人的冷漠以及与严重的精神疾病做斗争的过程中度过的，他始终也没有放弃对艺术的追求——即便后人一度没有给予梵高公正的评价，这种追求本身也已经是最大的成功了。
* 卡夫卡生前只是一个普通的小职员。他虽然不断地把自己对人生和世界的思考诉诸笔端，但却很少想到要发表这些文字，甚至在临终时还叮嘱好友销毁自己所有未发表的作品。幸运的是，好友在他去世后违背了他的嘱托，将《城堡》、《审判》等足以震撼世人心灵的伟大作品整理出版。从这些不朽的文字中，我们看到的是一个成功攀上文学顶峰的卡夫卡。
* 我的母亲是一个既严厉又温和、既传统又开明且有智慧的女性，被她所有的朋友公认为“成功者”。她一生最大的成功就是养育了 7 个子女。早年，在父亲只身赴台后，母亲带着5个孩子独自生活。一年后，她毅然决定赴台与父亲团聚。她让兄姐沿街变卖家产、筹措路费，以回娘家为名，一路辗转，历尽艰难。凭着母亲超人的智慧、勇敢、果决和镇定，一家人终于得以团聚。她教育子女从小要学习中国传统的思想和文化，恪守中国传统的礼节和德操。但是，她也看到世界的进步，鼓励子女学习新知识、接受新事物，支持子女“做最好的自己”。
* 我家的园丁原本是来自墨西哥的移民，在异国他乡，他凭借着超常的毅力和吃苦耐劳的精神获得了所有雇主的好评。他非常喜欢自己所从事的职业，经常用近乎痴迷的态度研究园艺技术。每当掌握了一种新的栽培或修剪方法后，他都会无比兴奋，那神情就好像他是这个世界上最幸福的人一样。

尽管可以从名和利的角度出发，为上面这些人排出先后次序，但站在多元化成功的视角上，不能说他们中哪一个人更为成功或更为失败——这就好比《财富》杂志可以根据企业市值或其他量化指标评出世界500强企业，但即便是《财富》杂志的编辑们也无法否认，在500强之外仍有无数规模较小的企业也在各自领域取得了令人瞩目的成功。

多元化的成功不仅可以让每一个人发挥自己的兴趣和特长，从而发掘出自己的全部潜力，同时也能让社会保持健康、和谐的状态，让社会成员体验到最大的幸福。

美国是一个典型的崇尚多元化成功的社会。最明显的例证是，美国的人才体系是多元化的，美国人才的成功途径也是多元化的。在美国的企业中，不同类型的人才都能找到自己的位置，获得足够的发展空间。例如，在微软公司里，不同类型、不同资质的人才都能凭借自己的努力，获得他人的尊重和认可，从而在事业上获得成功。研究人员的成功可能是发表了一篇重要的论文，测试人员的成功可能是找到隐蔽的“臭虫”，支持人员的成功可能是帮助客户及时解决了问题。对于这些不同类型的成功，微软公司的管理者不但会坦然接受，还会与当事人击掌相庆。

中国成语中有“东施效颦”的故事。如果用多元化成功的观点来解读该故事，则不难发现：西施的美丽是一种独特的、有着鲜明个人特点的成功，东施当然可以从西施身上学习成功的经验和法则，但不应该因为模仿别人而失去了自我。

微软公司里的“东施效颦”

微软总裁史蒂夫·鲍尔默先生是一位优秀的演说家。他似乎有无限的能量，能极大地激励起员工的激情。鲍尔默的演讲一旦开始，就没有人能阻止他释放出巨大的能量：他会握起拳头一次又一次地击打自己的手掌，他会突然提高音量，或是在台上兴奋地奔走……

微软公司有一位经理被鲍尔默的魅力所吸引，打算模仿并复制他的一切。一次演讲时，这位经理也学着鲍尔默的样子，兴奋地大喊大叫，不断做出夸张的手势，不时在台上跑来跑去。但在场的听众都以为他只不过是在用模仿鲍尔默的方式制造笑料，于是，这位经理只能在大家的一片笑声中尴尬地结束了这场东施效颦的闹剧。

这位经理和上面提到的东施一样，试图模仿或复制他人独特的成功模式是行不通的，这样的做法不会带来真正的成功。因为每个人都有自己独有的特质，每个人的成功都是独一无二的。

从培养和教育年轻人的角度来说，只有摒弃一元化的思维定式，支持和鼓励年轻人多元化、个性化的发展道路，整个社会才能涌现出更多的人才，青年一代才能在学习和工作中尽情展现自己的才华，为社会做出更多的贡献。

所以，我的成功哲学的核心是：

不要轻易走入一元化成功的误区，而应主动选择最适合自己的成功道路；

成功就是不断超越自己，就是“做最好的自己”；

不要让人人都成为李开复，而是要让更多的人理解李开复的成功哲学，并利用李开复的经验和方法，找到自己的成功之路。

只有理解了以上几点，这本书才会对你更有意义、更有帮助。

1.4 做最好的自己

既然多元化的成功才是真正的成功，那么，该如何追寻多元化的成功呢？

多元化成功并不要求每个人都去刻意重复别人的成功之路，或者用别人的标准来评价和衡量自己，但它要求我们重视诚信的价值观，拥有完整、均衡的人生态度，善于用智慧选择最佳的解决方案，并能不断地追寻自己的理想和兴趣、不断地学习和实践，妥善地处理好身边人际和沟通问题……如果从这些方面严格要求自己，让自己的每一天都能有新的收获和新的提高，那么，无论是否取得了预期的结果，这种努力本身就是最可嘉许的成功了。所以说：

“做最好的自己”是通向多元化成功的必然途径；只有一元化的成功才会强迫人们复制他人的成功模式。

如果强迫自己去做那些不适合自己的、模仿别人的事情，就无法从内心深处投入足够的兴趣和激情。在这样的状态下，就算尽了百分之二百的努力，也往往会事与愿违，同时还会让别人觉得自己缺乏诚意。

想取得成功，就要首先“做最好的自己”。换言之，成功就是按照自己设定的目标，充实地学习、工作和生活，就是始终沿着自己选择的道路，做

一个快乐的、永远追逐兴趣并能发掘出自身潜能的人。

深入思考下去就不难发现，财富、名利等外在指标往往是社会整体意识强加给个人的镜子、标尺和参照物。大多数追求外在名利的人其实都是在竭尽全力模仿他人的成功，忽视了自己的特点、潜能和兴趣，一次又一次地重复着“东施效颦”的闹剧。

更重要的是，如果一个人迫于家长或社会的压力，将考试成绩、财富、名利当做自己终身奋斗的方向，那么，他所从事的多半不是自己真正喜欢的事情，他把这件事做好并因此而获得成绩、财富、名利的可能性也几乎为零。

相反，那些追逐自己的兴趣、爱好，善于发现并发掘自身潜力的人更容易得到财富和名利的眷顾，因为他们所从事的是自己真正喜欢的事情，所以他们更加有动力、有激情将事情做到完美的状态——即便他们不能从这件事中获取财富和名利，也会得到终生的快乐和幸福。

1.5 每个人都有成功的机会

国内大学教师曾告诉我说：“优秀是有标准的，我们有一个给学生打分的指标体系。”这种给人才贴标签、分类别，给成功评等级、定指标的做法在国内教育界几乎是根深蒂固的。从幼儿园和小学开始，老师们就习惯于将孩子简单地划分为“好学生”和“差学生”两种类型，就好像他们分别是从两个不同的模子里倒出来的一样。

美国教育界的思维方式恰恰与此相反。有一次，一位中国家长问美国某大学的校长：“你们学校里有多少好学生，有多少差学生？”校长诚恳地说：“我们这里没有差学生，只有个性特点不同的学生。”

也就是说，每一个人都有自己的特长和潜质，在多元化成功的模型中，只要主动选择，每个人都有成功的机会。

成才没有公式可以套用。试图用一个成功个案来总结教育规律，或寻找某些成才“捷径”，这些做法都有失偏颇。

把自己称为“野生植物”

复旦附中高三女生汤玫捷，在校成绩排在100名左右。在国内的许多老师看来，汤玫捷并不是一个特别出色的学生。

但是，汤玫捷却因为自身优异的综合素质，成为2004年惟一被哈佛提前录取的中国学生并获得全额奖学金。

顿时，汤玫捷的成功在社会上激起强烈的反响，来自上海的“哈佛女孩”炙手可热。那段时间汤玫捷每天都会接到不少电话，希望她出书介绍成功经验。但汤玫捷告诉记者，她不愿出书，不愿把自己的经历简化成抽象的“成才公式”，因为“我们是野生植物，不是园林植物。每个人独特的优点就是自信的源泉。”

对大学生来说，有的学生某个科目非常优秀，适合做科研、开发等工作；有的学生组织能力、社会活动能力特别强，适合做组织或管理工作。没有必要也不可能要求所有学生都按照一个统一的标准来设计自己的人生道路。相反，如果能为每个学生提供个性化的、因人而异的引导和帮助，整个社会的人才类型就能得到极大丰富，人才质量也能大幅提高。

复旦大学附中的校长认为：优秀学生并非是靠某种“教育模式”培养出来的，而是在营养均衡的土壤中脱颖而出的。因此，学校应该营造宽松的氛围，提供丰富的课程和活动让学生选择，例如，多布置一些“开放式”的作业、鼓励学生开展社团活动等等，以便让每个学生都能发现自己的潜能，发挥自己的特长，找到成功的支点。

正因为成功是“做最好的自己”，所以，每个人都有条件在超越自我的基础上不断取得成功。

1.6 成功同心圆

至此，我们已经就“什么是成功”这样一个人人关心的话题达成了一定的共识，也就“多元化成功”、“做最好的自己”等展开了深入的讨论。但是，性急的读者一定更想知道下面这个问题的答案：

成功有秘诀吗？到底有没有行之有效的成功法则呢？

换言之，如果成功是多元化的，如果“做最好的自己”是通向多元化成功的必然途径，那么，我们该在哪些具体的方面努力提高自己，才能到达成功的彼岸呢？

还记得我在此前提到的，那个一心想做领导、做管理的名牌大学高才生吗？

关于如何成功的对话

当时，我进一步问那位高才生：“那么，你觉得成功的关键是什么呢？”

他不假思索地回答说：“创意、专业知识、管理能力、商业头脑、基础知识。”

当然，他所说的一切都是很有价值的东西，但又都不是最本质的东西。具体的某种知识或某种能力都可以通过学习获得，也都可以在需要时修正或更换，但那些最本质的、最有价值的素质或品格却可以伴随着你度过一生，让你一辈子受用无穷。

因此，我对他说：“做管理的工作最重要的是要有服务的意识，好的管理不在于驾驭他人，而在于有足够的管理智慧。”

“那么，我该如何得到这种智慧呢？”他一脸迷茫地问道。

“首先要得到下属的尊敬和信任。”

“我又该如何得到他们的信任呢？”

“学会团队合作，学会为下属着想，只有将心比心，才能赢得信任。”

“该如何得到他们的尊敬呢？”

“你要做一个优秀的人，一个有理想、有抱负、有能力的人。这样才能够得到他人的尊敬。”

“那么，我该如何找到理想，获取抱负，得到能力呢？”

“要有良好的素质、习惯和态度。但最重要的是，你必须是一个好人，一个讲诚信的人。惟此，你才有可能成为一个成功的人。”

这次对话使我思索良久，为什么郭士纳可以从纳贝斯克食品公司空降到IBM公司并成功地拯救了IBM？为什么微软公司要求每个副总裁都可以随时接替任何一位其他副总裁的工作？我更明确地意识到，真正的成功人士并不是仅仅靠知识、创意等外在素质赢得成功的，他们成功的关键在于，他们具备了某些最为根本的、最有价值的素质或品格，他们获得成功的内因几乎都可以用一个“成功同心圆”来解释。

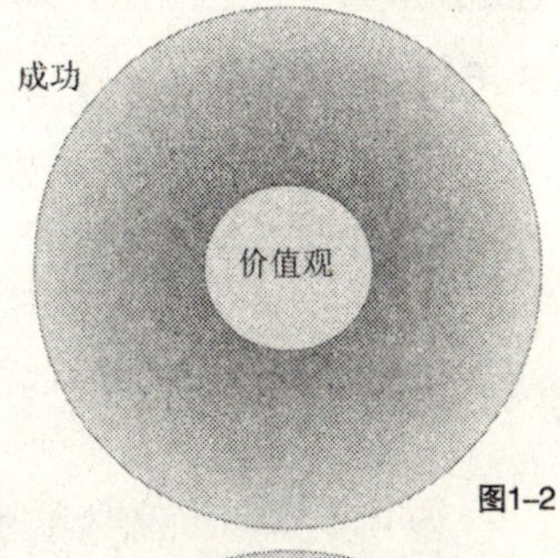

图1-2 价值观

什么是“成功同心圆”呢？简单地说，一个人要想取得成功，就必须首先拥有正确的价值观（如图 1－2 所示），因为价值观是指导所有态度和行为的根本因素。如果价值观不正确，一个人无论怎样努力，都会像南辕北辙的赶车人那样离成功越来越远。

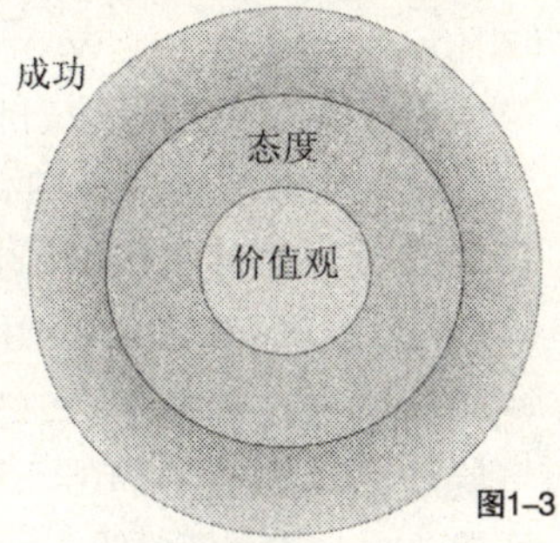

图1-3 态度

有了正确价值观的指引，就可以更好地完善自己的人格，端正自己的人生态度。对一个渴望成功的人来说，最重要的人生态度包括积极、同理心、自信、自省、勇气、胸怀等六种，它们构成了同心圆的第二层（如图 1－3 所示）。

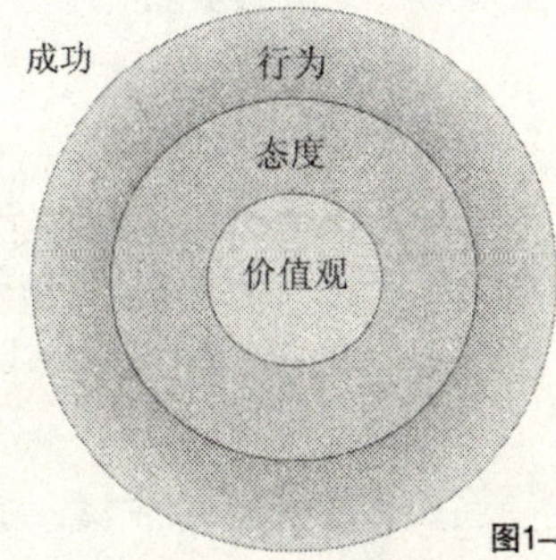

图1-4 行为

最后，还要将正确的价值观和人生态度应用到追寻理想、发现兴趣、有效执行、努力学习、人际交流、合作沟通等六种最基本的行为方式中，它们构成了同心圆最外面的一环（如图 1－4 所示）。

只有按照这样的逻辑顺序寻找通往成功的道路，每个人才有可能真正做最好的自己，真正取得多元化的成功。

将这一成功法则逐步细化后，我们可以得到如图 1－5 所示的完整的成功同心圆。

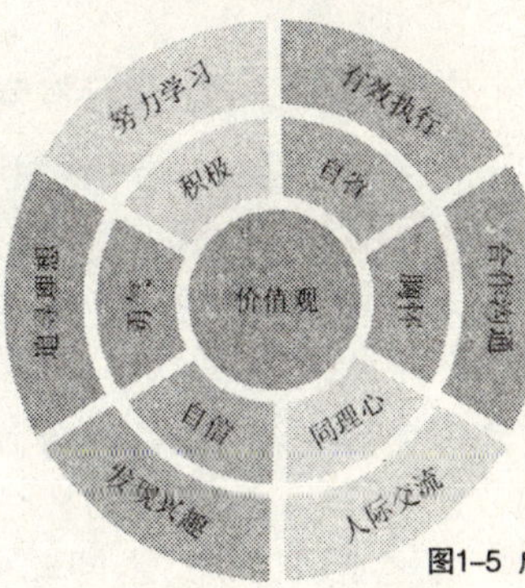

图1-5 成功同心圆

下面将按照由内向外的顺序，对成功同心圆的结构和内在逻辑做一个概述，本书的后续章节则会按相同的顺序对成功同心圆的每一个要素进行深入的探讨。

1.6.1 价值观

成功同心圆的中心是价值观，这也是判断一个人能否取得成功的最重要的标准。

价值观是人生的基石，是成功的前提。

拥有正确的价值观意味着一个人可以在大是大非的问题上做出正确的抉择（Know right from wrong），意味着他是一个有道德、讲诚信、负责任的人，是一个值得信赖、值得托付的人。

只有从诚信出发，拥有正确的价值观，才能为社会做出贡献，才能达到真正的成功。这种成功法则其实是中国社会几千年来一直提倡和推崇的。例如，《大学》中说："古之欲明德于天下者，先治其国；欲治其国者，先齐其家；欲齐其家者，先修其身；欲修其身者，先正其心；欲正其心者，先诚其意。"这段话不正点明了树立正确的价值观（"正心"和"诚意"）对于为人处世乃至建功立业的重要性吗？

1.6.2 态度

有了正确的价值观，还必须努力培养自己，使自己具备正确的、可以适应当代社会的人生态度。这里所说的态度在某种意义上也可以被理解为做事的基本原则（How you do anything）。

态度是行动的前提，态度受价值观的指导，态度是为人处世的基本原则。

从某种意义上说，态度也是一个人所具有的核心价值观在现实社会和他人心目中的映射结果——如果一个人没有正确的核心价值观，他就不可能体现出这些正确的态度或品质来。

概括起来，对一个人最为重要的态度有六种，分别是：

* 积极：现代社会需要积极向上、勇于参与、勇于接受挑战的人。相比之下，西方文化更加崇尚积极的态度，中国青年则需要在这方面做更多的努力 。
* 同理心："人同此心，心同此理"。人与人之间的关系没有固定的公式

可循，要从关心别人、体谅别人的角度出发，做事时为他人留下空间和余地，发生误会时要替他人着想，主动反省自己的过失，勇于承担责任。

* 自信：自信的人敢于尝试新的领域，能更快地发展自己的兴趣和才华，更容易获得成功。自信的人也更快乐，因为他不会时刻担心和提防失败。
* 自省：在保持自信的同时，还要善于自省。善于自省的人能客观地评估自己，不会盲目乐观；会坦诚地面对自己的能力限制，不会轻易接受自己能力范围以外的工作；当然，他们也乐于接受挑战，但会在接受挑战时做客观的风险评估。
* 勇气：一个成功的人有勇气尝试新事物，迎接挑战，也有勇气面对苦难，接受教训。勇气给人力量和自信，可以使人更加主动地改变能够改变的事情。
* 胸怀："海纳百川、有容乃大"。宽广的胸襟同样是成功的前提。胸怀可以让人目光高远，不再拘泥于细枝末节；胸怀可以让人成为一个更加完整的、更加健全的人，也可以让人接受那些无法改变的事情。

值得注意的是，在成功同心圆的第二层中，六种态度两两一组，构成了三个对立统一的逻辑关系。在图 1-5 中，第二层每两个相对的态度都存在对立统一的内在联系：

* 积极和同理心：在积极和同理心之间求得最佳的平衡，参与社会事务时既不能咄咄逼人，也不能因羞涩而畏缩不前。
* 自信和自省：既不能因过于自信而跌入自负的深渊，也不能因为过于自谦而加入自卑者的行列。
* 勇气和胸怀：既要有勇气面对挑战，改变那些我们可以改变的事情，也要有足够的胸怀接受那些无法改变的事情。

中国文化强调团队和纪律，更注重自省和同理心，更有胸怀"来接受那些不可改变的事情"；西方文化则强调个人意识，更注重自信和积极主动，更有勇气"来改变那些可以改变的事情"。所以，融会中西，协调均衡是在态度上"做最好的自己"的关键所在。

1.6.3 行为

行为是态度在具体行动中的反映，行为是一个人与社会、他人乃至自己接触和沟通的必然结果，行为也是社会衡量每个人的价值的外在指标。

行为受价值观和态度的指导，是态度在学习、生活和工作中的具体表现。

从图1-5中可以看出，每一种态度都主导了一种具体的行为。这六种行为分别是：追寻理想、发现兴趣、有效执行、努力学习、人际交流和合作沟通。

* 追寻理想：树立人生目标和阶段目标，对自己的未来有认真的规划，有可实现的愿景。
* 发现兴趣：寻找自己的兴趣，激发自己的热情。爱自己的工作，做自己喜爱的工作。
* 有效执行：培养自己的毅力，通过坚持不懈地努力，一步步落实和执行既定的计划并达到最终目标。
* 努力学习：每个成功的人都必然是善于学习的人，每个成功的人也都必然是坚持终身学习和自学自修的人。
* 人际交流：培养自己的人际交往能力，赢得他人的信任。处理好人际关系意味着拥有了与人合作的基本能力。
* 合作沟通：现代社会是分工合作的社会，能否掌握沟通与交流的技巧以提高沟通效率，直接影响着个人乃至团队的成败。

以上六种行为均受第二层六种态度的共同影响，但对每种行为而言，其中的某一种态度起了较为重要的作用；也就是说，在追寻成功时要注意：

* 以勇气指导自己追寻理想；
* 以自信培养、发现兴趣；
* 以自省指导有效执行；
* 以积极的态度努力学习；
* 以同理心指导人际交流；
* 以胸怀促进团队合作与相互沟通。

1.6.4 完整与均衡——用智慧选择成功

在理解和使用成功同心圆的过程中，还要坚持两个原则：完整的原则和均衡的原则。

完整的原则是指要完整地理解成功同心圆的每个方面，要同时培养自己在各方面的素质和能力，以成为完整的、结合中西文化优点的人才。

例如，不能只顾培养自己的学习能力，而忽视了培养自己处理人际关系的能力；不能只拥有积极的态度，而没有了同理心。

最重要的是，要善于接受不同的思想和意见，善于吸取别人的优点，弥补自己的缺陷，善于从各种不同的思潮中汲取力量，善于融会中西方文化的精华，只有这样，才能成为全面发展的、完整的人。

均衡的原则是指在培养自己的素质和能力时，不能偏激，不能走极端化的路线，应当根据自己的目标和实际情况，在对立统一的逻辑关系里选择最佳的均衡状态。

例如，既不能因为过于自信而跌入自负的深渊，也不能因为过分的自省而加入自卑者的行列。在自信和自省这组对立统一的逻辑概念之间，需要寻找最适合自己的平衡点。

正如此前所说的那样，国际化人才是融会中西文化精华的人才。从这个意义上说，合格的国际化人才都是在价值观、态度等方面达到完整、均衡的人。

完整和均衡并不意味着圆滑、世故和骑墙，完整和均衡也不意味着必须丧失自己的个性与激情。

恰恰相反，这里所说的完整和均衡既不反对展示个性，也不反对挑战自我，这里所说的完整和均衡仅仅是在提醒大家：在通往成功的道路上，需要足够的智慧来避免自己走入偏激的误区。

也就是说，在遇到两难选择的时候，需要依靠自己的价值观和判断力，并结合实际情况来做出最适合于自己、最能满足需要、对社会和他人最有价值的选择。

在成功的道路上，每个人都有选择的权利，不要把一切归于宿命。成功是选择的结果，不成功也是选择的产物。你的选择会让你拥有一个属于自己的、独一无二的成功同心圆——因为你的理想不会和别人完全相同，你如何均衡自己的态度也不会和别人完全相同。只有积极把握成功道路上的每一次选择，才能不断超越自我，做最好的自己！

只要完整和均衡地理解了成功同心圆，只要学会了智慧选择的方法，就可

以成为“最好的自己”。

因此，我衷心期望广大青年朋友能够在理解和实践成功同心圆的基础上，运用自己的智慧，达到下面这种完整、均衡的境界：

有勇气来改变可以改变的事情，有胸怀来接受不可改变的事情，有智慧来分辨两者的不同。

做到了这一点，大家就与真正体现自我价值的、多元化的成功近在咫尺了。

本 章 要 义

- **片面追求成绩或名利、限定成功方向的做法是典型的一元化成功模式，既会让许多人失去正确的奋斗方向，也无法让社会中绝大多数成员体会到真正的快乐和幸福。**
- **衡量成功的最根本的标准是：是否对社会、对他人或对自己有益，是否能让一个人在自主选择的过程中，不断超越自己，并由此获得最大的快乐。**
- **多元化成功是让每一个人发挥自己的兴趣和特长，从而发掘出自己的全部潜力，同时也能让社会保持健康、和谐的状态，让社会成员体验到最大的幸福。“做最好的自己”是通向多元化成功的必然途径。**
- **每一个人都有自己的特长和潜质，在多元化成功的模型中，只要主动选择，每个人都有成功的机会。**
- **成功的秘诀：成功＝价值观＋态度＋行为**

Q：什么是“成功同心圆”？

A：　一个人要想取得成功，就必须首先拥有正确的价值观，它处在同心圆的中心位置，是第一层；

有正确价值观的指引，可以更好地完善人格，端正人生态度。对一个渴望成功的人来说，最重要的人生态度包括积极、同理心、自信、自省、勇气、胸怀等六种，它们构成了同心圆的第二层；

将正确的价值观和人生态度应用到追寻理想、发现兴趣、有效执行、努力学习、人际交流、合作沟通等六种最基本的行为方式中，就构成了同心圆最外面的一环。

只有按照这样的逻辑顺序寻找通往成功的道路，每个人才有可能真正做最好的自己，真正取得多元化的成功。

第2章　价值观

——成功源于诚信

“一颗正直的心是无价的”

我在苹果公司工作时，曾有一位刚被我提拔起来的经理，由于受到下属的指责，非常沮丧地要求我另外找人来接替他的职位。

我问他：“你认为你自己的长处是什么？”

他说：“我自信自己是一个非常诚实正直的人。”

我告诉他：“当初我提拔你做经理，就是因为你是一个公正无私的人。管理经验和沟通能力是可以在日后工作中学习的，但一颗正直的心是无价的。而且，你能够面对自己的不足，诚实地向老板提出撤换自己的要求。说实话，我很欣赏你的坦诚，也支持你继续干下去。”

结果，在我的支持和协助下，他在管理和沟通技巧方面提高很快，最终成为了一名出色的管理人才。现在，他已经是一家颇为成功的公司的CTO（首席技术官）了。

2.1 价值观：看不见的手

评价一个人是否成功时，不能只考察他的影响力、成就、激情、毅力、理想、执行能力、沟通能力等因素，而应当首先看他是否拥有正确的价值观。一个人如果拥有正确的价值观，那么，他在其他方面越是有经天纬地的才华，他对社会的贡献也就越大；反之，如果他的价值观是扭曲的、邪恶的，那么，他在其他方面的造诣越深，他对社会的危害也就越大。所以说，在一个人的成长和发展过程中，价值观决定了人生的成败，而诚信是最为重要、人人都应具备的价值观！

成功源于诚信的价值观！

2.1.1 价值观决定你的一生

诚信是植根于一个人灵魂深处的价值观的一种。价值观是每个人判断是非善恶的信念体系，它不但引导我们追寻自己的理想，还决定一个人生活中大大小小的选择。在这个意义上，我们的任何行为，都是自身价值观的流露。

世间万象、人生百态，都是一个人思考和判断的素材。有的人、有的事，唤起人们由衷的尊重景仰，也有一些人和事招致鄙夷、怨恨或者嘲弄。在这些截然不同的反应背后有一条看不见的准绳，这就是人的价值观。价值观引导人们在纷繁复杂的情境中做出选择，决定人们的行为方式，影响人们对于是非对错、轻重缓急的判断，主导人们对自己所置身的现实做出回应。

尽管每个人都无可避免地受到价值观的影响，不同的头脑中的价值观却可能大相径庭。而人们各自不同的人生经历、生命感悟乃至生活际遇，无不受到各自价值观的深刻影响。

在希腊有个流传甚广的古老传说，讲的是古希腊的哲学家泰勒斯时常专注于思考哲学的奥妙，就连走路的时候也在仰天冥想。结果终于有一天，他因此而一头摔进了路边的水井，弄得浑身透湿，好不狼狈。这时，有位色雷斯妇女在一旁哈哈大笑起来，她挖苦哲学家说："你连自己脚下的东西都没看清楚，就想看清天上的东西。"

故事中的哲学家和色雷斯妇女显然有着截然不同的价值观。对哲学家泰勒斯来说，思索哲学的奥妙，即所谓“天上的东西”，比留意地面上的陷阱更有意义和价值，所以他选择仰天冥想作为自己的生存姿态；而对于那位色雷斯妇女来说，哲学问题、宇宙奥秘根本毫无意义，小心走路、看清现实世界比什么都要紧。两种不同的生活选择，一个天上、一个地下，差别悬殊，造就了不同的人生，却又同是个人价值观影响的结果。

今天的现实生活也有类似情形。有的人最向往健康的生活和美满的家庭，“爱”和“健康”一定是他们的价值观中最重要的核心价值；另一些人喜欢一切有创造力的事物，他们总想突破已有的框架，发现全新的天地，那么“创造”和“活力”就是他们最为珍视的核心价值；崇尚无拘无束的生活方式的人以“自由”为核心价值，而对唯美主义者来说，“美”才是他们心中至高无上的核心价值……

美好的价值有很多种：“诚信”、“善良”、“仁爱”、“勇敢”、“坚强”、“快乐”、“自由”、“创造”、“平等”、“和谐”、“勤奋”、“慷慨”、“正直”……这些价值人人赞同，但哪一项价值才是个人安身立命的所在呢？

读到这里，读者不妨试着将上面这些描述价值的词汇（以及其他你可以想到的词汇）写在一张张单独的小卡片上，然后从中选出自己认为最不应该抛弃的几项价值。接下来，你可以从选出的价值观中放弃一种对自己来说相对不那么重要的，然后再用同样的方式从剩下的价值观中放弃一种……你一定会发现，当自己手中只剩下三四张小卡片时，无论想放弃哪张都是那么困难，以至于必须忍受内心的痛苦挣扎……

这是一个著名的心理学实验，它表明，每个人心中都有一些自己最珍惜、最难以割舍的原则或理念。看看你手中剩下的最后几张卡片，写在上面的就是你的核心价值，是你心灵栖息、安身立命之所在。

价值观对人的行为和生活选择有着不可估量的影响。试想，如果泰勒斯没有将参透“天上的奥妙”放在生命中最重要的位置之上，他就不可能投入地将自己的生命交付给哲学，不可能成为在一代代后人的教科书中占据显赫一章的哲学之父。所以，我们的价值观，就像经济学家亚当·斯密说的“看不见的手”，它在不知不觉之中就决定了我们选择以什么样的方式度过一生。

2.1.2 道德践履：传统的才是世界的

两千多年前，孟子讲过这样的话：居天下之广居，立天下之正位，行天下之大道。今天的中国，已经不再是一个封闭自守、惟我独尊的老迈帝国，而是沉着面对世界竞争的少年中国。中国要在这旷古不遇的列国大竞争中胜出，就必须坚守本民族千年传承的道德践履，尤其是诚信这条不可逾越的道德底线。

诚信本身是一种不分时代、不分地域的普遍价值。西方传统中对此也有相应的表达。《圣经》里说“诚信比财富更有价值”，西谚中亦有“诚实是最好的政策”的说法，它们强调的都是基于诚信的价值观。在现代社会经济秩序高度全球化的背景下，诚信的重要性较之过去是有过之而无不及。在这项人类共同遵循的价值指向的基础上，全球范围内基于个人或公司实体的诚信的经济形态才得以孳生、发展。而谁最能坚守诚信，谁就能在激烈的商战中赢得信誉并最终赢得成功。如果诚信缺失，就算靠着钻营和欺骗暂时牟取蝇头小利，最终也难逃被淘汰出局的命运。

就个人而言，人们常说“做事先做人”，诚信是做人的基本准则。否则，就算你认为自己已经具备很多优秀的、能够成功的素质，你也未必会得到他人的尊敬，更不会得到成功企业的重视。在一个先进的企业里，员工最需要具备的素质不是优越的智力，而是诚信。诚信比才干更重要。因此，微软等现代企业在制定选拔人才的标准时，永远将诚信摆在第一位。

缺乏诚信的求职者

在微软亚洲研究院工作时，我曾面试过一位求职者。他在技术、管理方面的素质都相当出色，但是，面谈之余，他试探性地表示，如果我录取他，他可以把他在原来公司工作时的一项发明带过来。随后，他似乎觉察到这样说有些不妥，又特意声明，那些工作是他在下班之后做的，老板并不知道。

这样一番谈话过后，对我而言，他的能力和工作水平再高，我都肯定不会录用他了。原因是他缺乏最基本的处世准则和最起码的职业道德，他不是一个诚实、讲信用的人。试想，如果雇用了这样的人，谁能保证他不会在一段时间后，把自己在这里的工作成果也当作所谓的“业余工作”献给其他公司呢？

无论在什么时代，无论在哪一个国家，一个缺乏诚信的、人品有问题的人都不可能成为一个真正有所作为的人。

实习生的“惊人突破”

有一位来微软亚洲研究院实习的学生，在研究结束后，出乎意料地报告了一个令所有同行震惊的、具有突破意义的研究结果。但是，人们很快发现，他所报告的研究结果在别人的实验中无法重复，人们逐渐对他的论文产生怀疑。

后来，他的老板发现，这个学生对实验数据进行了挑选，只留下了那些合乎最佳结果的数据，而舍弃了那些看起来“不太好”的数据。显然，这样的研究结果是人为捏造出来的，不可能为学术界贡献任何有价值的东西。

我相信，在这个学生树立诚信价值观之前，他不可能实现真正意义上的学术突破，不可能成为一名真正合格的研究人员。这位自作聪明的学生之所以要在科学研究中弄虚作假，主要是因为他一心想“走捷径”，在最短的时间内获得最大的“名气”和“财富”。这种急功近利的思想是“诚信”最大的敌人。如果事事都追求眼前的利益，不考虑做人的原则，那么，以其所为，求其所欲，无异于缘木求鱼，只会与成功南辕北辙。

不讲诚信的代价

在美国，中国学生的勤奋和优秀是出了名的，他们曾经一度是美国各名校最受欢迎的留学生群体。

但最近几年，却有不少学校和教授声称，他们再也不想招收中国留学生了。理由很简单，某些中国学生拿着读博士的奖学金到了美国，可是，一旦找到工作机会，他们就会马上申请离开学校，将自己曾经承诺要完成的学位和研究抛在一边。这种言行不一的做法已经使美国相当一部分教授对中国学生的诚信产生了怀疑。此外，美国有很多教授不再理会大多数中国学生的推荐信，因为他们知道，许多推荐信根本就出自学生自己之手，已经没有什么参考价值可言了。

尽管有这样行为的学生在中国留学生中只是小部分，然而已经足以伤及中国学生的集体名誉，使得更多中国学生的录取受到影响。不仅如此，诚信问题导致国际合作交流的渠道受阻的现象，在经贸、学术等领域同样可能发生。可见，诚信已不仅仅是一种道德要求，同时它也已经成为国际合作的必要基础，并且确实能够为中国带来实实在在的机遇。就此而言，每一个坚守诚信的中国人，除了主观上为涵育个人的高尚人格，客观上也为树立“诚信中国”的世界声誉做出了一份贡献。

2.2 成功企业的灵魂：诚信价值观

企业价值观是企业的精神、思维方法和行为方式，是指导企业所有行动的根本准则，也是企业文化的灵魂。正如人的价值观指引着每个人的具体行为一样，企业的价值观也决定企业的行为。

2.2.1 成功企业的价值观

在生存竞争极为激烈的商战中，有的企业以诚实的勤奋努力形成了比较强的竞争力，成为受尊敬的竞争者；有的企业则试图通过欺瞒哄骗来攫取胜利果实，并因此而两头设防；一面担心法律和道德的惩罚，一面提防消费者和竞争对手的监督。这两类企业之间的竞争，在一定层面上也是两种企业价值观的竞争，那么，谁会成功呢?

下面列举的几家公司都非常著名，是商战中无可置疑的成功者，让我们来看看他们都选择了什么样的企业价值观：

著名公司的价值观

惠普公司所大力颂扬的“惠普之道”包括：信任员工、提供最高质量的产品和服务、对客户需求富有激情、彼此信任和遵守职业道德、重视团队合作、创建丰富而融洽的组织。

微软公司的核心价值观是：诚实和守信；公开交流，尊重他人，与他人共同进步；勇于面对重大挑战；对客户、合作伙伴和技术充满激情；信守对客户、投资人、合作伙伴和雇员的承诺，对结果负责；善于自我批评和自我改进、永不自满等等。

Google公司的核心价值观是：坚决不做邪恶的事情，无论有多大的商机；专注解决用户问题，赚钱和其他问题以后再说；坚决以网络群体利益为首，无论自身利益如何；坚持“最好还不足够好”的标准，永远提升自己，寻找更好的解决方案。

这些企业的价值观各有特色，但是，不难看出，它们之间有个共同之处：诚信。然而，毕竟人能弘道，非道弘人，企业价值观最终还要体现在一个个企业员工的行为上。所以任何一个诚信的企业，对员工的要求必然会包含诚信这一项。企业要发展，就必须信任和依赖自己的员工，所谓“用人不疑、疑人不用”。企业必须选择它能够完全信赖的人。如果一个人被认为是不诚信的，那么他想进入上面所说的这些成功的公司将毫无可能。杰克·韦尔奇对员工的评价标准就清楚地说明了这一点：

杰克·韦尔奇的“因人而异”

通用电气公司总裁杰克·韦尔奇认为，公司评价员工时，除了要看他的绩效有没有达到指标，还要考察他的价值观与公司的价值观尤其是诚信的价值观是否吻合。这其中一共有四种可能：

1、绩效达标，价值观与公司吻合——很简单，公司将毫不犹豫地为他提供奖赏或晋升的机会。

2、绩效没达标，价值观与公司不吻合——也很简单，马上请他走人。

3、绩效没达标，但与公司的价值观吻合——再给他一个机会，考虑重新分配工作。

4、绩效达标，但价值观与公司不吻合——这一种人是能够杀死一家公司的那种人。现实证明，很多公司就是因为接受了这些能达到绩效指标、但品格很差的员工，才走向最终的崩溃的。

反过来，从个人择业求职的角度讲，优秀的、诚信的人会选择把自己的才华和汗水贡献给拥有诚信价值观的公司，因为一个正直的人在充满欺骗和撒谎的公司环境中是难于生存的。诚实的公司有好的人才相助，其竞争力会如虎添翼，而不讲诚信的公司的生存空间会更加狭窄。

在此，我要建议面临择业的读者：每个企业都有宏观意义上的价值观，而每个人都有微观意义上的价值观。在选择公司的时候，最好选择那些拥有良好的价值观，能够坚持诚信原则的公司，想一想这个公司的价值观是否符合自己的价值观。只有自己的工作环境和自己所持有的价值观协调一致，才能在工作中发挥最大的潜能。与其总是埋怨“社会价值观每况愈下”，不如换个思路想一想：这个社会里存在许多不同类型的企业或行业，每个企业或每个行业都拥有自己的价值观，作为一个拥有独立价值观的人，你要有自己的选择，你完全可以选择最符合自己价值观的企业或行业，并在其中充分施展自己的特长。

2.2.2 诚信带来财富

事实上，诚信不仅为企业带来财富和成功，诚信本身就是一笔具有重大价值的宝贵财富。对于真正理解诚信的价值的企业和个人而言，诚信价值观必然会成为他们自觉、自愿的选择。

价值一：诚信是建立长期信誉的先决条件

香港著名实业家李嘉诚先生也曾经就自己多年经营长江实业的经验总结道："做事先做人，一个人无论成就多大的事业，人品永远是第一位的，而人品的第一要素就是诚信。"因为诚信是一种"长期投资"。惟有长期遵守诚信的原则，才能建立和维护你的信誉和品牌，惟有维护了你的信誉和品牌，才能得到可持续的成功。

美国德州仪器（TI）前总裁弗瑞德·布希（Fred Bucy）在谈到甄选高级主管时指出，甄选主管有十个标准，包括创新能力、盈利能力、冒险意愿等等，但是，在这十项当中，诚信是名列第一的。这是因为，假如公司的高级主管有能力赚钱、有思想提出创意，但是不诚实，那么，他们不仅不能为公司带来利益，反而会给公司制造很多麻烦和危险。

安然公司和巴林银行的教训

能源巨人安然（Enron）曾被美国《财富》杂志列为世界五百强企业中的第七名，一年的营业收入高达1000多亿美元。但因为安然的执行董事与财务总监在财务报表上作假、隐藏债务，以便哄抬股票价格并从中牟利，公司失去了大众的信任，最终倒闭。

1995年，巴林银行（Barings Bank）新加坡分行28岁的期货交易员尼克·里森（Nick Lesson）在三年时间里利用自己的技术进行不正当交易，让这家有着二百多年历史的银行倒闭。最后，巴林银行只能以1镑的象征性价格被荷兰ING集团收购。

安然公司和巴林银行的教训是极为深刻的。因为这些不诚信的员工，几十年、几百年创建的公司就这样毁于一旦。看到这样的事例，我们还有什么理由拒绝诚信的价值观呢?

不诚实的做法也许可以得到短期的利益，但是一旦被发觉，整个人或企业的信誉都将被毁灭。当一个企业的谎言被顾客得知后，它就会名誉扫地，用户将不再信任它、不再购买它的任何产品。

信誉是珍贵的，但又是易损的，正应了中国的那句古话：从善如登，从恶如崩。获得和维持信誉需要长期不懈的努力，但是毁坏信誉，却只需要犯一次错误。正因如此，很多公司都将诚信视为生命，不但将其列在价值观的第一位，同时也付出百分之百的努力去捍卫它。

价值二：诚信是企业赢利的前提

有不少同学问过我："每个人都希望自己是君子，但在现在这个社会，保持良好的人品是很难的问题。你对人品要求这么高，难道你公司里的每个人都是圣人吗? 这样的公司能赚钱吗? "

我的回答是："关于诚信的一个最大的误解就是：讲道德、守诚信就是要求员工淡泊名利、做圣人；要求企业不讲策略、不想盈利。事实并非如此。"

利益最大化是所有公司的追求目标。公司要求员工诚信，不只是为了追求道德上的完美，更是为了满足自身利益的最大化。因为一个成功的公司总希望雇用最好的人，并且完全信任他们，让他们把握公司未来的方向。在这样的企业里，公司会放权给员工，让他们最大限度地发挥自己的才能，帮助公司获利。也就是说，一个优秀的公司一定会把自己的"钥匙"交给每一个员工（例如在微软，公司内的员工可以看到许多源代码，接触到很多技术或商业方面的机密），也正因为得到了公司的信任，员工才有更强的责任心和更高的工作热情。

但是，在这种开放、授权的公司里，不讲诚信的员工可能会对公司造成巨大的伤害。不仅公司的财产、智慧、人才可能被盗走（尤其在那些高科技的公司里），而且公司的风气和企业文化也有可能被带坏。所以，一个优秀的公司根本就不会去雇用没有诚信的人。如果公司发现自己的员工在诚信方面存在严重问题，该员工就会被立刻解雇。正如西方谚语中所说的那样，"好的品德才是最好的买卖"。任何一个想在竞争中获得最大利益的公司都明白这个道理。

价值三：诚信是信息社会的基础

在市场经济的世界里，管制和命令不再是调节人与人、组织和组织之间的惟一渠道，越来越多的工作必须在合作的基础上开展，而合作需要依靠互信，互信的根本就是诚信。诚信将成为社会对个人及公司行为的最起码的要求。立法和执法机构、媒体、公众都是诚信的监督者，不诚信的个人和公司将被列入"黑名单"，无法顺利地生存或运行，这会使诚信逐渐成为全社会的一种习惯。

另一方面，在信息时代里，诚信的作用变得比以往任何一个时代都更为关键。小蒂曼·H·迪佩尔先生在他的《良知的独白》一书中强调说："诚信问题是互联网时代不可避免要出现的问题，这是诚信问题的关键所在。信息时代的第二个时期不仅包括知识，而且还包括诚信。"他的意思是说，在互联网普及的情况下，人与人的接触机会大幅增加，任何人都可以提供信息给其他人，任何人都可以出售产品给其他人，所以"诚信"和"信誉"不再是一个人的工作圈子或朋友圈子之内的事了。在网络世界里，一个人的信誉将更公开，诚信有问题的人将无法生存、无处藏身。

eBay 世界里的诚信

最著名的交易网站eBay在网络商务领域取得了惊人的成功。作为最大的B2B网上交易社区，eBay从成立到销售额超过5亿美元只花了五年，接下来，eBay又以销售额每年增加5亿美元的速度增长，并在创业的第八个年头突破了20亿美元。

eBay的成功在很大程度上依赖于它的电子信誉制度。eBay要求每一个买家对卖家做一个信誉评分，每一个卖家也对买家做出信誉评分。eBay上的每一个卖家都特别重视自己的信誉，如果其他人对他的评价不好，例如有2%以上的不满意，就会影响他未来的生意。如果不满意率达到5%以上，就不会有什么人愿意和他做生意了。

每次我在 eBay 买东西时，卖家为了自己的信誉，总是提供特别好的服务，甚至比许多实体的商店还要好。

eBay 的首席执行官梅格·惠特曼认为，网上购物公司的成功，最基本的原因是，交换和买卖商品的人必须坚持诚信的原则，他们往往在交易完成后仍然在网上交流心得体会，形成了一个强大的、相互监督的信誉网。eBay的所有战略都围绕这一点展开，无论业务扩展到多大，都始终强对用户的诚信，强调用户的参与和交流，并通过制定规则和用户参与，建立起"虚拟社区的诚信体系"。

在 eBay 这个虚拟的平台上，人人都重视诚信，勇于维护社区的诚信体系。

毫不夸张地说，诚信已经成为现在信息商业最根本的存在条件，这个行业近年来神话般的发展规模，正体现了诚信所带来的巨大社会经济效益。

2.3 消除对诚信的误解

我在和年轻人的交流中发现，他们对诚信有几个常见的误解：

误解一：对企业诚信就是等于要终身依附雇主

对企业诚信无疑是员工的义务，这份义务包括：保守公司机密，执行公司的计划（即便在自己不同意的情况下），敬业，责任心……然而，一名诚信的员工更应该是一个人格独立、思想独立的人，而不是依附雇主的苔藓类植物。雇主与员工之间的关系是介于两个独立、平等的主体之间的契约，只有当追求各自的发展最大化的雇主和员工都认为对方是自己的最佳选择时，这个契约的效果才是双赢的。相反，当这个契约蜕变为人身依附时，对企业而言，这意味着停止人才的"优进劣出"竞争淘汰机制，企业变成可以混日子的"大锅饭"；对员工而言，这种依附关系则把他变成失去选择自己职业生涯的权利的现代奴隶。

诚信或者忠诚，并不机械地等于终生服务于一家公司。人和企业都在时刻改变着，对于企业而言，随着公司的发展变迁，过去合适的员工未来可能不再有适合他的职位；对于个人来说，一个公司过去可能是他最佳的选择，随着时间流逝，现在可能已经无法激发他最大限度地发挥他的激情和才干。所以只要一个人保持进取精神，谋求职业上的发展，"跳槽"的可能性就永远存在。而变换工作与不守诚信，是性质完全不同的两件事情。

在二十一世纪的今天，不能期望一个人永远留在一个公司。在美国，一个人一生中平均有四个工作，换工作甚至到竞争对手的公司里工作都是很正常的事。无论解雇、跳槽，或者多个应聘者竞争一个职位，又或者多个公司竞相争取一个人的加盟，都是健康竞争机制的体现。

误解二：诚信就是犯傻

诚信也常常被误解为犯傻或者迂腐。

其实，诚信绝不是不经大脑、不看对象、不分场合，把一切和盘托出。多数情况下，我们在日常生活中遇到的事情往往并不是能用非黑即白、非善即恶的极端二元对立的方式所概括的。例如，面对撒谎和说真话，道德上我们当然应该选择讲真话；然而，在我们对人说真话的时候，会有一个“如何说真话”的选择：针对特定的话题和谈话对象，真话也有无数种不同的措辞、分寸、角度、表达策略……，言说者可以点到为止，也可以绘声绘色。不同的表达方式对听者会产生不同的效果，而一个人的经验、智慧、沟通能力正是体现在对谈话效果的把握上。所谓“过犹不及”，在“过”与“不及”之间，存在一个微妙的地带，让言说的人去权衡斟酌。

所以做一个有诚信的人，并不代表要在人前坦白一切，也不代表不能使用沟通的艺术（尤其是不同意的艺术，参见后面“合作沟通”一章），更不代表不能使用变通的手段解决问题。诚信的人完全可以灵活地参与沟通，并充分运用自己的智慧和判断力解决问题。

误解三：诚信也要服从利益的需要

有位同学曾提出过这样的问题：“您说诚信是公司对员工的基本要求。但是，今天很多公司在进行产品销售的时候，都有许多不诚信的行为——例如对顾客做一些无法兑现的承诺。毕竟，人总是要赚钱的。可不可以这样认为：公司为了销售产品，为了有好的业绩，可以允许员工对外不诚信，只有在强调公司内部管理时，才要求员工诚信呢？”

其实，诚信是每一个人、每一个企业在跟随中国步入世界强国的过程中必备的价值观。在今天的中国、在很多地方，也许适当的妥协是不可避免的。但不能因此就认为“对公司有利的事情，诚信的标准可以降低；对公司不利的事情，诚信的标准才要严格”。做了不守诚信的事，公司可能会获得短期的利益，但从长期来说，肯定是有害的。如果一个人常做无法兑现的承诺，就不会被人信任；一个公司面对合作伙伴和客户的时候，也是一样的。

如果实在需要一个准绳，我会说：“除非为了生存，除非在迫不得已的情况下，我们对诚信决不可以有半点妥协。”因为每一次妥协，都会把自己从诚信的高台拉下来一步，多次妥协成为习惯后，你将彻底失去诚信的价值观。

误解四：社会缺乏诚信，所以只能随波逐流

有人认为，既然社会上有许多不诚信的事情，那么，自己就不用太在乎诚信。甚至还有人认为，读书时就应该开始练习说谎、拍马屁，这样才能融入社会。

的确，我们所寄身的这个世界不是完美的，任何时代、任何社会都难免存在不诚信的人和事，但是我们要对无所不有的社会现象有一个自己的判断，把它当作例外，而不能把它当作正确的存在。每个年轻人都是一个有独立个性的人，都应当有自己的选择：你可以选择那些重视诚信的行业或公司；你可以选择谨守自己的原则。

正是因为社会复杂，年轻人在步入社会之前才更要把握好自己的原则。如果在学校里就开始妥协，开始放弃诚信，那么，在走上社会后，就很有可能会走向颓废、堕落的不归路。

误解五：诚信只是过时、迂腐的道德观念，现代人完全可以变通地理解

如果从社会学的角度来考察诚信，可以分为他律性的诚信和自律性的诚信两大类：

他律性诚信是一种以盲从和遵循外在道德规定来维护社会秩序的手段或工具，强调角色责任和行为规则的外在要求和考虑。这种诚信行为是呆板而机械地“扮演”，并没有真正理解道德行为应有的意义与原则。

自律性的诚信是现代社会中每个成员提高和完善自己的内在需要，而不是因他人强加而产生的“扮演”和“做作”。受过良好教育的人在信誉的驱动和环境的影响下，可以用设身处地的心态认识到诚信对社会、企业和个人的重要性，并自主地选择诚信的价值观——这种选择的结果就是自律性的诚信。自律性的诚信不需要外在权威或规范来监督，是成熟的、可以长期延续的道德标准。

在科技不够发达、教育不够普及的农业社会中，统治者需要用他律性的诚信来束缚。但在今天科学和教育如此进步的时代里，我们所说的诚信当然是指每个渴望成功的人都应该具备的自律性诚信。这种自律性诚信绝不会像农业社会的他律性诚信那样贴有“过时”、“迂腐”的标签，它是每个人自觉选择和自觉实践的结果。

我一直希望更多的人能理解：诚信不是过时、迂腐的教条，而是现代社会迫切需要的、代表时代精神的价值观。我深信，自律性的诚信是走向成功的惟一途径，因此，理解自律性的诚信是选择诚信价值观的先决条件。

2.4 培养诚信的价值观

每一个社会、企业、个人都应当具备诚信的价值观。那么，该如何培养诚信的价值观呢？

在此，我很愿意和读者分享我自己的成长经历。其实，我也经过了从懵懂迷茫到最终理解并恪守诚信观念的全过程，其间也有过多次失败和学习的经历——我的价值观是逐步累积而来的。

2.4.1 从小谨守的原则：勿以恶小而为之

孩提时期的价值观，多半是透过父母和老师的赏罚、教诲而形成的。遵照了父母和师长的指引，通常会得到赞赏，否则就会得到训斥。此外，周遭的环境也会对人的价值观产生影响，朋友、公众人物等都会左右你对人生观和价值观的选择。所以正确的价值观要从小培养。

有记者在采访一位诺贝尔奖获得者时提了这样一个问题："您在哪里学到了您认为最重要的东西？"

对方回答说："在幼儿园里。在那里，我学到要诚实守信，不能讲假话，把自己的东西分一半给小伙伴，不是自己的东西不拿，做错事要表示歉意等等做人的基本道德品质。不损害他人，不危害社会。这就是良心，是做人的底线。"

"不要再让自己失望"

从小，我的父母就教导我，诚信是不可妥协的原则。他们对我的品德教育是实实在在的，不讲太多的大道理，不讲太多的套话，而是用自己的言行做示范。

有一次，父亲出了一个他认为无解的智力题，说如果我做出来就把他最心爱的笔送给我。结果我想出了一个取巧的答案，以为他不会接受，但是没想到他二话不说，就把笔递给我。

我永远记得我小时候犯的最大的一次错误：我偷了父亲的钱去买玩具。当这件事被父母发现时，他们对我的惩罚不是一顿鞭打，而是多次开导教育我，以确定我已经真正认识到了自己的错误，能够控制自己不再犯类似的错误。当时，父亲说："希望你不要再让自己失望。"这是他对我说过的最重的话，也是我会铭记终身的一句话。

希望所有的读者都能用“不要让自己失望”这句话自勉，让自己的良心监督自己的行为。一言以蔽之：“勿以恶小而为之”。

也许有些年轻人认为，学生以成绩、事业为重，其他细节只是一些小事，随心所欲地做了，也没什么大不了的。然而，就是那些身边的所谓“小事”，往往成为一个人塑造人格和积累诚信的关键。一些贪小便宜、耍小聪明的行为只会把自己变成一个贪图小利、没有出息的人，最终会因小失大，走入迷途。

如果不养成诚信的习惯，就很容易堕落下去。当一个企业第一次撞破诚信底线，从欺骗一个顾客中尝到甜头时，在利益驱动下它会为了更大的利益去骗更多的顾客；当一个员工第一次报了假账后，他就会习惯性地继续报假账，而且，数额会越来越大；当一个学生第一次考试作弊成功后，他就会习惯性地作弊，甚至找“枪手”代考。

“从善如登，从恶如崩”。从长远来看，由“小恶”发展到“大恶”就像走下坡路一样，如果不及时纠正，很快就会滑入深渊；反之，从“大恶”回归“诚信”就像是在爬陡峭的山坡，一定是一件非常吃力的事。

2.4.2 不要辜负别人的期待和信任

“诚信”的养成，除了要靠“自律”，也要靠“他律”。每个人都希望得到他人的尊重和信赖，而他人对于我们的期待，正是对个人道德修养的一种良性约束，是养成“诚信”习惯的重要力量。下面这个我亲身经历的故事，后来成为我常年自我警策的重要力量：

我在法学院打工的故事

1981年我在哥伦比亚大学读书的时候，法学院有一套很老的学生选课系统，是用Cobol语言编写的，法学院院长想把这个软件从昂贵的IBM主机上移植到价格低廉的DECVAX计算机上。但是，院长找到的每一个承包商都报出了昂贵的价钱。

后来，院长打听到我是编程高手就来找我。我很自信地打包票说，我可以把这个工作做好，而且绝对不影响秋季开学的使用。院长很高兴地付给了我七美元一小时的工资（这在当时可谓“天价”了），并问我什么时候可以有初步的结果。我承诺八月初可以整个程序跑起来，到九月开学前还有时间调整。

我当时觉得这个工作很简单，所以没有认真对待“八月初就初步完工”的承诺。七月份，我打了三个星期的桥牌才开始为法学院编写软件。但我很快发现，这个工作有很多繁杂的细节是我根本没有预料到的。到了七月底，我只好对院长说："这个工作超出了我的想像，大概要到八月底才能跑起来，但是，应该不影响九月开学时使用。"

没想到，学法律出身的院长非常生气，告诉我说，我不必再来上班了，他决定把这个项目交给承包商来做。因为他认为，我对工作明显不够重视，没有调查就轻易承诺，这让他失去了对我的信任。

对这个决定，我一开始感觉很惊讶，但想了一晚后，我理解了院长的处境：他把这样一项重要的工作交给一名学生，这对他来说是要冒很大风险的。但是，学生的偷懒和不负责任让他彻底失望。

于是，我找到院长，对他说："我应该把你已经付给我的工资全部还给你，因为我没有兑现我的承诺。"这时，他已经心平气和了，他对我说："不必了，看得出你已经接受了教训，而且，你没有工作经验，犯错是难免的。希望你从这件事中，更好地理解大多数企业对我们的毕业生所抱有的诚信和负责(integrity and accountability)的期望。"

我从这件事中吸取了极大的教训，法学院院长最后这几句话在我后来的人生中一直萦回脑际。若干年后，我自己也走上了公司的管理岗位，面对上司和下属更高的期望，过去犯过的错误一直提醒我，品行的磨砺不可有片刻懈怠。

同样，在公司的管理岗位上，"言行如一、言出必践"的原则也非常重要。

管理工作中的诚信提醒

我在苹果公司管理一个团队时逐渐发现，这个团队存在很多问题。一年后，我果断决定把这个团队解散，此举得到了老板的好评。

但是，这个团队中有一个被解雇的人走到我的办公室对我说："我对自己和队伍的遭遇没有什么异议。我们的工作确实存在问题。但是，我认为你在诚信方面也有需要检讨的地方。"

一向重视诚信的我听到这句话很是惊讶。

他进一步解释说："我们每次向你汇报工作的时候，你总是愉快地告诉我们，你对我们的进度是满意的。但是，我相信你的心中早已经产生了怀疑。也许，

你是为了鼓励我们，可你所表现出来的言行不一不利于我们及早发现和改进问题，这是有失诚信的做法。”

他的这番话唤醒了我。我向他道歉并感谢他勇敢地提出了这一点。对一个管理者来说，用空洞的话来夸奖属下的工作，通常只是一种反射性的做法。但是，这种做法对属下极为不公。每一个老板都不能为了一时的息事宁人，影响到自己和公司长期的信誉。一个真正谨守诚信的人要对每一句话负责。

2.4.3 用“报纸头条测试法”检验言行

如果一个人在诚信方面犯了错误，而且不承认或不自省，那么，他就犯了双重错误：第一是对别人不诚信，第二是对自己的良心不诚信。因此，一旦在诚信方面犯了错误，就要坦然地面对自己的良心，勇于解剖自己并改正错误。

例如，前面提到我在法学院和苹果公司曾先后两次偏离了诚信的原则，但每一次犯错之后，我都能深刻地反省，确保自己不再犯类似的错误。这样一来，我就总能及时修正自己，让自己坚持诚信的价值观。

在感到不知所措的时候，我会用一个特别的“报纸头条测试法”来检验自己的言行。所谓“报纸测试法”，就是在事前事后想一想：明天，如果在一份你的亲朋好友都会阅读的报纸上，你做的事被刊登为头条新闻，你会不会因此而感到羞愧？会不会无法面对自己的良心？如果不会，你做的事才对得起你自己的价值观。

我的价值观挣扎

我在苹果公司工作时遇到了公司裁员，当时我必须要从两个业绩不佳的员工中裁掉一位。

第一位员工毕业于卡内基·梅隆大学，是我的师兄。他十多年前写的论文非常出色，但加入公司后很是孤僻、固执，而且工作不努力，没有太多业绩可言。他知道面临危机后就跑来恳求我，告诉我他年纪已经不小，又有两个小孩，希望我顾念同窗之谊，放他一马。甚至连瑞迪教授（我和他共同的老师）都来电暗示我应尽量照顾师兄。

另一位是刚加入公司两个月的新员工，还没有时间表现，但他应该是一位有潜力的员工。

我内心里的“公正”和“负责”的价值观告诉我应该裁掉师兄，但是我的“怜悯心”和“知恩图报”的观念却告诉我应该留下师兄，裁掉那位新员工。

于是，我为自己做了“报纸测试”。在明天的报纸上，我希望看到下面哪一个头条消息呢：

（1）徇私的李开复，裁掉了无辜的员工；

（2）冷酷的李开复，裁掉了同窗的师兄。

虽然我极不愿意看到这两个“头条消息”中的任何一条，但相比之下，前者给我的打击更大，因为它违背了我最基本的诚信原则。如果我违背了诚信原则，那么我既没有颜面见到公司的领导，也没有资格再作职业经理人了。

于是，我裁掉了师兄，然后我告诉他，今后如果有任何需要我的地方，我都会尽力帮忙。

这是一个痛苦的经历，因为它违背了我内心很强烈的“怜悯心”和“知恩图报”的价值观。但是，“公正”和“负责”的价值观对我而言更崇高、更重要。虽然选择起来很困难，但最终我还是能够面对我的良心，因为我知道这是公正、负责、诚信的决定。

如果用“报纸测试法”得到令自己羞愧的结果，就有必要深刻反省，下定决心将来再也不做类似的事。每个人都要对自己的良心和承诺负责，这种自己和自己达成的协议与默契是维持诚信的价值观的最好方式。

本章要义

- **价值观是每个人判断是非善恶的信念体系，它不但引导我们追寻自己的理想，还决定一个人生活中大大小小的选择。**
- **诚信本身是一种不分时代、不分地域的普遍价值。西方传统中对此也有相应的表达。《圣经》里说“诚信比财富更有价值”，西谚中亦有“诚实是最好的政策”的说法，它们强调的都是基于诚信的价值观。**
- **企业价值观最终还要体现在一个个企业员工的行为上。所以任何一个诚信的企业，对员工的要求必然会包含诚信这一项，必然选择它能够完全信赖的人。**

Q：如何培养诚信的价值观？

A：正确的价值观要从小培养，谨守“勿以恶小而为之”的原则；“诚信”养成除了靠“自律”，也要靠“他律”，所以，不要辜负别人的期待

和信任，努力做到言行如一、言出必践；做事时经常用“报纸头条测试法”检验言行。

Q：什么是“报纸头条测试法”？

A：所谓“报纸头条测试法”，就是在做事前后设想一下：明天，如果在一份你的亲朋好友都会阅读的报纸上，你做的事被刊登为头条新闻，你会不会因此而感到羞愧？会不会无法面对自己的良心？如果不会，你做的事才对得起你自己的价值观。

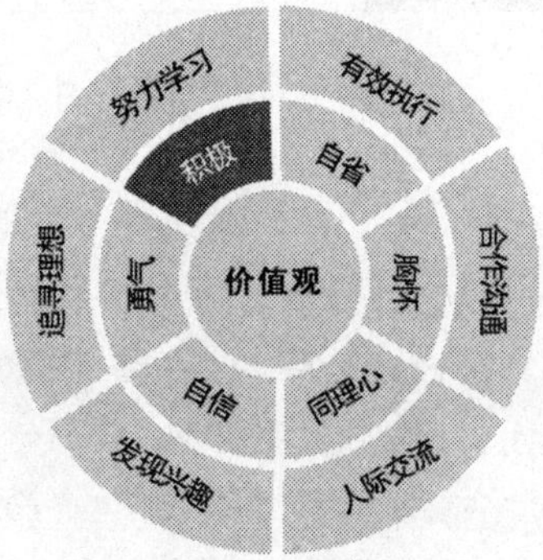

第3章　积极主动

——成功的选择在于自己

那一年，我跳级了

五岁的时候，我觉得幼儿园的功课太简单了，于是就主动跟父母说："我想跳级读小学。"

父母建议我还是按部就班地读书，等到有足够的能力时再去读小学。

为了学到更多的知识，我大胆地提出："让我试一下好不好？如果我的能力不行，我就不会通过小学的入学考试；可如果我考过了，就表明我能行，那你们就要让我去上小学。"

父母很爽快地答应了。于是我努力读书，最后以高分考进了私立小学。

这件事让我懂得，只要大胆尝试，积极进取，我就有机会得到我期望中的成功。这也为我日后的自信和积极奠定了坚实的基础。

3.1 找回真正的“自我”

25年的被动选择

有一位中国留学生看了我《给中国学生的第三封信》后，感触很深，他写了一封信给我，在信中他写道：“很小的时候，我的目标就是长大，长大了做什么，我当时没有想；读小学的时候，父母给我的目标就是考初中，考上初中做什么，我没有想过；读初中的时候，父母给我的目标就是考高中，考上高中做什么，我没有想过；读高中的时候，父母给我的目标就是考大学，考上大学做什么，我没有想过；上大学的时候，父母给我的目标就是要出国，出国做什么，我也没有想过；现在留学拿到了学位，要找工作了，下一步我该做些什么呢？这次，我要好好地想一想。谢谢你的第三封信，它唤醒了我埋藏了25年的进取心，它改变了我25年来被动的生活方式。从今天开始，我要积极主动地为自己而生活！”

我为这位中国留学生自主意识的复苏感到欢欣鼓舞，同时我也看到，还有更多的年轻人依然在被动的道路上迷茫地生活着。所以，在所有最重要的人生态度中，我把积极主动摆在第一位。

从创立“开复学生网”至今，一年多的时间过去了，我发现，虽然我的初衷是“帮助学生学会自己帮助自己”，让更多的年轻人步入积极向上的轨道，但是，还是有许多学生希望我能直接帮他们做决定，有些学生在来信中直截了当地说：“只有你能告诉我，我该怎么做。”——他们宁肯被动地接受建议，也不愿意花点功夫设计属于自己的成功之路。

在这样的沟通和交流中我逐渐意识到，被动的思维方式是学生们在从小身处的教育环境、家庭背景和强调群体意识的文化氛围中培养出来的。

在现行的教育体制下，学生们事事听从父母和老师的安排，遇到问题可以直接从父母和老师那里获得帮助，养成了被动的习惯。因此，许多年轻人不善于主动规划自己的成长道路，不知道如何积极地寻找资源，使自己的学业和人生迈上更高的阶梯。

另一方面，父母和老师也习惯于越俎代庖，帮助孩子和学生设计人生，这通常会使他们忽视了自己真正的性格和兴趣，等他们长大以后多半会发现，自己早已迷失在“自我缺失”的海洋里了。

此外，中国的传统文化强调群体意识，推崇“从上”、“从众”等行为方式，这些思想潜移默化地影响着一代又一代的青年，以致于许多年轻人觉得，“自主”这两个字是那么陌生和遥远。

为了成为国际化的人才，为了在信息时代发挥自己的最大潜能，每一个有进取心的青年都要努力让自己从被动转向主动，要成为自己未来的主人，积极地管理自己的学业和未来的事业。因为没有人比你自己更在乎你的工作与生活，没有人比你自己更适合管理你的人生和事业，只有积极主动，才能找到真正的“自我”，才能让自己在成功的道路上永远快乐！

3.2 什么是积极主动？

积极主动（Pro-active）这个词最早是由著名心理学家维克托·弗兰克推介给大众的。弗兰克本人就是一个积极主动、永不向困难低头的典型。

你总是有最后的选择

弗兰克原本是一位受弗洛伊德心理学派影响颇深的决定论心理学家，但在纳粹集中营里经历了一段凄惨的岁月后，他开创出了独具一格的心理学流派。

弗兰克的父母、妻子、兄弟都死于纳粹魔掌，而他本人则在纳粹集中营里受到严刑拷打。有一天，他赤身独处于囚室之中，突然有了一种全新的感受——也许，正是集中营里的恶劣环境让他猛然警醒：“即使是在极端恶劣的环境里，人们也会拥有一种最后的自由，那就是选择自己的态度的自由。”

弗兰克的意思是说，一个人即使是在极端痛苦、无助的时候，依然可以自行决定他的人生态度。在最为艰苦的岁月里，弗兰克选择了积极向上的态度。他没有悲观绝望，反而在脑海中设想，自己获释以后该如何站在讲台上，把这一段痛苦的经历讲给自己的学生听。

凭着这种积极、乐观的思维方式，弗兰克在狱中不断磨炼自己的意志，让自己的心灵超越了牢笼的禁锢，在自由的天地里任意驰骋。

弗兰克在狱中发现的思维准则，正是每一个追求成功的人应具有的人生态度——积极主动。

消极被动的人和积极主动的人在很多方面都存在巨大差异（表 3-1）：

消极被动（Reactive）的人总是在等待命运安排或贵人相助。对一件事情，

	消极被动的人	积极主动的人
自己和环境	自己受环境的左右	自己有选择的权利
人和事	事情主导人	人可以主导或推动事情的进展
遇到问题时	寻求帮助	独立思考
环境不好时	怨天尤人	积极进取
常说的话	只有你可以告诉我该怎么做。 我必须服从环境的安排。 谁可以告诉我该选什么专业? 怎么都没有人注意到我? 我总是没时间做某事。 只有你可以告诉我该怎么做。 我父母都有糖尿病，我也一定会得。	一切靠自己，我可以做得更好。 我有选择的权利。 我要制定一个计划，以选择最适合我的专业。 我要去学习如何引起人们的重视。 我该放弃哪些不重要的事，才能做最重要的事? 只有我自己才有权利和责任决定我该怎么做。 虽然父母有糖尿病，但只要注意锻炼，注意饮食，就能降低得病的几率。

表3–1 消极被动vs积极主动

他们总认为是事情找上他们，而自己无法主导或推动事情的进展。

积极主动（Pro-active）的人对自己总是有一份责任感，认为命运操纵在自己的手里，自己可以主导事情的发生和发展。

3.3 为什么要积极主动?

数十年前，在工业社会里，员工是企业机器上的齿轮。虽然机器需要齿轮，但是齿轮是可替换的。最好的齿轮是耐用的。因此这些公司最喜欢的人才是：

一个有专业知识、能够埋头苦干的人。

斗转星移，在今天这个瞬息万变的时代里，人们对人才的定义已经发生了很大的变化，因为在现代化的企业中，有更多的人享有决策的权利，有更多的人必须在思考中不断创新，也有更多的人有足够的空间来决定要做什么和怎么做……大多数人的工作不再是机械式的重复劳动，而是独立思考、自主决策的复杂过程。著名的管理学家彼得·德鲁克（Peter Druker）曾指出：“未来的历史学家会说，这个世纪最重要的事情不是技术或网络的革新，而是人类生存状况的重大改变。在这个世纪里，人将拥有更多的选择，他们必须积极地管理自己。”所以，今天大多数优秀的企业对人才的期望是：

积极主动、充满热情、灵活自信。

要想在现代化的企业中获得成功，就必须努力培养自己的主动意识：在工作中要勇于承担责任，主动为自己设定工作目标，并不断改进方式和方法；此外，还应当培养推销自己的能力，在领导或同事面前善于表现自己的优点。

作为当代中国的青年一代，不能只是被动地等待别人告诉你应该做什么，而要主动了解自己想做什么并且制定规划，然后全力以赴地去完成。对待自己的学业和研究项目，要以一个母亲对孩子般的责任心全力投入、不断努力。只要有了积极主动的态度，没有什么目标是不能达到的。

其实，许多年轻人并不是没有以积极主动的态度来做出自己的决定，而是不习惯在重大问题上自己做决定。如果我问一位中国的大学生："你最常做的决定是什么？"他的回答很有可能是决定买什么样的电脑、看什么电影、读什么书等等。这些事情固然需要做出决定，但更需要你自己做决定的是许多更重要的事情。例如读什么专业、进什么学校，考研还是出国等等。对这些事情，有很多人可能习惯于听从父母的安排或参考大多数同学的选择——殊不知，在这些最重要的问题上，只有你自己的决定才能帮助你迈向真正的成功。自己只做无关紧要的决定，而任由他人做出对自己的一生有重大影响的决定，这明显是不合逻辑的。此外，有些人就算自己做出了决定，也不见得在事先已经花了足够的时间做调查研究。而一个鲁莽或草率的决定可能会让你后悔一辈子！

自己的事，自己负责，自己解决

当 Google 的创始人赛吉·布林（Sergey Brin）和拉里·佩吉（Larry Page）在电视上接受访问时，记者问他们认为自己的成功应该归功于哪一所学校。他们并没有回答说是斯坦福大学或密西根大学，而回答的是"蒙台梭利小学"。在蒙台梭利小学那种鼓励学生自由自在地学习、对事情不能消极对待的教育环境下，他们学会了"自己的事，自己负责，自己解决"。正是这种积极的教育方式赋予了他们勇于尝试、积极主动的习惯并因此给他们带来了成功。

所以，每一个年轻人都要拥有一颗积极、主动的心，要善于规划和管理自己的事业，为自己的人生做出最为重要的抉择。没有人比你更在乎你自己的事业，没有什么东西像积极主动的态度一样更能体现你自己的独立人格。

3.4 积极主动的七个步骤

为达到积极主动的境界，建议大家按照图 3–1 所示的七个步骤，循序渐进地调整自己的心态、培养自己的习惯，学习把握机遇、创造机遇的方法，并在积极展示自我的过程中收获成功和快乐。

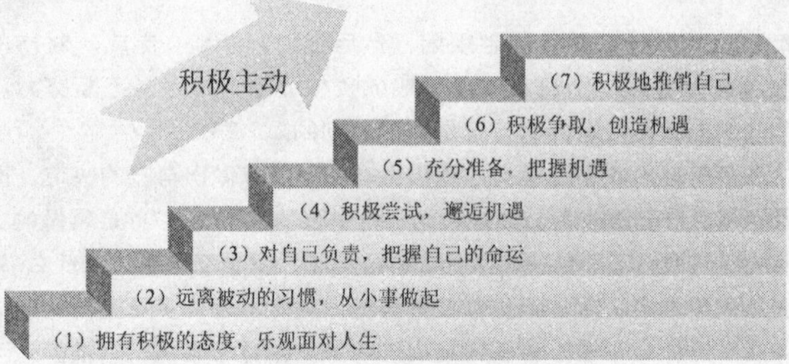

图3–1 积极主动的七个步骤

3.4.1 拥有积极的态度，乐观面对人生

心理学家早已发现：一个人被击败，不是因为外界环境的阻碍，而是取决于他对环境如何反应。中国国家男子足球队前主教练米卢·蒂诺维奇所说的“态度决定一切”就是这个意思。埋怨不会改变现实，但是积极的心态和行动可能会改变一切。

根据心理学家的统计，每个人每天大约会产生5万个想法。如果拥有积极的态度，那么就能乐观地、富有创造力地把这5万个想法转换成正面的能源和动力；如果态度是消极的，就会显得悲观、软弱、缺乏安全感，同时也会把这5万个想法变成负面的障碍和阻力。

消极的人允许或期望环境控制自己，喜欢一切听别人安排，但在这样的情况下，他不可能拥有掌握自己命运的能力，也无法避免失败的厄运；相反，积极的人总是以不屈不挠、坚忍不拔的精神面对困难，他的成功是指日可待的。积极的人总是使用最乐观的精神和最辉煌的经验支配、掌握自己的人生；消极者则刚好相反，他们的人生总是处在过去的种种失败与困惑的阴影里。

虽然有了积极的态度，也未必能保证每件事都心想事成、事事成功。但积极的态度肯定会改变一个人的生活方式，而坚持消极的态度必败无疑。没有谁见过持有消极态度的人能够取得可持续的、真正的成功。

当然，不是每一件事情都要由自己来选择，也不是每一件事情都可以由自己来主导。所以，在选择积极态度的同时，还要保持平和的心态，也就是我常说的那句话：

有勇气来改变可以改变的事情，有胸怀来接受不可改变的事情，有智慧来分辨两者的不同。

3.4.2 远离被动的习惯，从小事做起

消极被动的习惯是积极主动的最大障碍，如果从小就在消极、被动的环境下长大，你就更应该努力剔除自身所拥有的那些消极因素。

例如，消极被动的人总是迷信宿命论，把不如意的事情纷纷归罪于基因遗传、星座、血型等因素，并由此变得自怨自艾，总是怪罪别人的不是，指责环境的恶劣——如果这样的想法成为习惯，就会陷入消极被动的恶性循环，难以自拔。

在这里，我向大家提出下面的五个建议，只要按照这些建议去做，就可以远离消极被动。

一、不要盲目听信人言，应冷静辨析、积极求证

现在的网上经常流传着各种谣言。如果盲目轻信这些谣言，就会被某些别有用心的人左右。有同学发来信说："我想读一个民办学校的课程，因为它可以发'英国剑桥大学的学位证书'。"其实只要冷静分析，你就应该想到：在这样"天上掉馅饼"的事情里总会暗藏着什么圈套。然后，你只要再通过搜索引擎积极求证一下，马上就可以辨其真伪。

此外，有许多同学不懂得主动搜寻和验证信息的方法，也没有意识到它的重要性。常有不少同学请我帮他找某某大学的信息，甚至还有的同学向我询问某个单词的意义和用法——实际上，这些信息在网上只要简单地搜索一下，就能找到答案。因此，每次我查出答案后，总是告诉这些同学说：

"如果你想知道什么，就自己到网上去找，不要急着去问别人；如果你听到了什么，不要盲目信从，也自己到网上去验证一下。"

二、不要让事情找上你，应主动对事情施加影响

每一件发生在你身上的事都应该是因你的决定而发展、变化的，而不应该是因为你无所作为才变成现实的。

有位同学告诉我说："我申请了两个工作，其中，我比较喜欢的是那份竞争激烈的工作，但同学们也都在争取那份工作。我现在只好等待，如果那家公司不聘请我，我就到另一家公司去。"

我很惊讶地问他："既然你很喜欢第一份工作，为什么你这么被动、只知道等待而不去主动争取呢？"

不要忘了，被动就是弃权，不做决定也是一种决定。

18岁女孩让加州大学收回成命

在微软工作的华人都知道郭蓓菁，一位小巧玲珑、年轻活泼的女孩。见她第一眼时你可能会对她是微软最资深的华人经理之一感到惊讶，但是，如果你跟她的交谈超过一分钟，你就不会有这样的想法了。她讲的每一句话都流露出自信、积极和乐观的精神，卓越的领导力以及严谨的逻辑和思维。

她曾给我讲过一个发生在她自己身上的故事。

“我十八岁从中国移民到美国。到美国六个月后，为了上大学，就参加了SAT考试。那时虽然我的英语口语已经不错，但是文法、词汇和作文还不行。我的SAT数学考了780分（接近满分800分），但是英语却只考了280分。要知道英语就算交白卷也有200分。你可以想像280分是个多么糟糕的分数。但是我依然自信地申请了加州大学的电机工程系。

“由于我的英语SAT分数太低，我的申请表很可能没被仔细阅读就直接被拒绝了。但是我不服输，我深信如果我被录取，我将会成为一个成功的工程师。于是，我决定‘上诉’。

“我直接写了一封信给加州大学的校长。在信里，我做了自我介绍，自豪地描述了我在理工方面的成就，解释了英语考试成绩不理想的原因是，因为我刚到美国六个月，我特别强调了我的学习能力和刻苦精神。最后，我说：‘校长女士，如果你录取我，我保证我会成为贵校的骄傲。’

“两天后，校长约见了我。我和她面谈时，她意识到我的英语进步得很快。我向她当面保证我的英语会学得和美国同学一样好。一星期后，加州大学收回成命，决定录取我。”

三、不要习惯性地同意或追随别人，应当学会“有主见”

年轻人必须知道自己喜欢什么和需要什么，而不能随波逐流。

许多同学有很强的“从众”心态，自己有想法不表达，时间久了甚至都不清楚自己的想法是什么了。每次他们都会习惯性地先问别人：“你怎么想？”而从不会问问自己：“我怎么看？”

要改掉这个习惯，就需要下定决心，在每一件小事上都要表达出自己的意见。例如，自己决定在餐馆点什么菜，自己决定自己的衣着打扮，周末时自己决定要去哪里玩，等等。要学会对自己的生活做出合理的安排，而不是“别人怎样我就怎样”。当自己感觉“无所谓”、想依从别人的意见时，记得提醒自己，一定要把自己的选择展现出来。甚至在自己不是很在乎或不是很确定时，也要正确地表达出自己的想法。要让“无所谓”这个词从自己的字典里消失。

也就是说，要设法让自己潜意识里的“我感觉，我想要”体现出来，不要被动，不要从众，避免盲目听从父母、老师、名人……告诉自己，当认为必须说“No”的时候，千万不要说“Yes”。从小事到大事，如果都能做到听从自己的意愿，日子久了，自然会养成积极主动的习惯。

四、不要说“我办不到”，要积极去尝试

遇到困难时，不要找借口，要多想一想，有没有别的解决方案？能不能将问题分解开来，一步一步地加以解决？或者，是否需要先提高自己在某方面的能力，然后再回头来处理这个难题？不要因为逃避而说自己没有选择或没有时间——没有人缺少时间，只不过每个人分配时间的方式有所不同。

五、用语言有意识地训练自己

语言会下意识地引导我们的思想，也会真切地反映一个人对环境的态度。

习惯于消极被动的人，言语中就会流露出推卸责任的个性。例如，他们在生气时会抱怨说：“他让我怒不可遏!”——其实他想说的是：责任不在我，是外力左右了我的情绪；他们总是抱怨：“我没时间。”——这表明：又是外力控制了我，让我没有选择的机会；他们还喜欢说：“我不得不如此。”——这意味着：迫于环境或他人的压力，我只好选择服从；他们在自我表白的时候说：“我就是这样的人。”——这其实是在宣称：我已经无法改进或提高自己了。

相反，积极主动的人总是在言语中赋予自己决定的权利，他们喜欢说：“也许我可以换个思路”、“我可以想出更有效的表达方式”、“我选择……”、“我要……”、“我情愿……”、“我打算……”、“我决定……”等等。

所以，要多学习积极主动者的讲话方式，在说话时多用“我……”的句式，多给自己决定的权利，少推卸责任，少埋怨。

3.4.3 对自己负责，把握自己的命运

关于“公平”的大讨论

有位学生问我：“这个世界到底是不是公平的？”这个问题在“开复学生

网”上引起过一场大讨论。有些同学认为世界很公平，一个人只要有志气就一定能克服一切障碍；也有些同学认为世界极端不公平，因为无论是财富、天赋还是运气，老天爷好像总是青睐别人。

对此，我的回答是：认为一切都靠命运（宿命论）或一切都靠自己（人定胜天）都是不合适的。

每一个人都有选择，都有机会，但是，先天和环境因素造成每个人的机会多少不同。所以，这个世界不是完全公平的。但如果你因为世界不公平而放弃了自己的机会和选择，那就是你自己的责任，就不能怪世界不公平了。

举一个例子，有些人出生时就因为遗传的原因，患上某种较严重的疾病的可能性比较大。但这并不表明他一定会患病。如果他能把握机会，做正确的选择，安排好自己的锻炼和饮食，他很可能比谁都健康；但是，如果他因为“基因不好”就自暴自弃，那么他得病的几率一定会成倍增加。

所以，凡事都要想清楚，什么是自己不能改变而必须接受的，什么是自己可以选择的，什么是自己必须勇敢挑战的。当你碰到不可改变的事情时，要勇敢地接受它，不要把时间浪费在悔恨、羡慕和嫉妒上。你应该做的事是积极主动地抓住命运中你可以选择、可以改变、可以最大化你的影响力的部分。

还有，就算在最艰苦的时候，当你感觉命运已抛弃了你的时候，你还是有选择的。就像弗兰克所说的：“在任何极端恶劣的环境里，人们还会拥有一种最后的自由，那就是选择自己的态度的自由。”

“积极主动”的含义不仅限于主动决定并推动事情的进展，还意味着必须为自己负责。责任感是一个很重要的观念，积极主动的人不会把自己的行为归咎于环境或他人。他们在待人接物时，会根据自身的原则或价值观，做有意识的、负责任的抉择，而非完全屈从于外界环境的压力。

对自己负责的人会勇敢地面对人生。不要把不确定的或困难的事情一味搁置起来，要知道不去解决也是一种解决，不做决定也是一个决定，消极的解决和决定将使你面临的机会丧失殆尽，终有一天你会为此付出沉重的代价。

有同学问我：“不确定时，该如何负责？”其实，就算不确定自己想要什么，至少要知道自己不要什么；就算不能积极争取最想要的，至少也应积极避免最不想要的。

如果想做一个积极主动、对自己负责的人，就要立即行动起来，按照以下几点严格要求自己：

* 用一整天时间，倾听自己以及四周人们的语言，注意是否有“但愿”、“我办不到”或“我不得不”等字眼出现。
* 依据过去的经验，设想一下，自己近期内是否会遭遇一些令人退缩逃避的情况？这种情况在你自己的影响范围之内吗？你应该如何本着积极主动的原则加以应对？请在脑海中一一模拟。
* 从工作或日常生活中，找出一个令你备感挫折的事情。想一想，它属于哪一类，是可以直接控制的事情、还是可以间接控制的事情，抑或根本无法控制的事情？然后在自己的影响范围内寻找解决方案并付诸行动。

3.4.4 积极尝试，邂逅机遇

生命中随处是机遇，许多机遇就藏在一个又一个挫折之中，如果在挫折面前气馁，就可能会与机遇擦肩而过。

积极尝试是最好的方法。在一个现代化的企业中，你不需要担心因为尝试而遭到失败。一项对美国多个大公司的首席执行官的调查表明，CEO 们最欣赏的就是那些主动要求做某项新工作的员工。无论能否做好，至少这些员工比那些只会被动接受工作的员工更令人欣赏，因为他们有勇气、积极上进，而且会从尝试中学习到更多的经验。

那些正在选择人生道路的年轻人，应该积极地尝试不同的事情。在美国，父母经常说的一句话是：“你没有试过，怎么知道自己不喜欢呢？”大家要充分利用自己的时间，尝试做不同的事情，找到通向成功的路。只有这样，才能在人生之路上邂逅更多的机遇。

美国人很喜欢尝试不同的工作，他们一生中平均要换四次工作。但中国人不愿意换工作，而更倾向于终生做一件事。其实，换工作岗位的意义在于，你一开始做的决定并不一定是你的终生决定，你仍然有机会去尝试更多的东西，只有这样才能真正找到自己的兴趣所在，才能最大限度地发挥自己的潜力。

所以，不要因为暂时不了解自己的长处而犹豫不决，积极行动起来吧！你会发现自己的才华和天赋。要珍惜每一次新的尝试，因为机遇往往不会再度降临。要随时做好准备，以免机遇到来时错失良机，同时也应学会从每一个失去的机遇中吸取教训。此外，只有敢于挑战自我，才能充分地开发自身的潜力。因此大家要经常给自己设立一些极具挑战性、但绝非遥不可即的目标。

挑战和机遇并存

在实际工作中，挑战常常和机遇一同出现。如果不敢迎接挑战，就会让机遇从身边溜走。

例如，我在苹果公司工作的时候，有一天，老板突然问我什么时候可以接替他的工作？我当时非常吃惊，连忙向老板表示，自己缺乏像他那样的管理经验和经营能力。但是他却说，这些经验是可以培养和积累的，而且，他希望我在两年之后就可以做到。有了这样的提示和鼓励，我开始有意识地加强自己在这方面的学习和实践。果然，我真的在两年之后接替了他的工作。

3.4.5 充分准备，把握机遇

机遇不会主动上门，坐等是消极的做法。屠格涅夫说："等待的方法有两种，一种是什么事也不做地空等，另一种是一边等，一边把事情向前推动。"也就是说，在机遇还没有来临时，就应事事用心，事事尽力。

科大校长朱清时的故事

中国科技大学校长、中科院院士朱清时在大三时被分配到青海做铸造工人。其他分配到厂里的同学大多放弃了学业，整天打扑克、喝酒，但朱清时依然坚持学习数理化和英语。六年后，中国科学院决定在青海做一个重要的项目，这时，朱清时脱颖而出，开始了他辉煌的事业。

很多人可能说他运气好，因为被分配到缺乏人才的青海才有这样的机会。但是，如果他没有积极地学习，也无法得到这个机遇。所以，只有做好充分的准备，才能在机遇来临时紧紧抓住，取得成功。

如果遭遇苦难或挫折，要学着把挫折转换成动力，而不是一遇到困境就躲在阴暗的角落里怨天尤人，更不要在需要立即行动的时候犹豫不决。人生不能用这种消极的方式度过。人终有一天要面对自己，对自己的生命负责。因此，一定在平时做好充分的准备，掌握足够的信息，以便在必要时做出最好的抉择，把握住稍纵即逝的机遇。

从 80% 到 96%

一旦机遇到来，一定要全力以赴，把握机遇。

我在攻读博士学位时，通过自己的努力（以及同学洪小文的帮助），把语音识别系统的识别率从以前的40%提高到了80%，学术界对我的工作给予了充分的肯定。当时，甚至有些老师认为，只要把已有的结果加工好，写好论文，几个月之内我就可以拿到博士学位了。

但是，我很清楚，第一步的成功给我提供的只是一个机遇，而不是一个答案，因为80%的识别率绝不是最佳的结果，我使用的方法还有很多可改进之处。而且，我已经公开发表了我的研究成果，每一个研究机构都会学习、使用我的方法，所以，如果我此时放松下来，不再做实验，埋头写论文以求尽快毕业的话，别的学校或公司很快就会超过我。

所以，我不但没有放松，反而更加抓紧时间研究攻关，甚至为此推迟了我的论文答辩时间。那时候，我每周工作七天，每天工作16个小时。这些努力没有白费，它们让我的语音识别系统百尺竿头更进一步，识别率从80%提高到了96%。在我毕业之后，这个系统仍多年蝉联全美语音识别系统评比的冠军。如果我当时在80%的水平上止步不前、随随便便就毕业的话，后来商业周刊颁发的“1988年最重要科技创新奖”就肯定会让别人抢走了。

所以，当知道机遇来临的时候，要积极把握；当尚未看到机遇的时候，要时刻准备。

3.4.6 积极争取，创造机遇

当机遇尚未出现时，除了时刻准备之外，也可以主动为自己创造机遇。

我帮苹果公司创造机遇

我在苹果公司工作时，有一段时间公司经营状况不佳，大家士气低落。但我却发现了一个问题：公司有许多很好的多媒体技术，可是因为没有用户界面设计领域的专家介入，这些技术无法形成简便、易用的软件产品。

于是，我写了一份题为《如何通过互动式多媒体再现苹果昔日辉煌》的报告。这份报告被送到多位副总裁手里，最后，他们决定采纳我的意见，发展简便、易用的多媒体软件，并且请我出任互动多媒体部门的总监。

多年以后，我遇到了一位当年的上司，他深有感触地对我说：“当年，看到你提交的报告我们感到十分惊讶。以前，我们一直把你当作语音技术方面的专

家，没想到你对公司战略的把握也这么在行。如果不是这份报告，公司很可能会错过在多媒体方面的发展机会，你也不会有升任总监和副总裁的可能。今天，在iPod的成功里，也有不小的一部分功劳要归功于你和你那份价值连城的报告。”

向比尔·盖茨汇报

在微软公司，大家都很重视每年四次向比尔·盖茨汇报工作成果的机会。在汇报的几个月前，全球各研究院就开始提早排队，报上最得意的成果。

微软中国研究院刚成立的那一年，当几个研究项目都还没有得到最终结果的时候，我就冒险争取了六个月后向比尔汇报两个研究成果的机会。因为那时我知道很多人对中国研究院还不太理解，如果能在比尔面前成功地演示我们的研究成果，就会对研究院的发展有很大的帮助。

当时，我知道有四个研究项目可能在六个月后会得到好的结果，但它们各自成功的概率也只有60%。可我不能等到100%确定后再去申请。于是，我用两个措辞含糊的报告题目预订了位置。六个月后，果然有两个项目得到了非常好的结果，于是，我们修改了报告题目，十多个人飞到美国为比尔做了现场演示。那次汇报非常成功，得到了比尔的高度评价。

汇报后的第二天，比尔对公司所有的领导说了他那句著名的话：“我敢打赌，你们都不知道，在微软中国研究院，我们拥有许多位世界一流的多媒体研究方面的专家。”正是这句话，在公司建立了中国研究院的信誉。

显然，如果我选择消极地等待，那么，我们恐怕就要错过向比尔汇报研究成果的机会了。

对大学生来说，要积极地计划大学的四年，积极地争取和创造机遇。你的毕业计划将成为你学业的终点和事业的起点，你的志向和兴趣将为你提供方向和动力。你如果不知道自己的志向和兴趣，那就马上做一个发掘志向和兴趣的计划；你如果不知道毕业后要做什么，那就马上制定一个尝试新领域的计划；你如果不知道自己最欠缺什么，那就马上写一份简历，找你的老师、朋友打分，看看哪些需要改进；如果你毕业后想出国读博士，就想想如何让自己在申请出国前有实际的研究经验和论文；如果你毕业后想到某个公司工作，就找找该公司的聘请广告，再和你的履历对比，看自己还欠缺什么经验……只要做到了这些，你就不难发现，自己每天都会比前一天离成功更近一些。

3.4.7 积极地推销自己

在全球化和信息化的时代里，那些能够积极推销自我的人更容易脱颖而出。

很多在美国工作多年的中国人对美国同事的印象总是这样的："他们怎么这么能说？他们充分地表达了自己的工作成绩，而中国同事在很多时候做得很好，却没有展现出来，这不能不说是一个遗憾。"

在公司里，经常得到晋升机会的人，大多是能够积极推销和表达自己的、有进取心的人。当他们还是公司的一名普通员工时，只要和公司利益或者团队利益相关的事情，他们就会不遗余力地发表自己的见解、贡献自己的主张，帮助公司制定和安排工作计划；在完成本职工作后，他们总能协助其他人尽快完成工作；他们常常鼓励自己和同伴，提高整个队伍的士气；这些人总是以事为本、以事为先——他们都是最积极主动的人。

要想把握住转瞬即逝的机会，就要学会说服他人，向别人推销自己、展示自己的观点。一般说来，一个好的自我推销策略可以让自己的人生和事业锦上添花。好的自我推销者会主动寻找每一个机会，让老板或老师知道自己的业绩、能力和功劳。当然，在展示自己时，不要贬低别人，更不可以忘记团队精神。

善于自我推销的应聘者

有一次，我收到了一份很特殊的求职申请书。与以往大多数求职者不同的是，这位申请人在求职资料里描述了她对微软研究院的向往，以及她为什么认为自己是最合适的人选，此外还提供了她已经发表的论文、导师的推荐信以及她希望来微软研究院做的课题等等。

尽管她不是毕业于中国最有名的学校，但她的自我推销非常有效。我从这些文件中看到了她的热情和真诚。在我面试她时，她又递交了一份更详实的个人资料。

面试过程中，除了回答我的问题以外，她还在合适的时机提醒我说："我们还没有谈到某某方面的事情，而我觉得它对这个工作岗位很重要。"她所说的那个领域也正是她自己的强项。

最后，当我问她有没有问题要问我时，她说："你对我有没有什么顾虑？"当时，我的确对她能否进入新的研究领域有所疑虑，于是就进一步问她一些这方面的问题。她举出了两个很有说服力的例子。

结果，我雇用了这名善于自我推销的应聘者。她就是微软亚洲研究院里最出色的中国博士，曾被MIT的《科技评论》评为"世界百名青年创新学者"

之一的张黔博士。

一封自荐信

当我被微软总部调回美国，在美国启动一项把总部的项目外包给中国合作伙伴的工作时，我一直在考虑如何把这项极为重要但又缺乏资源的项目做好。

这时，我很意外地收到了一封毛遂自荐的信。这封信来自一位在微软技术支持中心工作的经理。她在信中说："虽然我没有这方面的经验，但是我曾在多个部门工作，而且学习很快。我愿意用我自己的时间帮你把这件事情做好。我不需要酬劳，我也不是申请工作，我只是希望为中国做点事情。你选择我没有风险，因为我至少可以把每个细节都帮你想清楚，这样可以节约你的时间。"

如果不是这封信和后来的交谈，我怎么也不会想到，把这个工作交给一位业余而又没有相关经验的人来做。事实证明，我的选择是对的。她没有辜负我的期望，把这件事情做得非常好。因为她创造了一个良好的开局，微软在后来三年中提供给中国的外包业务量增加了三倍。几个月后，当我们终于成立了一个部门来负责这件事情时，她又毫无怨言地把所有的工作交给了这个新部门。

后来，微软亚洲研究院有一个很好的工作机会，沈向洋院长要我推荐人选，我想起了这个学习能力很强、勇于尝试新领域的志愿者。她就是今天微软亚洲研究院高校合作部总监宋罗兰。

有些人可能会问："展示自己，是不是就意味着要从一个内向的人，彻底转变为外向的人？"其实，一个内向的人很难彻底地改变自己的性格。所以，可以在自身性格允许的范围内往"外向"靠拢，尽量寻找一些"比较外向但又不给自己带来太大压力"的机会。

在人生的旅途中，你是你自己惟一的船长，千万不要让别人驾驶你的生命之舟。你要稳稳地坐在舵手的位置上，决定自己何去何从。人生的旅途十分短暂，要珍惜自己所拥有的选择权和决策权，虽然可以参考别人的意见，但千万不要随波逐流。请记住：

只有积极主动的人才能在瞬息万变的竞争环境中赢得成功；只有善于展示自己的人才能在工作中获得真正的机会。

本章要义

- 在所有最重要的人生态度中，积极主动应该排在第一位。
- 消极被动的人与积极主动的人差异巨大。前者总是在等待命运安排或贵人相助，无法主导和推动事情的进展；后者则认为命运操纵在自己手中，可以主导事情的发生、发展。
- 年轻人要拥有一颗积极、主动的心，要善于规划和管理自己的事业，为自己的人生做出最为重要的抉择。因为没有人比你更在乎你自己的事业，没有什么东西像积极主动的态度一样更能体现你自己的独立人格。

积极主动"七大步"

态度积极、乐观面对人生——有勇气来改变可以改变的事情，有胸怀来接受不可改变的事情，有智慧来分辨两者的不同。

远离被动习惯、从小事做起——冷静辨析而不轻信他人，主动影响事情而不是受事情影响，有主见而不盲从，积极尝试而不退缩。

对自己负责、自己把握命运——积极主动抓住命运中自己可以选择、可以改变和可以最大化自身影响力的部分，勇敢面对人生。

多做尝试、邂逅机遇——换工作的意义在于，一开始的决定并不是终生的决定。有机会尝试更多，才能找到真正的兴趣所在。

充分准备、把握机遇——在机遇还没有来临时，就应事事用心、事事尽心，掌握足够信息，以便必要时做出抉择，抓住机遇。

努力争取、创造机遇——不知道兴趣何在？马上做发掘兴趣的计划；不知道毕业后做什么？马上制定尝试新领域的计划；不知道欠缺什么？马上写简历，找师友打分。

积极推销自己——主动寻找每一个机会，让老板或老师知道自己的业绩、能力和功劳。同时不忘团队精神，发表见解、贡献主张，协助他人、鼓励大家。以事为本、以人为先。

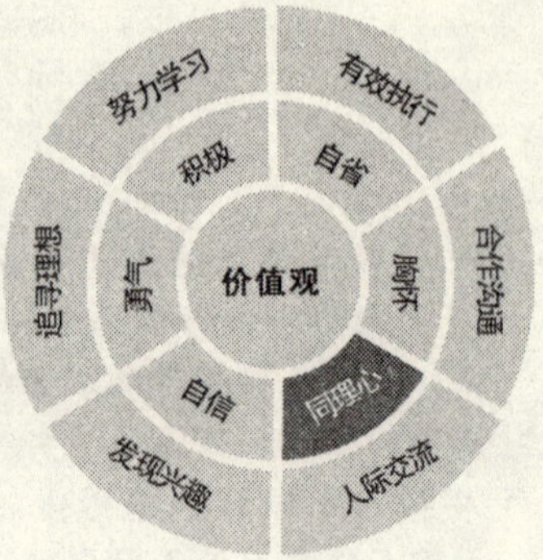

第4章　同理心
——人际交往的基础

得103分的班长

一位在“开复学生网”上很活跃的硕士生这样描述自己学习同理心的过程：

“我在大学一年级担任班长时，总是很严格地要求班里的每一位同学：上课不能迟到或者逃课，宿舍要保持良好的卫生和安静的学习氛围，谈话交流要彼此尊重对方。每次开班会或者与其他同学谈话时，我都会提到这些要求，但后来的结果却让我非常意外——在班级德育评选过程中，我的德育分数只排到第10名，而所有其他的班委都排在前5名。我很沮丧，难道就因为我对同学要求太高而导致了他们对我的反感么？妈妈知道了我的苦恼后对我说：‘你不能总是用自身的标准去约束其他人。你喜欢别人总是居高临下地教育你么？更何况你们都是同龄人。’

“我想，与其每天强调如何去做，不如自己做得更好一些起一个带头作用，更何况在某些方面我自己做得也不是很好。于是进入第二学期后，我严格按照我对别人的要求约束自己，真诚地对待每一位同学，用自己的行动告诉同学们：‘其实这样做会更好一些。’逐渐地，我与同学们的关系越来越亲密。在第二学年的德育评定中，同学们给我打了99分，是全院最高分。第三学年的德育评定中同学们给我打了103分。老师很奇怪，问我的同学们，满分100分，怎么打出一个103分。同学们回答说：‘我们的班长对我们太好了，他各方面都表现得非常好，100分是不够表达我们对他的信赖的。’

“我想我清楚地了解了自己应当怎样去对待别人：换位思考，想想别人的感受。”

4.1 什么是同理心?

许多著名心理学家在论述人际交往的基本规律时，都会特别强调，同理心是人际交往艺术的核心准则，是参与人际交往的个人能够获得他人信任的最佳途径。

许多针对成功人士特别是卓越领导者的问卷调查也一再提醒我们，同理心在这些成功人士走向成功的道路上扮演着极为重要的角色。有人甚至说："没有同理心，就不可能知道什么是成功，什么是领导力。"

那么，到底什么是同理心呢?

同理心（Empathy）是一个心理学概念，最早由人本主义大师卡尔·罗杰斯提出。学者们通常是这样来定义和描述的：

同理心是在人际交往过程中，能够体会他人的情绪和想法、理解他人的立场和感受并站在他人的角度思考和处理问题的能力。

其实，同理心就是人们在日常生活中经常提到的设身处地、将心比心的做法。无论在人际交往中面临什么样的问题，只要设身处地、将心比心地、尽量了解并重视他人的想法，就能更容易地找到解决方案。尤其是在发生冲突或误解时，当事人如果能把自己放在对方的处境中想一想，也许就可以了解到对方的立场和初衷，进而求同存异、消除误解了。

其实，同理心本身并不是什么新的想法。两千多年前的孔子早就说过："己所不欲，勿施于人"；也就是说，具有同理心的人能够做到"推己及人"：一方面，自己不喜欢的东西或不愿意接受的待遇，千万不要施加给别人；另一方面，应根据自己的喜好推及他人喜欢的东西或愿意接受的待遇，并尽量与他人分享这些事物和待遇。

西方文化同样也有强调和推崇同理心的传统。摩西戒律强调："对自己无益的，亦不可施加于他人（Whatever is hurtful to you,do not do to any other person）。"耶稣的"黄金法则"说："你们愿意人怎样待你们，你们也要怎样待人（Do unto others as you would have them do unto you）。"这些论述都是同理心的最好体现，与孔子等东方先哲的论述有异曲同工之妙。

生活中常说："人同此心，心同此理。"强调的也是同理心。无论是在工作还是在日常生活中，凡是有同理心的人，都善于体察他人的意愿，乐于理解和帮助他人，这样的人最容易受到大家的欢迎，也最值得大家信任。

但是，中西方文化以及我们的日常思维方式都只将同理心视作一种道德标准，而没有从个人发展与个人成功的角度上，阐释同理心的重要性。事实上：

同理心是人际交往的基础，是个人发展与成功的基石。

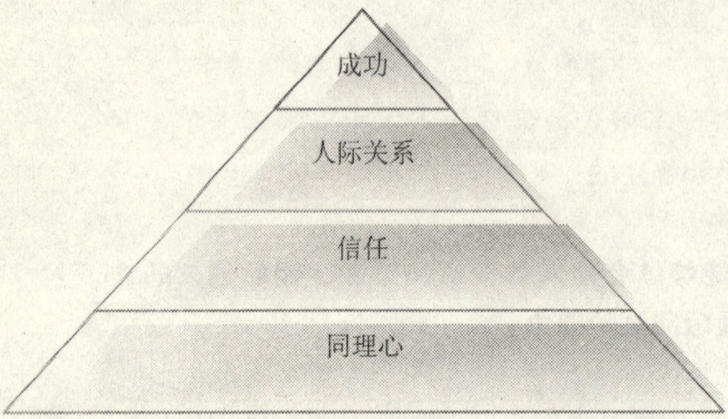

图4–1 信任源于同理心

同理心对于个人发展的重要性主要体现在：一旦具备了同理心，就更容易获得他人的信任，而所有人际关系都是建立在信任的基础上的（如图 4－1 所示）。

注意，这里所谈的“信任”不是指对个人能力方面的信任（例如，让别人相信我能把某项工作做好），而是指对人格、态度或价值观方面的信任（例如，让别人信任我的出发点是好的，相信在我面前不必刻意设防或遮掩自己的缺点和错误）。从这个意义上说：

没有同理心就没有彼此之间的信任，没有信任就没有顺利的人际交往，也就不可能在分工协作的现代社会中取得成功。

有人可能会问：“在人际交往中，信任真的有这么重要吗？”大家不妨回忆一下，在生活中，当你无意中冲撞了别人时，如果对方非常信任你，大多数情况下他是不是会一笑了之？如果你们之间还没有建立起良好的信任关系，一次很小的冲突是不是总会造成很大的麻烦？所以，英国作家乔治·麦克唐纳说：“信任是比爱更好的赞美。”

信任关系其实都是同理心的外在表现。也就是说，信任来源于同理心。要建立信任关系，就要在人际交往中逐步体现出自己的同理心，并以此证明自己是值得信任和值得尊重的。这是一个长期的、不断深化的过程——你对别人越真诚，越善于倾听、体谅、尊敬或宽恕别人，别人对你也会愈发真诚和信任，如此持续下去形成一个良性循环后，人与人之间的交往就可以非常顺利了。

所以，同理心不仅是为了理解别人，也是为了让别人理解自己。同理心并不要你迎合别人的感情，而是希望你能够理解和尊重别人的感情，希望你在处理问题或做出决定时，充分考虑到别人的感情以及这种感情可能引发的影响和后果。

对每个想获得成功的年轻人来说，具备同理心并赢得他人的信任并不困难。只要做到下面六点，就是一个有同理心的人：

* 我怎样对待别人，别人就怎样对待我——我替人着想，他人才会替我着想。
* 想要得到他人的理解，就要首先理解他人——只有将心比心，才会被人理解。
* 别人眼中的自己，才是真正存在的自己——要学会以别人的角度来看问题，并据此改进自己在他人眼中的形象。
* 只能修正自己，不能修正别人——想成功地与人相处，想让别人尊重自己的想法，惟一的方法就是先改变自己。
* 真诚坦白的人，才是值得信任的人——要不设防地，以我最真实的一面示人。
* 真情流露的人，才能得到真情回报——要抛弃面具，真诚对待每一个人。

4.2 我怎样对待别人，别人就怎样对待我

就像照镜子一样，你自己的表情和态度，可以从他人对你的表情和态度上看得清清楚楚。你若以诚待人，别人也会以诚待你；你若敌视别人，别人也会敌视你。最真挚的友情和最难解的仇恨都是由这“反射”原理逐步积累而成的。

有位同学曾经问我：“为什么我不受欢迎，同学看到我都不打招呼，不对我笑呢？”我反问他：“你跟他们打招呼吗？对他们笑吗？”对人冷淡，别人也会回以冷漠；想要得到他人的友善，不妨先对他们表达自己的友善。

也有同学问我：“为什么我总是认为同学对我不怀好意，想和我竞争？”我反问他：“你对他们的态度又如何呢？你想和他们竞争吗？”想消除他人对自己的敌意，不妨先消除自己对他们的敌意。

所以有人说：“给别人的，其实就是给自己的。”让他人经历什么，有一天也将自己经历；就像你怎么对待父母，将来你的孩子也会怎么对待你。因

此，若想被人爱，就要先去爱人；希望被人关心，就要先去关心别人；想要别人善待你，就要先善待别人——这是一个可以适用于任何时间、任何地点的定律。

如果希望交到真心的朋友，就要先用真心对待朋友，然后你会发现，朋友也开始真心对你；如果希望快乐，那就先设法为别人带去快乐，你会发现，不久自己也愈来愈快乐。

4.3 想要得到他人的理解，就要首先理解他人

一个大家熟悉的例子是父母与孩子之间的代沟。

孩子们总是认为“父母要是理解我读书有多么枯燥，他们就不会老逼我读书了”。父母却总是认为“孩子要是理解我们的一番苦心，他就不会整天贪玩了”。更糟的是，当父母与孩子的意见发生冲突时，如果父母和孩子都只知道表述自己的想法，对方就多半会认为自己得不到应有的尊重，无法继续沟通下去。长此以往，父母和孩子之间的隔阂越来越深，一有意见不合，双方都会“条件反射”似地立即否定对方的意见。反之，如果孩子先从父母的出发点着想，或者父母先从孩子的出发点着想，双方互相体谅、互相理解，“代沟”问题发生的几率肯定会降低不少。

肯尼斯·古地在其著作《如何使人们变黄金》中说：“只要暂停一分钟，把你对自己的事情的深度兴趣，和你对其他事情的漠不关心，相互做个比较。你就会明白，其他人也正是抱着同样的态度！于是，跟林肯及罗斯福等人一样，你已经掌握了从事任何工作的惟一的坚固基础，除了看守监狱的工作之外；也就是说，与人相处能否成功，全看你能不能以同情的心理，接受别人的观点。”

任何人都希望他人理解。缺乏同理心的人只会霸道、武断地将自己的意见强加给别人。反之，一个有同理心的人则会先把自己的意见或忠告放到一旁，认真倾听他人的想法。当别人表达意见时，要理解他的立场和感情，还要设法使对方明白你已经完全了解他的想法。这么做除了能表达尊重和诚意外，更重要的是可以获得对方充分的信任——就像一个善解人意的医生可以靠悉心倾听获得病人的彻底信任一样。

你可能会问：“如果别人的意见从根本上就是错误的，我为什么还要浪费时间听他讲完呢？”那么，我想问你，当你发表某个意见时，你会认为自己

是完全错误的吗？也许别人发表的意见的确是错误的，但他自己一定不这么认为。武断地否定只会为双方之间的沟通增加障碍。与其如此，还不如等对方讲完，并从他的立场出发，引导他认识到自己的错误，这样，对方就能更加容易地接受你的观点了。

4.3.1 理解的价值

总的说来，用设身处地的方式理解他人至少有四个好处：

好处一：增加知识

经过倾听和真心理解，可以从他人那里学到更多的知识、更丰富的经验和更新颖的想法，并可以基于他人的立场来重新思考和改进自己的想法。因此，理解他人是得到更多知识、谋求自我改进的一个重要途径。

例如，当公司里的一项研究成果要转化为产品时，研究人员、开发人员和市场调查人员往往会在一起讨论产品的可行性，他们的共同目标是制造出一种能占领市场、产生效益的产品，为了实现这样的目标，必须综合考虑技术可行性、开发进度、市场接受程度等诸多因素——显然，每个人都不可能了解所有的知识领域，如果在讨论会上只从自己熟悉的领域出发，随意否定他人的意见，目标就可能无法实现了；反之，如果在讨论会上倾听和尊重他人的意见，每个人都可以从其他人身上学到许多有用的知识。

好处二：增加说服力

当你理解了他人后，如果你们的想法仍有分歧，但你就可以更有说服力地表达自己的意见——因为你已经通过倾听和理解赢得了他人的信任，对方也知道你已经彻底了解了他的想法，所以，他也会尽量尊重并理解你的想法，甚至让你来影响他。

而且，当你理解了对方之后，在表达自己的意见时，会使用对方更容易接受的表达方式，这同样会增加你的说服力。

好处三：豁达心胸

对于不同视角、不同观点的倾听和理解，可以拓宽自己看待问题的方式，可以让自己成为一个更开明的人。凡事谋之于众，可以避免钻牛角尖，避免错过

获得更好的想法的机会。如果时时处处都能尊重和理解别人的选择，不过高要求别人，就可以豁达心胸，提高自己的涵养和境界。

好处四：赢得Buy-in（认可）

最重要的是，理解和尊重他人，就能得到他人的Buy-in。所谓“Buy-in”，就是人们会因为你的倾听和理解而大力支持你。而且，只要你真心理解他人，就算你最后没有采纳对方的意见，他们也不会对你的诚意产生任何疑问，不会担心你因为缺乏足够的信息而偏听偏信或做出过于武断的决策。

对于制定决策的领导者来说，是否悉心倾听往往比是否采用某个具体意见更能赢得他人的信任和支持——这也是提升领导力的一大秘诀。

4.3.2 如何更好地理解他人？

人与人之间的关系没有固定的公式可循。要从关心别人、体谅别人的角度出发，尊重别人，做事时为对方留下足够的空间和余地，发生误会时要替对方着想，主动反省自己的过失，勇于承担责任。只要有了同理心，在工作和生活中就能避免许多抱怨、责难、嘲笑和讥讽，大家就可以在一个充满鼓励、支持和尊重的环境中做到相互理解、愉快地工作和生活。

褒奖下属时的同理心

对于高科技企业中的管理者来说，体现同理心的最重要一点就是要体谅和重视职员的想法，要让职员们觉得你是一个非常在乎他们的领导。

拿我自己来说，我不能忍受上司们总是给我“非常好”、“不错”、“棒极了”等泛泛的褒奖。同理，当我的属下做出好的成绩时，他们显然也不愿听我说出这种缺乏内涵的话。作为高科技公司的员工，大家最大的愿望就是老板真正理解并重视自己的贡献。所以，我在工作中不会盲目地用空话、套话来褒奖下属，但是，我会在职员确实做出了成绩时，及时并具体地指出他对公司的贡献，将他的业绩公之于众。

例如，我会给部门内的全体职员发电子邮件说，某个员工在上一周的工作中取得了出色的成绩，并详细说明他的工作成果，描述他在工作中展示出来的优点和特质，列举他的工作对于公司的重要价值，给出具体的表彰意见。这种激励员工的方式能够真正赢得员工的信任和支持，可以对企业的凝聚力产生巨大的影响。

上面这个例子对任何一家高科技公司都是适用的。还需要注意的是，公司里每一位员工的成长经历、文化背景、思维方式不一样，作为一名公司的领导，也需要用同理心去理解每一个独一无二的属下，用他熟悉的方法和方式与之交流、沟通。

4.4 别人眼中的自己，才是真正存在的自己

从表面上看，没有人会比自己更了解自己了。但现实情况远非这么简单。在现代社会里，每个人都生存在他人的眼睛里，每个人都会在他人的眼睛中留下或清晰或模糊的影像，这些影像的总和代表了社会对你个人行为和能力的判断——无论你自己是否认可这样的判断，它们都会影响到你的工作和生活。从这个意义上说，“我”并不仅仅是我自己心中的那个“我”，相反，别人眼中的“我”，才是真正存在于芸芸众生之中的、具有现实意义的“我”（Perception is reality）。

一般说来，最成功的人都有这样的特点：他们在自己眼中的形象和他们在别人眼中的形象非常接近，不会出现自我肯定却不被他人认可的情况。这是因为，最成功的人善于理解和把握别人对自己的看法，通常不会否定别人眼中的自己，反而认为，他人眼中的自己更为客观，所以，他们总是善于虚心地理解和接受别人的想法，善于根据他人的反馈改进和提高自己。

不被信任的经理

我曾经和我领导的五位经理开过一次坦诚的会议，因为我希望他们彼此能建立起更强的信任关系。我要求他们每个人都把自己心中对其他人有保留的地方坦诚地说出来。结果，有一位经理很惊讶地发现，其他四位经理都说，他们不太信任他。

一个星期后，我找来那位不被信任的经理，问他有什么计划来弥补这个问题。他却回答说：“他们都讲不出为什么不信任我，所以我觉得一定是因为我的经验丰富，他们因为嫉妒而不信任我——问题出在他们身上。”我对他说：“你怎么知道他们是毫无理由地不信任你呢？其实，我自己也不大信任你，我觉得理由主要有三点：你不在乎别人的意见；你总认为自己是对的；你总是表现得像个没有感情的人。现在，你为什么不去问问他们，他们是不是也这么评价你呢？”

其实，这位经理的业绩非常出色。我之所以这么说，是因为他不能站在别人的立场上考虑事情，这是一个很严重的问题，我必须“点醒”他。我的批评令他受到了巨大的震撼，他很快就通过私下沟通的方式征求了另外四位经理的意见。几星期后，他彻底明白，这三点对他的前途极为不利。于是，他要求我帮他找一个教练，教导他如何克服这些问题。如今，他已经成为了一个出色的领导者，员工们也一致认为他的“魅力”增加了许多。

不要以为，别人和你的接触时间不长，他眼中反映出来的你就不是真实的你自己。其实，一个人了解另一个人的时候，更多的是凭直觉而非思考来做出判断，这种判断花不了太长的时间。所以，即便某些人和你的接触时间不长，但他们眼中也会留有你真实的一面，也许那只反映了你在某个方面的表现，可它同样真实、可信。

十秒钟的直觉

微软中国研究院刚成立时，我和副院长张亚勤决定在面试应聘者的时候，见到对方十秒钟后就把自己“雇”或“不雇”的直觉写下来，面试结束后再与最终的评价做比较。结果，我们发现，在约95%的情况下，十秒钟时的直觉与最终的决定是相同的，而且我们两人对同一位应聘者的意见也相当一致。

我曾参加过一次资深员工的培训。培训中，要求十多个陌生人坐在一起，简单交谈几句后，彼此写下对方的优点和缺点。结果，我很惊讶地发现，即使是这样简单的交流，他们对我的优点和缺点都已经看得很清楚了。

类似地，哈佛大学的纳利尼·阿姆巴迪（Nalini Ambady）教授发现，只需要两秒钟的时间，学生就可以非常精确地评估一位教授的授课质量。

这些例子表明，人的第一印象总是在很短的时间内建立的，而且往往是比较准确的。

作为软件企业的领导，要让下属信服，就要先从自我做起。因为领导的一举一动，通常是大家的目标和榜样，会给下属留下深刻的印象。有一次，我给我领导的所有团队开完会之后，有一个团队的成员问我为什么不喜欢他们那个团队。我说：“哪有这样的事呀？”他说：“你表扬了每个团队，但你在提到我们这个团队时，声音最小。”这件事让我认识到：你的责任越大，越会有更多的人在意你的一举一动。如果处理不好，一个不经意的举动就可能会造成负面的影响。特别是当公司或团队处于危急时刻，需要领导带领大家克服困难、冲出重围，如果领导表现得比职员还要急躁，翻来覆去拿不定主意，大家就会对领导丧失信心，公司或团队也会因此而走向失败。

无论是在公司还是在学校，无论是老师、上司、同事还是下属，他们对你的认识和态度会真正影响着你的发展。能理解别人的先决条件是客观地认识自己。所以，不但要做自觉的人，还要主动要求周围的人给自己提供反馈意见。别人眼中的自己更为重要。要想办法尽可能多地了解别人（尤其是情商高的人）对自己的看法，听取别人对自己真诚、客观的意见。此外，人的直觉是很准确和微妙的，不要忽视别人对自己的第一印象，相反，应当相信别人的直觉，帮助自己增进自觉，改进自我。

4.5 只能修正自己，不能修正别人

要建立良好的人际关系，首先要有正确的态度。态度决定行为，行为决定习惯，习惯决定性格，性格决定命运。在与人相处的所有态度中，最重要的一种是：

想成功地与人相处，想改变别人或让别人迁就自己，惟一的方法就是首先改变自己。

如果别人误解了你，而你想改变这种看法，最好的做法不是去修正他们，而是改变自己，因为就算你能说服一个人承认他误解了你，其他人还是会误解你。只要修正自己并努力理解别人，别人对你的看法自然会改变。

比如，你可能感觉某个见面次数不多的人好像对你产生了误解，这可能是事实，也可能只是你自己的判断。在这种情况下，你必须首先抛弃“他误解我”的想法，不要回避对方，也不要刻意纠正对方的看法，而是要真诚地与他沟通，在沟通中用对话和实际行动证明自己，给对方更多了解自己的机会，这样做的效果反而会更好。正如福克斯新闻频道创始人罗杰·艾尔斯所说的那样：“如果被误解，怪你自己，别怪听众，你才是传达信息的人。”

此外，当希望影响或改变他人的时候，如果他人无法接受，那么，最好的方法就是首先改变自己做事的方式、方法，而不是强迫他人改变。

因此，对别人要抱着诚挚、宽容的胸襟，对自己要怀着自我批评、有则改之、无则加勉的态度。当希望别人修正某种看法时，最好的做法是——先修正你自己。

4.6 真诚坦白的人，才是值得信任的人

如果希望得到他人的信任，就必须让他人看到，自己是一个非常真诚和坦白的人。

如果愿意把自己隐藏在内心深处的东西坦白地暴露给对方，就能很容易地走进对方的心灵深处。一个真诚的人对他所信任的人是不设防的，因为相互间的信任可以扫除沟通中的任何障碍。当你信任对方，敞开心扉的时候，对方反过来也会信任你，对你敞开心扉。因此，只要做一个真诚坦白的人，凡事言行合一、坦诚对人，不介意别人知道自己的缺点和动机，就能赢得他人的信任。

怎么样才能表现出足够的真诚呢？表现真诚的最好方法就是做一个真诚的人。没有什么能够掩饰真心和诚意。一个虚伪的人假装真诚，很容易就会被看穿，因为没有诚意的人不可能做到言行如一。

一个真诚坦白的人不仅要说实话，还要言行如一，一诺千金、言出必行。这样的人才能得到别人的信任。

一个真诚坦白的人不会介意把自己暴露在别人面前，不介意让人观察和理解。这么做需要勇气，因为一个人的弱点、错误、动机都将暴露在外。但是，一个愿意冒这样的风险达到坦诚境界的人也更容易获得他人的信任。

一个真诚坦白的人不介意展现自己的优势，但也不介意展现自己的弱点。在他人面前不遮掩自己的弱点，这一方面代表对自己有足够的自信，另一方面也可以让别人知道，这个人不会不自量力地去做自己能力之外的事情。展示自己的弱点既表现了对他人的信任，也表现了自己人性化的一面。这都会有助于赢得信任。

一个真诚坦白的人会严守“知之为知之，不知为不知”的准则。不要假装你什么都懂，因为如果你的虚伪被人看破，你将付出惨痛的代价。所以，当别人问你某个自己答不出的问题时，最好的答案就是“我不知道，但是我会去查。”没有人能期望你知道一切，谦虚、诚实永远不会成为他人的笑料。

一个真诚坦白的人会坦然承认自己的错误，为自己的错误道歉。在“开复学生网”上，有一位经常帮助别人的博士生被人指出曾有过剽窃的行为。在众

矢之的的情况下，他勇敢地承认了自己年轻时犯的错误。有人问我对他的看法，我的回答是："他犯的错误是严重的，但是他勇于认错的行为是勇敢的，所以我依然欢迎他来这个网站，也依然信任他。"

一个真诚坦白的人不但会展示自己的想法，也会毫无保留地展示自己的动机。当一个人有很强烈的想法，但是别人不知道他的动机时，双方很难建立起真正的信任关系。在微软，为了让不同部门的员工彼此更好地合作，公司要求大家把自己对老板的承诺和动机公开出来。这样，如果有两个经理因为不信任而彼此猜忌，他们只要到公司内部网上一查，就可以知道对方做事的动机是什么，并进而消除猜忌。所以，知道一个人的动机，就很容易理解他的行为，一旦理解对方的行为，就更容易信任他。

4.7 真情流露的人，才能得到真情回报

做到真诚坦白会赢得别人的信任，但这还只是针对客观事物的态度，如果能够进一步地从主观感情出发，真正做到真情流露，用自己的激情感染他人，或者用自己的感情打动他人，那么，不但会得到他人的信任，而且会真正与他人建立起沟通心灵的桥梁。

真情流露应该是自发的、自然的、真诚的、不设防的，让感情毫无保留地经由言语、表情、体态呈现在他人面前。如果你能够以真情打动他人，上司会信任你、下属会爱戴你，同事会把你当做搭档，朋友会把你当做伙伴，因为你的真情也会"反射性"地激起他人对你的真情。

这种反射性的感情流露是有科学根据的。科学证明，在一起交谈的两个人会慢慢达到同样的心理状态（喜怒哀乐）和生理状态（体温、心跳等）。所以不设防的、真心的情感流露会充分地证明你对别人的信任，同样的，他们也会真心地信任你。

我在清华大学的真情流露

有一次，我在清华演讲。面对着中国年轻人中的佼佼者，我感慨万千。当有一个学生问我为什么回中国工作时，更是触动了我内心深处的情感。我回答说："我从小就一直牢记父母的教诲：不要忘了自己是一个炎黄子孙。我希望，当我年老体弱时，回首往事，我会很自豪，因为我为中国人做了一点

事；我希望，当我离开这个世界之后，人们想起我时会说，李开复曾为中国人做了一点事。这样，我就会觉得没有虚度这一生。”

虽然我当时的话音平静而从容，但我的内心真的是非常之不平静。我相信同学们感觉到了，他们用极其热烈的掌声回应我。有位同事后来说：“开复终于把这句话说出来了。以前他从来没有这样说过，但我能够感觉到，他心里有这句话。”也有位清华的学生后来讲，那一瞬间的确令他们异常激动。

从这两个例子可以看出，真心的话是发自内心的，任何人都可以感受到它的真诚。我们不是演员，无论多少次排练，这种真诚都是装不出来的。所以，大家不用刻意去预备一些“感人的话”，但是，要尽量敞开心扉，真诚地与人交流，说出自己心中的话。这样，就会很自然地感染到你周围的人。

换种说法与人沟通

我曾遇到一位中国老板，他和他的下属之间出现了矛盾，下属仗着自己的业绩，在开会时当面顶撞老板，甚至发起脾气来。这个中国老板问我，该怎么去和这位下属沟通。我建议他舍弃“晓之以理”的方法，而采取“动之以情”的策略。

例如，如果第一句话就对下属说：“你错了，但是我不和你计较。”那么下属肯定会反感，产生抵触情绪而拒绝沟通。如果老板说：“你在那么多人面前骂我，很显然你是想抢我的工作。”结果就更不堪设想了。

因此，直接沟通时，不要谈论对错，不要猜测别人的动机，更不要把责任都全部放到对方身上。最有效的沟通方式应该是采取比较感性的方法，对他讲出你自己的感受来。比如，那位老板可以说：“当你在那么多人面前发脾气的时候，我感到非常为难。”这样一句话是不能反驳的，甚至可能会使对方设身处地地理解和同情你。

显然，用感性的方式沟通，会比直接争辩对错更容易换取对方的同理心，更容易达到沟通的目的。

做一个真实的人是需要勇气的，除此之外，最好还要有出色的判断力，以便在适当时机保护自己。

一个人如果懂得同理心的重要性，而且足够真诚和坦白，那么，就会得到众人的信任，并在人际关系、团队合作和交流沟通方面取得成功。

本章要义

- **同理心是在人际交往过程中，体会他人的情绪和想法，理解他人的立场和感受，并站在他人的角度思考和处理问题的能力。它是分工协作的现代社会中个人发展和成功的基石。**
- **没有同理心就没有彼此之间的信任，没有信任就没有顺利的人际交往，也就不可能在分工协作的现代社会中取得成功。想成功地与人相处，想改变别人或让别人迁就自己，惟一的方法就是首先改变自己。**

同理心六原则

1. 我怎样对待别人，别人就怎样对待我。
2. 想他人理解我，就要首先理解他人。将心比心，才会被人理解。
3. 别人眼中的自己，才是真正存在的自己。学会以别人的角度看问题，并据此改进自己在他们眼中的形象。
4. 只能修正自己，不能修正别人。想成功地与人相处，让别人尊重自己的想法，惟有先改变自己。
5. 真诚坦白的人，才是值得信任的人。
6. 真情流露的人，才能得到真情回报。

第5章　自信

——用信心放飞自我

自信铸就的“数学天才”

我十一岁刚到美国时，就读于田纳西州一所天主教会学校的初中一年级。在课堂上，我一句英语都听不懂。有一次，数学老师问大家：“1/7换算成小数等于几？”我虽然听不懂英文，但认得黑板上写的“1/7”，这是我以前“背”过的。于是，我高高举起手来，朗声答道：“0.142857142857……”当时，所有同学都瞪大了眼睛，从来不让学生们“背书”的美国老师诧异地认为我是个“数学天才”，她鼓励我加入数学夏令营，帮助同学学习数学，还送我去参加数学竞赛。

老师的鼓励和同学的认可给了我自信。我开始告诉自己，我有学数学的天分。这时，我特别想把英文学好，因为只有这样才能学习更多的数学知识。虽然我心里知道，自己在回答问题的时候并不是什么数学天才，只是把以前死记硬背的东西搬了出来。但自信的力量是无穷的，我开始在自信心的驱动下努力学习英文和数学，并真的在全州数学竞赛中拿到了冠军。

5.1 自信是潜能的"放大镜"

一个人自身所具有的潜能和他在学习、工作、生活中表现出来的能力并不总是 1∶1 的关系。

许多人屡屡在学业和事业上遭遇挫折，他们总是习惯性地把挫折归结为自身潜质的不足。其实，即便在这些经常灰心丧气的人身上，也往往蕴藏着巨大的、远远超出常人想像的潜能——只不过，潜能的主人并没有意识到，或者意识到了，却不知该如何释放这些能量罢了。

相反，那些特别乐观、特别自信的人总能不断地从自己身上找到前进的动力，总能设法让自己身体里的潜能超水平地发挥和释放出来——也就是说，从他们自身的潜能，到他们在学习、工作和生活中表现出来的能力，这个映射中似乎隐藏了一种神奇的"放大"效应。

上中学时，物理老师帮我揭开了这个问题的谜底。物理老师告诉我，如果我们不能意识到自身巨大的潜能，或者不善于将潜能释放出来，我们就好像故意在自己的潜能面前放置了一个凹透镜，潜能在凹透镜里的成"像"（也就是我们表现出来的能力）被物理学中最基本的光线折射原理"缩小"了；反之，如果善于发现并释放自己的潜能，我们就有可能突破自己的能力极限，获得巨大的、甚至连自己都无法想像的成功——这种效应就像在自己的潜能面前放置了一个凸透镜一样。

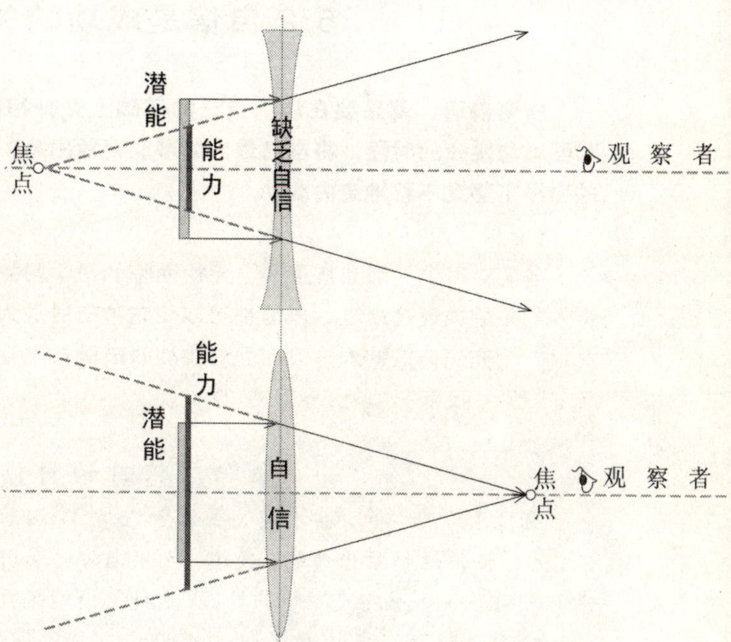

图 5-1 自信是潜能的"放大镜"

因此，每一个追求成功的人都会设法为自己寻找

一个可以放大潜能的凸透镜。而无论从哪种意义上说，“自信”都是能够找到的，也是迄今最好的潜能“放大镜”（如图 5-1 所示）！

我能比别人做得更好！

微软亚洲工程院院长张宏江小时候曾经有过学习不好被老师处罚的经历。但是他并没有被挫折吓倒，也并没有因此而怀疑自己的能力。他坚定地相信，自己拥有别人不具备的潜能和优势，只不过暂时还没有发挥出来罢了。

张宏江的自信不断鼓励着他勤奋学习、积极进取。事实证明，这种自信可以帮助他最大限度地发挥自身的潜能：仅仅过了几个月的时间，张宏江就在全校近四百名同学中考取了第一名。从此，老师开始用不一样的眼光打量这个平时并不起眼的学生，并不断给予他鼓励和支持。这又让张宏江拥有了更多的自信。他常常对自己说：“是的，我是最聪明的。”即便是在后来的日子里，在被别人超越的时候，他还是会对自己说：“我能比别人做得更好！”

5.2 自信是成功的关键

所谓自信，就是要在认识自己的基础上充分相信自己：相信自己可以在面对困难与挑战的时候，将自己最大的潜能释放出来，相信自己可以在理想和兴趣的引导下坚定不移地走向成功。

自信对每个人都非常重要。无论面临的是学习的压力还是工作的挑战，无论身处的是顺境还是逆境，自信都可以用它神奇的放大效应为我们的表现加分。因此，一个充满自信的人总会在面对挑战时鼓励自己：

“嘿！我能行，我一定行的！”

求职应聘时的自信

有位同学来信问我：“我现在忙于找工作。但每次面试时，我总是非常紧张，为了掩饰这种紧张情绪，我想，我可能需要表现得足够谦卑和谨慎，不能在考官面前多说一个字——您认为，我这种选择对吗？”

对这个问题，我的看法是这样的：

一个人在面试时选择谦卑、谨慎的做法是自己内心不自信的一种体现。如果一个年轻人总是选择这样的做法，如果自己无法让自己自信起来，那么这个人可能永远也无法踏入优秀或卓越的门槛。从某种意义上说，这位同学的做法所隐藏的不是自己的紧张情绪，而是他的能力与才干。

其实，求职时的面试，考的主要不是求职者的智力而是他的思维方式，还有他的自信和处变不惊的态度。过分的谦虚可能被误会为能力的不足，持久的沉默则可能被认为是刻意的遮掩。面试的过程其实是一个心理测试的过程，求职者的心理素质越突出，表现得越是自信，就越有可能获得对方的欣赏。因此，在现代社会里，求职者如果只知道谦虚而不知道表现自我，那么，十有八九找不到什么好工作。

除了面试之外，大家在平时也不必过分谦虚。因为这种过分谦虚如果成了习惯，自己就会在不知不觉中感到自己的确不如别人，久而久之，这种潜意识就有可能发展为自卑的心态。

更进一步地说，自信就是相信自己能够成功，并因此形成坦然面对一切艰难险阻的心理状态，自信是对自身能力的正面评估，是一种健康、积极的个人品质，自信是成功的关键。

自信可以带来很多很多：自信的人敢于尝试新的领域，能更快地发现和发展自己的兴趣或才华，也更容易获得真正意义上的成功；自信的人更快乐，因为他不会时刻担心或提防失败。自信才能有主见，才能做出他人从未做过的事情。自信的人每取得一点胜利，就会有一种非凡的成就感，即便遇到挫折，自信的人也能从经验教训中获取继续前行的勇气。此外，根据同理心的反射理论，自信的人会因为自信而信任他人，他们重诺守约，善于在团队合作中发挥自我的价值。

相对说来，具有自卑心理的人总是关注自己消极、悲观的一面，看不到积极、成功的一面。例如，有自卑心理的人大都会接受外界的消极暗示，从而愈发陷入自卑中不能自拔。就像西方一句名言所说的那样：“成功与否并不取决于我们是谁，而是取决于我们如何看待自己（It's not who we are that is holding us back.It is who we think we are not.）。”

“自信来源于成功的暗示；自卑来源于失败的暗示。”

如果你有自信，它会在无形之中释放出能量，推动你走向成功；如果你自

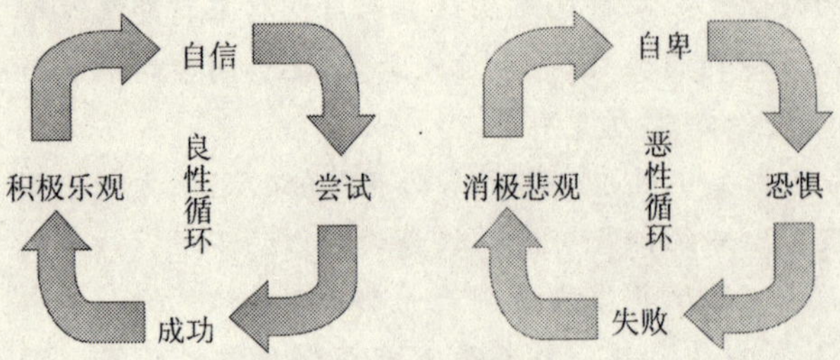

图5-2 有关自信的良性循环和恶性循环

卑或恐惧，它也会在无形之中释放出能量，导致你走向失败。成功的人会因为体验到成功的快乐而更加自信；失败的人也会因为体验到失败的痛苦而更加自卑。

也就是说，无论是自信还是自卑，它们都有可能形成循环作用：自信的人经过一次次的尝试得到成功，并因此而更加积极乐观，更为自信；自卑的人因为对失败的恐惧，不得不一次次体味失败的滋味，并由此变得更加消极悲观，更加自卑（如图5－2所示）。

5.3 获取自信的六个步骤

从自卑走到自信，需要打破已有的恶性循环，消除对失败的恐惧，摒弃消极悲观的态度，并从现在开始培养积极乐观的思维方式。

年轻人可以采用以下六个步骤培养自信心：

* 第一步：尊重自己，鼓励自己；
* 第二步：赞美自己，从潜意识做起；
* 第三步：用言行激发自信；
* 第四步：从成功里获得自信，从失败里增加自觉；
* 第五步：制定具体目标，由自觉达到自信；
* 第六步：发挥优势，放飞自我。

5.3.1 尊重自己，鼓励自己

有位中国母亲看了《给中国家长的一封信》后对我说："我在教育自己的一对子女时，使用的方法非常不好：考试成绩差了，我会给他们一顿打骂，成绩好了，我就说，某某家的孩子比你们考得更好。直到今天我才明白，他们之所以总是在人生道路上遭遇挫折，主要是因为我的教育方式早已形成了一个阻碍他们进步的天花板——他们肯定会想，如果母亲都认为我是个笨蛋，那我还有什么理由继续努力？现在，我终于懂得，你信中说的：‘在批评中长大的孩子最容易自卑；在嘲笑中长大的孩子最容易怯懦；在鼓励中长大的孩子最有自信；在称赞中长大的孩子最懂得宽容……’”

的确，鼓励和称赞对于年轻人来说永远都是最好的动力。但从另一方面看，来自家长和老师的鼓励固然非常重要，可自信的关键在于“自”，如果自己总认为自己不行，总是不给自己“打气”，那么，无论其他人怎样努力，也无法得到真正的自信。

因此，自信的第一个秘密就是永远相信自己有足够的潜能，并因此尊重和鼓励自己。

李白说：“天生我材必有用。”每个人都有自己的特点和长处，每个人都有尚未发掘出来的潜力和特质。如果能用尊重自己的态度努力发现和发挥这些潜能，每个人都可以取得成功。

108个瓶子

微软亚洲研究院的主任研究员周明拥有无数重要的科研成果(其中最奇特的一项是，他在根本不懂日语的情况下发明了中日翻译软件)，这些成就让他成为了计算机自然语言处理领域中最有才华的科学家之一。

但是，周明心中最珍惜的成就并不是自己在研究工作中取得的某一项发明，而是他小时候在“学工劳动”中刷的108个瓶子——正是因为在刷瓶子时打破了纪录，周明才获得了足够的自信，并由此取得了成功。

在那之前，周明一直非常自卑。因为家里很穷，父母又没地位，他在学校里见到有钱有势人家的孩子就躲开，见到不三不四的人就赶紧绕着走，可还是常常被人欺负，有时候还会无缘无故地挨一顿打。

那时的周明生活在一种自卑的感觉中，似乎永远直不起腰。但是他的内心深处总有一个声音要冲破压抑：“我什么时候才能体会成功的滋味呢？”

这一天是“学工劳动日”，老师带着周明和全班同学来到食品厂，就是现在的孩子们都知道的、生产“露露”杏仁饮料的工厂。不过，那时候厂里只做一种水果罐头，而且设备简陋，每天靠手工清洗成千上万个罐头瓶子。这些孩子来了，也是做这件事。瓶子都是回收来的，很脏，一不小心还会把手划破。老师

宣布开展竞赛，看谁刷得最多。

周明站在孩子中间，听到老师的号召，心里一阵激动。他还从来没有得过“第一”，此刻下定决心，一定要得到它。

兴奋而急切地想要表现自己的能力是小孩子通向成功的转折点。周明很快学会了所有清洗工序，他刷得非常认真，一个又一个，一整天都没有停下来，一双小手被水泡得泛起一层白皮。结果他刷了108个，是所有孩子里面最多的。

这件事虽然已经过去整整30年了，但周明还是记忆犹新。他说：“我原来一直是没有自信心的，但是这件事给了我自信。就是从那天起，我知道无论什么事情只要我肯干，就一定可以干好。我发现了天才的全部秘密其实只有6个字：‘不要小看自己。’那一瞬间值得我一辈子记忆。我知道我的生活完全不同了。这是我一生中最快乐的体验，散发着一种迷人的力量，一直持续到今天。”

5.3.2 赞美自己，从潜意识做起

自信是一种感觉，你不可能用背书的方法“学习”自信，只能靠“学习”来提升自信。具体的做法是：

用具体的事例反复“训练”你的大脑，经过潜意识的每一次思维，告诉自己你是值得信任的，你应当为自己自豪，你必须成为自己最好的啦啦队。

每天告诉自己一次：“我真的很不错！”每一次表现出色时，别忘了告诉自己：“我真的很不错！”每晚入睡前，不妨想一想今天发生了什么值得自豪的事情：得到了好成绩吗？帮助了别人吗？有什么事情超出了自己的期望值吗？有谁夸奖了自己吗？每个人每天都可以找到一件或几件成功的事情，像这样坚持下去，慢慢地你就会发现，这些“小成功”会变得越来越有意义。

除了在心里夸奖自己以外，也要尝试让自己的言语充满自信，因为你讲的每一个字都会在不知不觉中影响着你的潜意识。如果一个人的每句话都带着消极、失望的情绪，那么他肯定会越来越自卑。改变说话的习惯可以帮助你获取足够的自信。因此，在面对困难时，不要说“我做不到某件事”，而要说：

* 到现在为止，我尚未做到这件事；
* 我只要……，就能做到这件事；
* 为了做到这件事，我要努力做好……

“我做不到”意味着消极和放弃。要把这消极的处世哲学转换成为积极的、主动的态度，因为每个积极的人都有选择的权利，每个积极的人都可以为自己带来足够的自信。

假如你总是对自己说“我学不好英语”，那么，你在潜意识里已经把自己当作了受难者，这样想是永远也无法取得突破的。类似的负面语词会逐渐让你的大脑感觉到：“在英语学习方面，我根本不行。”显然，这种态度只会让你自己愈发悲观，却不会对你的英语学习提供任何帮助。

稍好一些的做法是，告诉自己“我只是到现在为止，尚未学好英语罢了”。在这里，“尚未”虽然不是正面的、积极的语词，但是，“到现在为止”却表明自己在不远的将来还有改进、提高的机会。

更好的做法是，告诉自己“我只要每天努力学习一小时，就能学好英语”，或者“我只要每个星期到英语角刻苦练习，就能学好英语”，或者“我只要在英语补习班上勤奋、积极，就能学好英语”。这样鼓励自己的话显然更为有效，它会督促着你认真地将计划付诸实施。因此，“我能……”才是最正面、最积极、最能提升自信的一句话。

赛前回忆法

有位著名的教练在每次球赛前，总会要求队员回忆自己最得意的一次比赛——他甚至让队员把最得意的比赛和一个特定的动作（如紧握拳头）联系起来，以便使自己每次做这个动作时，就会下意识地想到最得意的事，然后，在每次比赛前反复做这个动作以“训练”大脑，提升自信。

希望大家都能成为自己最好的拉拉队，同时，也希望大家多结交为你打气的朋友，多回味过去的成功——总之，千万不要小看自己，千万别让自信从身边溜走。

5.3.3 用言行激发自信

有一位同学问我：“我是一个很容易受别人影响的人，因此也很在意别人的说三道四，似乎别人对某件事的看法会在很大程度上影响我，这让我困惑不已。我想做一个更有自信、更有想法的人，但是，我周围的人让我越来越自卑。”

我是这么回答的：“美国总统罗斯福的夫人艾莉诺·罗斯福说过：‘没有你的

同意，谁都无法使你自卑。’自信是一个循环。如果你表现出足够的自信，别人就会认同你的自信，你就会因此而越来越自信。”

容易受别人影响的年轻人要勇于表达自己，并善于用自己的言行增强自信心。大家不妨试一试下面这四种训练方法：

首先，正确对待别人的看法，不能因为在乎别人的意见而失去了自己的想法和主见。自信源于自我认同，如果一切都以别人的意见为准，就会失去真正的自我，并会因此而失去自信。但做事情时不一定要严格区分什么是别人的想法、什么是自己的想法——只要是你认可的想法，就是你自己的想法。要更客观、更理智地看问题，不要未经判断就盲目接受他人的立场。要知道，对特定的事物，每一个人的看法可能都不尽相同，自己完全有能力、也有机会表达自己的意见。

第二，有自己的想法和主见。理解自己的原则，明白什么是不可放弃的，什么是必须坚持的。在与人交换意见的过程中，绝对不可以在原则问题上让步，不可以随便同意不符合自己的原则的事。当觉得自己对某件事可以“不在乎”的时候，那也许正是开始逐渐丧失自我、丧失自信的时候。

第三，自己有想法的时候一定要表达出来，不要闷在肚子里。自我表现是对自己最好的鼓励，也是培养自信的必经之路。在很多情况下，自信心是要通过自我表现才能不断加强的。只有将自己的能力、自己的见解充分展示出来，才能真正看到自己对他人的影响力，才能从这种影响力中获取足够的自信。

第四，在表现自我的时候要注意表达的方式、方法。一个有自信的人和一个没有自信的人说起话来是大不一样的，明眼人只要两秒钟就可以看出他们之间的差异。一般说来，一个有自信的人总会在表达和沟通时注意以下几点：

* 多用有魄力的语词，如“我”、“我认为”、“我希望”、“我要求”、“我决定”等等；
* 讲话清晰，声音中气十足，善于用语调、音量、停顿来强调话语里的重点信息；
* 主动和对方目光接触，向对方传达“我对自己充满自信”的讯息；
* 坚持真理，不随意接受别人的意见；
* 表述时不让他人随意打断，也不默许他人不理会自己的意见；
* 对听众足够尊重，不担心听众不尊重自己；
* 拒绝沉默，主动表达自己的想法；
* 在表达和沟通之前做好充分的准备，如必要的演练等等；

* 表达时尽量简明扼要，让听众在最短时间内获得最重要的信息。

5.3.4 从成功里获得自信，从失败里增加自觉

一个自信和自觉的人，能勇敢地尝试新的事物，并有毅力把它做好，会从成功里获得自信，从失败里增加自觉。

当你开始感觉到自信时，无论多么小的成功，都会特别期望再一次得到自己或别人的肯定。这时，需要有足够的毅力。只要有毅力，就会像周明所说的那样，"无论什么事情只要我肯干，就一定可以干好。"

你能学会你想学会的任何东西——这不是能不能学会的问题，而是想不想学会的问题。如果对某件事有强烈的欲望，就会在做这件事的时候具备坚韧不拔的精神，就能用自信克服前进道路上的所有困难。

在比尔面前发言

我刚加入微软公司时，在工作中与同事进行一般的沟通没有问题，但到了比尔·盖茨面前就总是不敢讲话，因为我非常担心自己说错话。

有一天，公司要进行改组，比尔·盖茨召集十多个人开会，要求每个人轮流发言。我当时想，既然一定要讲，那不如把心里话都讲出来。于是，我鼓足勇气说："在我们这个公司里，员工的智商比谁都高，但是我们的效率比谁都差，因为我们整天改组，而不顾及员工的感受和想法。在别的公司，员工的智商是相加的关系，但当我们整天陷在改组'斗争'里的时候，我们员工的智商其实是相减的关系……"

我说完后，整个会议室鸦雀无声。会后，很多同事给我发电子邮件说："你说得真好，真希望我也有你的胆量这么说。"结果，比尔·盖茨不但接受了我的建议，改变了公司这次的改组方案，并在与公司副总裁开会时引用我的话，劝大家开始改变公司的文化，不要总是陷在改组"斗争"里，造成公司的智商相减。

从此，我再也不惧怕在任何人面前发言了。这件事充分印证了"你没有试过，怎么知道你不能"这句话。

另一方面，在追求成功的时候，也不要成为自傲、自负的人。自信的态度与自我偏执、不允许自己犯错、以自我为中心、失去客观立场等做法是绝不能画等号的。

“我永远不会错”的危害

我有个绝顶聪明的同事E先生，他一生认准了“我永远不会错”这句“真理”，但也为此付出了沉重的代价。

E先生在工作中表现得无比自信，一旦证明他某句话是对的，他就会提醒所有人，几个月前他早就说过这句话了。E先生他几乎是为了自信而活着。有时，一件事发生了，他会硬说是他早有预料的，其实，他以前说的根本不是那么回事。更糟的是，一旦证明他某句话是错的，他就会顾左右而言他，或根本否认此事。

虽然E先生绝顶聪明，他的正确率可能高达95%，但5%的错误让他失去了自己的信誉和他人的尊敬，最后，他在无法得到下属信服的情况下，郁郁寡欢地离开了自己的工作岗位。

这个例子告诉我们，带有自傲倾向的自信或是不自觉的自信甚至比不自信更加危险。在有勇气尝试新事物的同时，也必须有勇气面对失败。

当你畏惧失败时，不妨仔细想一想，你最怕失去什么？如果失败，最坏的下场是什么？这样的下场是你不能接受的吗？

自觉的人会从失败中学习，认识到自己不适合做什么事情，并以此提升自己的自觉。因此，不要畏惧失败，只要曾经尽了力，只要愿意向自己的极限挑战，就应为自己的勇气而自豪。

5.3.5 制定具体目标，由自觉达到自信

惟有自觉的人才能真正获取积极、健康的自信。

有自觉的人不会过度地自我批评，也不会盲目地乐观，他们能客观地评估自己。所以，会坦诚地面对自己的能力极限，不会轻易地接受自己能力范围外的工作，不会对自己设定不合理的目标。当然，他们仍乐于接受挑战，但会在接受挑战时做客观的风险评估。

自觉的人不但对自己坦诚，对他人也坦诚。坦诚地面对失败会得到别人的信赖，因为对方知道你已经接受了教训。坦诚地面对自己的缺点也会得到别人的尊敬，因为对方知道你不会不自量力。

所以，自觉的人更容易成功，也更容易获得自信。

培养自信时，一方面要基于自觉的态度，另一方面也要设定具体的目标，并据此一步步向目标迈进。与制定人生目标和工作目标相仿，这些目标也必须是可衡量的。

我和女儿一起制定目标

我曾把我在比尔·盖茨面前发言的例子讲给我女儿听，因为她的老师认为她太害羞，在学校不举手发言，我希望借此鼓励她勇于发言。

当时，她同意试一试，但她认为，只有在适当的时候、有最好的意见时，自己才愿意发言。

可我认为，“有最好的意见”只是个主观的评价标准，很难用这样的标准界定女儿是否达到了改进的目标。

于是，我和女儿一起制定了一个可衡量的、更实际的目标：她每天举一次手，如果坚持一个月就有奖励。然后，我们慢慢再增加举手的次数。一年后，老师注意到，她对课堂发言有了足够的自信，她已经在不知不觉中变成一个善于表达自己的孩子了。

除了可衡量的目标之外，培养自信的目标也一定要有可行性。结合自身实际制定的目标，成功的可能性大，也容易引发良性的循环；不符合实际的目标容易造成失败和沮丧，并进而引发恶性的循环。

在我收到的学生来信中，有相当多的学生提出以下类似的问题：

“我找不到工作，你可以借我100万元，用来创业吗？”

“我要成为陈天桥第二。”

“我虽然高考失利，没考上大学，但我的目标锁定了清华大学，明年重考一定要考上。”

我觉得，这些学生的心态比较浮躁，他们的自信也不太切合实际。也许，这种浮躁的心态与中国普遍存在的一元化成功的思维有关，也与中国根深蒂固的望子成龙、望女成凤的传统观念有关。

很多时候，父母亲将自己争取不到的社会地位、实现不了的理想寄托在孩子身上，希望孩子代他们实现。太多的孩子生活在这种巨大的压力之中。在他们的成长过程里，父母总要求他们制定最高的目标（陈天桥、清华大学、……），却很少考虑他们是否具备这样的能力、是否有信心去面对这么多的困难和期望。如果平时没有培养他们的自信心，当困难来临时，他们就会因为惧怕失败而陷入恶性循环之中。因此，对孩子提出不切实际的要求，并不是在帮助孩子，而是害了孩子。

对自己的要求也是一样。许多时候，失望的最大原因就是期望太高。因此，

无论制定的是哪一类的目标，都必须从实际出发，从正确的自我认识和自我评价出发。

自觉的人不但能公正地评价自己，还主动要求周围的人给自己提供批评和反馈意见。他们明白，虽然自己具备了自觉的能力，但别人眼中的自己也很重要。一方面，别人眼中的自己更为客观，另一方面，别人眼中的自己才是真正存在的自己（“Perception is reality”），所以，会虚心地理解和接受别人的想法。在很多方面，都可以斟酌使用别人的反馈作为自己的最终目标。比如，我女儿可以每天评估自己的发言情况，但最终，只有当老师和同学们认为她是个开朗的、有想法的学生时，她才达到了最终的目标。

一般说来，获得坦诚的反馈（特别是负面的回馈）并不容易。所以，最好能有一些坦诚的知心朋友，他们愿意在私下里对你说真心话。当然，不能对负面的反馈有任何不满，否则以后就听不到真心话了。除了私下的反馈外，在美国的公司里，还流行一种“360 度”的意见调查，即对员工的上司、下属同时做多方面的调查。因为这种调查是匿名的，所以往往能获得真实的意见。如果很多人都说你在某一方面仍需改进，你就需要认真对待了，显然这种说法要比你自己或老板的看法更客观。虽然在学校里没有这种正式的调查，但仍可以尽量去了解他人对自己的想法。我的父亲常教育我们，凡事要谋之于众。就是要我们切勿坐井观天，局限自己的视野。

2004 年杀害同学的马加爵说：“同学都看不起我。”其实，如果他有勇气向他信任的同学求证，他也许就会发现自己错怪了同学，也许就会发现交错了朋友，也许就会证实同学确实看不起他，并了解其中的原因，然后自我改进。坦诚的交流，结交真心的朋友或许都可以帮助马加爵，避免悲剧的发生。同样，前面例子里的那位坚持认为自己从不犯错的 E 先生如果能虚心听取他人的意见，也不会成为一个目中无人的自我中心主义者，至少不会被迫离职。

所以说，有自觉的人善于为自己制定现实的目标，客观地衡量自己并会请他人帮助评估，这样的人能持续提升自己的自信，也能避免这种自信发展为自傲或自负。

5.3.6 发挥优势，放飞自我

重视或采纳他人的反馈意见，并不意味着你要依赖别人，因为最后的选择还是要由你自己决定。一个过分依赖别人的人无异于在向他人表明：“你的看法比我对自己的看法更加重要。”一旦持有这样的态度，还怎么能够培养出正确、健康的自信心呢?

当你听取他人的反馈意见时，应当客观地评估、采纳其中可行性较高的建议或目标。但同时也要努力培养自觉和自信，不要一听到别人的赞许就飘飘然地开始走向自负，更不要因别人的批评而陷入自卑。当你认识到自身的价值并做了最终决定之后，即便有人反对，你也不必在意——你就是你自己，你的自信可以帮助你发挥优势，释放潜能。

自信和积极是相辅相成的。在此前“积极主动”那一章里提到的许多方法，例如，不要习惯性地同意别人或跟随别人，练习学会“有主见”等等，都是培养自信的好方法。

培养自信的关键在于认识并发掘自身的优势，从某种意义上说，这比弥补自身的劣势更重要。许多年轻人缺乏自信的原因是，以往的教育总强调人的成长是不断克服缺点的过程，中国的家长和老师更喜欢批评而不是鼓励学生。在这样的教育环境中，许多学生逐渐相信了家长和老师在批评自己时使用的说法，并慢慢认为自己脑筋迟钝、无可救药，自信因此而从成千上万名资质甚佳的学生身边悄悄溜走了。所以，中国的青年一代更需要在自信的指引下，仔细而全面地寻找自身的优势。只有这样，才能找到真正的自我。

美国盖洛普公司最近出版了一本畅销书：《现在，发现你的优势》。盖洛普的研究人员发现：大部分人在成长过程中都试着“改变自己的缺点，希望把缺点变为优点”，但却碰到了更多的困难和痛苦；而少数最快乐、最成功的人的秘诀是“加强自己的优点并管理自己的缺点”。

所谓“管理自己的缺点”，就是在不足的地方做到足够好而不是放弃努力；“加强自己的优点”，就是把大部分精力花在自己有兴趣的事情上，让自己有最大的机会取得最优秀的结果，从而培养自信、走向成功。

自信是自身潜能的“放大镜”，自信也是发挥自身优势的“催化剂”。希望大家都能在认识自己、鼓励自己的基础上，将自卑、自怨的心理阴影抛到九霄云外；希望大家都能由此进入一个良性的心理循环——在自信中品味成功，在成功中享受快乐，在快乐中放飞自我!

本 章 要 义

- **自信就是“我能比别人做得更好”，也是迄今为止能够找到的最好的潜能“放大镜”。**
- **成功的人会因为体验到成功的快乐而更加自信；失败的人会因为体验到失败的痛苦而更加自卑。**
- **自觉的人更容易成功，也更容易获得自信。因为有自觉才会坦诚面对自己的能力极限，在接受挑战的同时，做客观的风险评估。**

增强自信的四步训练法

1. 只要是你认可的想法，就是你自己的想法，你完全有能力和有机会表达出来，不要未经判断就盲目接受他人的立场。
2. 在与人交换意见时，绝对不可以在原则问题上让步，不可以随便同意不符合自己原则的事。
3. 有想法的时候，一定要表达出来，自我表现是对自己最好的鼓励。
4. 学会有效的表达方式，包括多用有魅力的语词；善于用停顿、语调和音量表达重点信息；主动和对方目光接触；不随便让别人打断自己；讲话简明扼要，在最短时间内让对方获得最重要的信息。

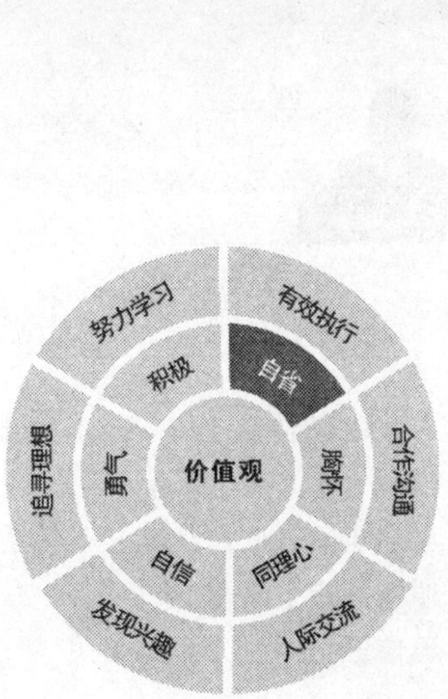

第6章 自省

——在反思中走向成功

自省拯救了微软

1995年，Internet浪潮方兴未艾。面对Internet的诱惑与挑战，微软公司的一位董事曾就公司的Internet策略问题征询比尔·盖茨的意见："我们为什么不多做一些与Internet相关的工作呢？"当时，比尔·盖茨用近乎揶揄的口吻回答说："这是一个多么愚蠢的建议呀！Internet上的所有东西都是免费的，没有人能赚到钱。"

但当比尔·盖茨宣布微软不会涉足Internet领域后，许多员工提出了尖锐的反对意见。不少员工直接发信给比尔说，这是一个错误的决定。当比尔·盖茨意识到自己的决定并没有得到大多数人支持后，他花了大量时间重新认识和理解Internet产业，最终，他承认自己此前的决定是武断的和错误的。

为了扭转公司的方向，比尔·盖茨亲自撰写了《互联网浪潮》这篇著名的文章。同时，他把许多优秀员工调到Internet部门，也因此取消和削减了许多与Internet无关的产品。那些曾经直言劝谏的员工不但没有受到处分，而且还被委以重任，逐渐成为公司重要部门的管理者。结果，微软公司很快成为了Internet领域的领跑者。

在瞬息万变的软件行业里，自省的精神、直接的沟通、宽大的胸怀以及自我修正的魄力可以让我们临危不乱——从这个意义上说，正是自省拯救了微软公司。

6.1 自我反省，自我提高

中国传统哲学一向强调自省的精神。孔子说："见贤思齐焉，见不贤而内自省也。"（《论语·里仁》）这句话的意思是说，看到别人的优点，就要设法使自己也具有同样的优点，看到别人的缺点，就要反思自己，看自己是否也存在类似的缺点。曾子说："吾日三省吾身。"（《论语·学而》）这也是要求我们经常反思自己，并从反思中获取前进的力量。

自省就是自我反省，自我提高。

懂得自省的人才能跟上时代的步伐。在当今科技迅猛发展的年代里，每个人都不可能永远不犯错误，因此，及时的自省和自我批评往往是纠正自身错误、实现快速转型的关键所在。面对激烈的竞争，面对瞬息万变的市场环境，那些不愿意反省自己，或者不愿意及时改正错误的公司必将面临衰败和灭亡的结局。同样，在快节奏的信息社会中，一个人如果不能及时察觉自身缺点，不能用最快的速度纠正自己的发展方向，也必然会在学业和事业中落伍，被无情的人才竞争所淘汰。

对于大学校园里的莘莘学子来说，自省的态度非常重要。许多大学毕业生刚一进入公司，就痛苦地发现自己在大学期间所学的知识已经过时了。在信息时代里，一个只知道埋头苦读，而不知道在不断的自省中掌握最有效学习方法的学生，是无法获得社会的认可的。

懂得自省的人才能不断成长。如果经常在反省中扪心自问：自己是怎样的一个人？哪些东西对自己最为重要？自己能否把每一件事做得更好？这样的心路历程将会成为一个人在成长过程中审视自己的价值观、质疑自己的思路和锻炼自己的判断力的最好方法。经过了这种方法的考验，一个人会变得更强大、更自信，他的人生目标也会更加明确。从某种意义上说，有过深刻自省经验的人是在潜移默化中让自己的身心接受了一次智慧与道德的洗礼——在一系列类似的洗礼之后，他已经发生了脱胎换骨的变化，这种变化可以驱使他用更加坚定的步伐走向成功，也可以为他带来更多的幸福与快乐。

懂得自省的人更容易得到他人的信任，更容易赢得真正的朋友；反之，不懂得自省、不知道承认错误的人既无法得到他人的谅解，也无法让自己真正融入到团队之中。即使将这样的道理放大到国与国的关系上，它也仍然成立。例如，德国和日本都曾在第二次世界大战时侵略过其他国家和民族。二战之后，德国以彻底反省和积极谋求和解的态度赢得了世界舆论的普遍支持。前不久，德国总理施罗德在布痕瓦尔德集中营解放60周年的纪念活动上强调，德国负有道义和政治责任，要铭记这段历史，永不遗忘，绝不允许历史悲剧重演。他说，德国已经认识到“以小心谨慎和自我批评的态度对待自己的历史，不会失去朋友，反而会赢得朋友”。与此形成鲜明对比的是，日本在处理二战遗留问题时总是不能正确对待和缺乏诚意，其做法伤害了许多亚洲国家的民族感情，无法得到受害国人民的真正谅解。

处理国际关系如此，处理人际关系也一样。面对一个自认为一贯正确、永不犯错的人，你能够轻易相信他吗？你愿意把自己的未来托付给他吗？你会结交这样的朋友吗？当这种人犯了一次错误却始终拿不出反省的诚意时，你能相信他今后不会再犯错误吗？

如果你曾经在失败面前迷失了方向，如果你不知道如何获得继续前行的动力，我建议你花一些时间，培养自省的态度和勇气，在反思中重新认识自己，在反思中寻求进步的动力。

以下四个方面对于培养自省的态度和勇气来说最为重要：

* 勇于承认错误，主动接受批评。
* 不断追求进步，“足够好是不够的”。
* 听取他人意见，接受“良师”指点。
* 事后认真反省，努力改变自己。

6.2 勇于承认错误，主动接受批评

自省的第一前提，就是要勇于认错、主动接受批评和自我批评。这种态度可以说是谦逊的化身。中国传统文化向来鼓励人们谦逊、礼让。在与自省相关的诸多因素中，谦逊是极其重要的，没有谦逊的态度就不能诚恳地接受批评意见，就无法通过认真的反省提高自己。当然，谦逊不代表碌碌无为，也不代表自卑和自闭，谦逊在这里指的是，要在批评和自我批评的氛围中认真反省自身缺陷，以便改进自己、追求卓越。所以，最好的做法是将谦逊与积极这两种看似矛盾的态度完美地结合在一起，既不自负自傲，也不过分谦卑。

每个人都会有错误或缺点，有了错误，只有认真反省才不会再犯同样的错

误。这个道理简单之极，可还是有许多人不愿意自我反省、自我提高。

其实，之所以有很多人拒绝反省，就是因为他们害怕别人因此而看轻自己。但无论从哪个角度上说，这种想法都不过是在自欺欺人。一个人所犯的错误首先会被别人看到，而且在别人眼中，问题会显得更加客观和透彻。在这种情况下，坚持己见只会给人留下不自觉、太清高、太爱面子的糟糕印象，这不但有损自己的声誉，也会伤害那些原本打算善意劝谏的师友。为了小小的面子问题而不愿承认错误、不愿改进自己，是一种愚蠢的做法。

人们应该做的是避免错误的发生，而不是在错误发生后竭力遮掩！

许多人可能都有过这样的经历：原本只犯了一个小错误，但就是不愿意承认，以至于不得不用各种手段遮掩和粉饰错误。结果一错再错，小错误演变成大灾难，落得个无法收拾的结局。所以，拒绝自省的做法不但不能真正解决问题，反而会使问题更加严重！

对于企业领导来说，勇于接受批评意见、勇于做自我批评的精神也非常重要。因为只有在反思中才能让自己时刻保持头脑的清醒，才能在追求卓越的道路上不迷失方向。我见过许多在工作中惟我独尊、不肯听取他人规劝的管理者，他们不能容忍别人和自己的意见相左，不能接受别人批评自己的事实。这些不懂得谦逊、谨慎的领导也许可以取得暂时的成功，但却无法在事业上步入卓越的境界。一个人的力量终究有限，在瞬息万变的商业环境中，领导者必须不断学习，善于综合他人的意见，否则将陷入一意孤行的泥潭，被市场所淘汰。

微软的文化：自我批评

在微软的企业文化中，最为重要的一部分就是提倡自我批评和勇于接受批评的精神。

比尔·盖茨的成功是有目共睹的。作为软件产业里的翘楚，比尔·盖茨的谦逊同样令人敬佩。例如，他在每一次演讲结束后，都会请撰写演讲稿的人和自己的助理帮他分析一下，他的演讲有哪些不足之处。比尔总是对他们说："在这次演讲中，我一定有可以做得更好的地方——希望你们告诉我，以便下一次改进。"正是这样一种虚心学习、不断自省的态度，将比尔·盖茨从以前那个平庸、甚至还有些怯懦的演讲者，变成了一个卓越的演说家。

在面对公司员工的时候，比尔·盖茨也十分谦虚。比尔的技术专员是一个资历不深的年轻小伙子，当然，这位技术专员也是个绝顶聪明的人才。有一次开会时——那次我也在现场——比尔在听完一个人陈述的新思路后，非常肯定地说："你这个想法不好，我觉得，应该这样才行。"比尔刚一说完，年轻的技术专员就站起来说："比尔，你错了！"比尔反问说："我错了？可实际上就是这么回事呀！"技术专员的态度非常坚定："比尔，你的确错了。请让我告诉你错在哪里。"等这个年轻人把问题的来龙去脉讲清楚之后，比尔坦率地承认了自己的错误，他说："是的，是的，我明白了！你是正确的，我的想法是错误的。现在，我们继续讨论这个新思路吧！"

比尔·盖茨参观印度软件企业时，虽然印度的软件同行都把比尔看成是英雄人物，请他剪彩、植树、发表演讲，但回到美国后，比尔却反复强调，印度软件企业有许多值得美国人学习的地方。他对微软的员工说："印度某某公司在电子政务方面做得比我们优秀，某某公司的办公楼盖得非常好……我们应该好好向印度同行学习。"

同样，作为微软的首席执行官，史蒂夫·鲍尔默也非常懂得谦虚、谨慎的道理。一次，史蒂夫·鲍尔默结束了与朱镕基总理的会见后，一回到车上就对同行的人说："我表现得不好。我还是不习惯和中国领导人沟通。你们能多提些批评意见，让我下一次做得更好吗？"

6.3 不断追求进步，"足够好是不够的"

自省的最终目的是自我提升，是追求进步。所以，自满是自省的最大敌人。如果凡事认为"足够好就够了"，那么，这样的人不但不会懂得自省的价值，也不会拥有任何继续前进的动力，优秀和卓越也会离他而去。

因此，大家应时刻抱着"足够好是不够的（Good enough is not enough）"的心态，凡事都要先问一问自己"怎么样才能做得更好"，只有这样，才能把自省的态度转换成前进的动力，在成功的道路上不断提升自己。

没有得到的奖项

曾经有一位刚加入微软的市场经理，带着微软某个著名的软件产品参加了一次软件展示会。会后，他兴高采烈地给整个产品组的所有员工发了一封电子邮件。他在邮件中说："我很高兴地告诉大家，在此次展示会上我们取得了全部十项大奖中的九项！让我们一起庆祝和狂欢吧！"

但是，他没想到的是，仅仅一个小时之内，他就收到了十多封回信，回信的内容竟惊人地一致——所有人都在问他："我们没得到的是哪一个奖项？为什么没有得到？你为什么不告诉我们这方面的情况呢？从这个失掉的奖项里，我们能得到什么教训？明年，怎么样才能包揽全部十个奖项呢？"

这位市场经理后来告诉我，在收到邮件的那一刻，他几乎被惊呆了。他没有想到微软的员工竟然这么在意那个失掉的奖项，直到那时他才真正理解，微软为什么能不断推出深受市场欢迎的产品，为什么能在软件巨人的位置上持续地取得成功。

连卓越都不够好

最近几年依靠搜索引擎服务崛起的Google公司是不断追求进步的典型代表。Google将"足够好是不够的"理念推上了一个更高的层次：在Google公司的企业文化中，有一句著名的格言："连卓越都不够好（Great just isn't good enough）"。对于这句话的内涵，Google公司是这么解释的：

"Google要求自己的工作永远超出用户今天的期望，可以预测用户未来的需要。我们不会接受把'最好'视作终点的想法，我们认为每一个'最好'都只是一个新的起点。Google希望，我们可以将每一个做到最好的技术视作一个起点，在这些起点的基础上，经过不断的创新和变革，我们会永远带给用户充满欣喜的惊奇。"

正是这样不断追求进步的态度带给了微软和Google可持续的成功。作为国际知名的大企业，他们所采取的自省的态度不仅仅是一种谦逊的"美德"，更是一种追求进步的前提和条件。

永远追求进步可以为成功提供持久的动力。在大学期间学习专业知识的时候，要努力拓展自身知识的深度和广度；当你撰写学位论文的时候，要努力追求研究视角的新颖和深刻；当你参加工作的时候，要不断提升自己的工作技能，积累丰富的工作经验；当你走上领导岗位的时候，要永远向世界上最杰出的领导者看齐，不断反思和改进自己的领导艺术。

在追求卓越和进步的时候，要保持自觉和自省的态度，对于做不到的事情，要坦率地承认并积极找寻其他的解决方案。

优势互补的搭档

Intel的创始人高登·摩尔是个了不起的科学家，他能在极短的时间里洞悉一般人无法察觉的问题。但他同时也拥有超乎寻常的自觉和自省的态度，并清楚地知道自己的弱点所在——在工作中总喜欢扮演好好先生的角色，在关键时刻无法狠下心来处分违纪员工。于是，高登找来一位以严格管理著称的合作伙伴安迪·格鲁夫，他们二人的管理风格正好能做到优势互补。两人共同管理Intel公司，在工作中默契配合，这一对"黄金搭档"让Intel公司成为了半导体领域长盛不衰的领跑者。

6.4 听取他人意见，接受"良师"指点

我曾经在前面提到过："一个人所犯的错误首先会被别人看到，而在别人眼中，问题会显得更加客观和透彻。"基于这样的认识，我们大家没有任何理由拒绝别人的批评和建议。可以说：

虚心听取他人意见是自省和进步的先决条件。

不能虚心接受别人的批评，不能从中汲取对自己有益的东西，就不可能取得更大的进步。

比尔·盖茨曾对公司所有员工说："客户的批评比赚钱更重要。从客户的批评中，我们可以更好地汲取失败的教训，将它转化为成功的动力。"

除了听取客户的批评意见以外，微软公司也鼓励员工畅所欲言，鼓励大家对公司的发展、决策、现状、问题乃至上司的缺点毫无保留地提出批评、建议或改进方案。比尔·盖茨总结说："如果人人都能提出建议，那就说明，人人都在关心公司的发展——这样一家公司怎么可能失去竞争力呢？"

微软的满意度调查软件

为了获取员工建议，微软专门开发了员工满意度调查软件，每年至少做一次全体员工的满意度调查。在调查时，微软让员工以匿名方式对公司、领导、同事等各方面或做出评价、或提出自己的建议。调查问卷里既有选择题（例如，你是否同意"我对我的副总裁有信心"：A.非常同意、B.同意、C.无

意见、D.不同意、E.非常不同意），也有问答题（例如，你对公司战略有什么建议？）。公司内每个级别的管理者都会得到多方面的反馈意见，也会得到一个由相关员工给出的综合评分。然后，比尔·盖茨、史蒂夫·鲍尔默以及其他高层领导则会与人事部门一起仔细研究、分析每个产品组、每个经理获得的反馈和评估结果，以便就如何改进公司的管理方式做出周密的计划。

固执己见只能让企业在商场上走入死胡同，对于那些操纵着整个企业命运的高层管理者来说，这一点尤为重要。因为当今国际市场环境复杂多变，只有善于反思和调整，勇于接受批评意见，能够快速适应环境变化的领导者才能带领整个企业快步前进。

来自社区用户的反对意见

eBay公司的首席执行官惠特曼也非常重视用户的反馈意见，她把用户的意见当作自省的依据。惠特曼说："我们一直很小心地保持谦逊的品质，我们必须敢于承认错误并重新规划和实施。"例如，eBay公司曾表示要把Half.com并入eBay网站，后来，由于社区用户纷纷表示反对，eBay果断地改变了决策，重新让Half.com保持独立。正如惠特曼所说的那样："你必须尊重社区用户并对他们做出回应。"

除了虚心接受别人的批评意见以外，还应该努力寻找一位你特别尊敬的、能够及时指出你的缺陷和不足、指引你继续前行的"良师"（Mentor，也译为门特，这个词来源于希腊神话。在神话中，门特是英雄奥德修斯的良师益友）。这样一位良师除了可以在学识上教导你、在你要犯错误的时候点醒你之外，还可以在为人处世的原则、看问题的眼光和应对突发事件的技能等方面对你有所指点。选择这样的"良师"时，不必选择直接领导你的导师和老板，而要选择那些与你没有直接的隶属和利害关系的人，因为后者能更加客观地向你提出批评意见。

我的"良师"

我以前在苹果公司负责一个研究部门时，就曾有幸找到了这样一位"良师"。当时，他是负责苹果公司全球运作和生产业务的高级副总裁，他在事业发展方面给我的许多教诲都令我终身受益。

记得有一次，我在苹果公司改组后接管公司的图形图像部门，当时，部门里有一位年龄很大的高级研究员，是图形图像领域中举足轻重的世界级人物。在一个年纪轻轻，又没有图形图像研究经验的人手下工作，他感到很不服气。于是，他在工作中处处刁难我，开会时总喜欢拿出倚老卖老的架子，故意反对我的所有决策。虽然出于敬老尊贤的传统，我对他总能以礼相待，但我的内心仍然充满矛盾，不知道该如何处理这个难题。

我在左右为难之时想到了我的那位"良师"。于是，我带着这个问题去请教他。听完我的陈述后，他直截了当地告诉我说："你太软弱了。一个月之内，你必须要开除他。"

这句斩钉截铁、没有半点犹豫的话彻底点醒了我。在以后的工作中，我开始用坚定、严厉的态度对待这位老专家。傲慢的老专家逐渐发现，他的挑衅不再起作用了，而他自己在公司里的信誉和影响力也逐日降低，一个多月后，他自愿离开了公司。

就在老专家临走的那一天，我向我的"良师"报告了他离职的消息，"良师"告诉我说："其实，我知道你无法在一个月之内开除他，但我必须唤醒你，让你在自省中认识到自己的软弱之处，所以，我给出了这个'一个月内开除他'的难题。现在，你应该发现，自己比以往任何时候都不容易被击倒了。"

显然，如果身边常有这样的"良师"给你提供教诲和帮助，帮助你认真反省自己，你的成长速度肯定会比别人更快一些。

在前面所讲的这些例子里，每一位主人公都主动接受了别人的意见，他们用自省的态度克服了一个又一个的困难，也只有这样的人才能在成功的道路上走得更远。在这一点上，美国前总统克林顿也做得很好。克林顿在演讲时，有学生问他："外面有许多抗议你的人，对此你有什么想法？"克林顿回答说："作为美国总统，无论我走到哪里，都会有反对我的人。我把反对我的人当作我的好朋友。当他们反对我的时候，其实是在批评我，而敢于批评我的人都是我的好朋友。"

此外，如果你希望得到他人真诚的反馈意见，就要学会悉心倾听的艺术，也要在听取他人的正确意见后，用积极的、切实的行动改正自己的错误。只有这样，在他人眼中，你才能成为一个可以信赖，懂得自省的人。否则，如果只会表面承诺，而从不认真反思和悔改的话，以后还有谁会愿意花力气指出你的缺点和错误呢？

6.5 事后认真反省，努力改变自己

与反省相关的另一个重要话题是，在每一项工作完成以后，要及时对工作结果进行评估和反思，列举需要改进和提高的问题，以便制定出一个切实的、可执行的改进计划，让自己在有效的执行中完成自省和提高的全过程。

微软公司的“事后自我批评”

“事后自我批评”的机制在微软公司早已被系统化和制度化。微软公司每推出一个产品后，都会留出一段特别的时间，让整个产品团队做一次全面、细致的“post-mortem”，也就是系统化的“事后自我批评”。

这一过程包括许多次电子邮件和公文的交换，以及多次总结和评估会议。产品团队的每一名员工会充分利用这些沟通渠道，讨论在该产品的开发工作中，哪些事情做得好，哪些事情做得不够好。产品团队的所有成员都要回答这样的问题：“你自己在什么地方可以做得更好？整个团队在什么地方可以做得更好？”这一过程中的所有讨论结果和员工建议都会被记录在案，以便管理者分析、研究。分析的结果将在全公司范围内公布，以帮助其他产品团队避免类似的错误。

微软的管理者相信，只有彻底发掘和暴露出研发过程中的所有错误或教训，才能避免今后重蹈覆辙。如果一个局外人有机会参观微软的一次“post-mortem”会议的话，他一定会以为微软是个非常失败的公司，因为在开会时，与会者极少褒奖自己，他们总是把更多的时间花在检讨错误、吸取教训上。

当一个人站在公司领导者的岗位上时，他是否拥有事后自省的态度和勇气，将直接关系到他是否能从失败中重新站起来，也将直接关系到他是否能在领导力方面实现从优秀到卓越的飞跃。

乔布斯的“第二幕”

苹果公司的创始人史蒂夫·乔布斯于1976年在父母的车库中组装出了第一台苹果电脑。很快，苹果成为了风靡全球的电脑品牌，年仅25岁的乔布斯则成为了信息产业里的第一个科技新贵。在乔布斯的带领下，苹果公司陆续推出了Apple I、Apple II、Macintosh等家喻户晓的电脑产品。

但是当年的乔布斯听不进别人的劝谏，一心想大权独揽。在公司里，除了一批“死党”以外，其他员工都无法容忍他那恃才傲物、目中无人的态度。终于，1985年，他被自己请来的首席执行官史考利打入了冷宫，董事会宣布，他永远不会被苹果公司委以决策者的重任。

那一年，乔布斯刚满30岁，大多数人都认为他的事业已经走到了终点。连他自己都说：“我那时是一个最知名的失败者，我曾经考虑从硅谷消失。”但乔布斯不是一个轻易认输的人，经过痛苦的自省，他意识到是自己在某些地方出了问题，于是下定决心改变自己。后来，当他回忆这段日子的时候，他说：“被苹果放逐是非常苦的，但是良药苦口，我这个病人正需要这剂良药。”

二十年后的今天，乔布斯不但创立了著名的Pixar公司（大部分卖座的三维动画影片都是由Pixar制作的），还成功地重返苹果公司的领导岗位，让苹果公司奇迹般地起死回生，并重新推出了iMac、iPod等深受市场欢迎的产品。在他的领导下，苹果公司的股票上扬了十二倍。这件事被一名传记作家称为“商业舞台上最伟大的第二幕”。

记得在我加入微软公司的第二天，我意外地接到了从未谋面的乔布斯的长途电话。他告诉我说，虽然他和我素未谋面，但自从他1997年重返苹果之后，就常听人说起我在1990~1996年间为苹果公司做出的贡献，他希望我返回苹果公司工作。当我告诉他，我已经决定到中国创办研究机构的时候，他十分大度地祝我好运，并希望我以后想换工作时优先考虑苹果。这次的电话交流，乔布斯的谦逊和坦诚给我留下了深刻的印象。我深信，他已经在自省中彻底改变了自己，抛弃了以自我为中心的错误理念。这是他能够成功上演自己人生“第二幕”的主要原因。

6.6 培养自省的习惯

最后，希望大家从现在开始，培养自省的好习惯。其实，培养自省的习惯并不像大家想像得那么困难。大家不妨尝试一下下面这个简单的训练法：

拿出一个本子，在每个月的第一天，总结一下你在上个月的成功之处与失败之处，然后，用客观的态度反思一下你失败的根本原因——是自视太高，还是没有执行的毅力？是目标太困难，还是你的习惯或态度需要调整？把这些原因写下来，再写下你的改进计划。可以请你的朋友、良师一起帮你写，因为他们可以更客观地指出你的问题所在。每个月结束后，自己评估自己执行计划的情况，然后请朋友、良师检查你是否兑现了自己的承诺。如此坚持下去，你

会逐渐养成约束自己、勤于自省的好习惯。

本章要义

- **自省就是自我反省，自我提高。懂得自省的人才能跟上时代的步伐、不断成长，并且更容易得到他人的信任。**

Q：如何做到自省？

A：　勇于承认错误，主动接受批评——要避免错误的发生，而不是事后遮掩；不断追求进步，“足够好是不够的”——永远追求进步是成功持久的动力；听取他人意见，接受“良师”指点——自省和进步的先决条件；事后认真反省，努力改变自己——实现从优秀到卓越的飞跃。

培养自省习惯的简单训练法

准备一个本子和一支笔，在每个月的第一天，记下：1．上个月的成功与失败有哪些？2．分析成功与失败的原因是什么？3．定出要在本月进行的改进计划。

然后，开始按照计划实施。到了每个月的最后一天，做两件事：1．自我评估改进计划的执行情况。2．请师友检查自己是否兑现了承诺。

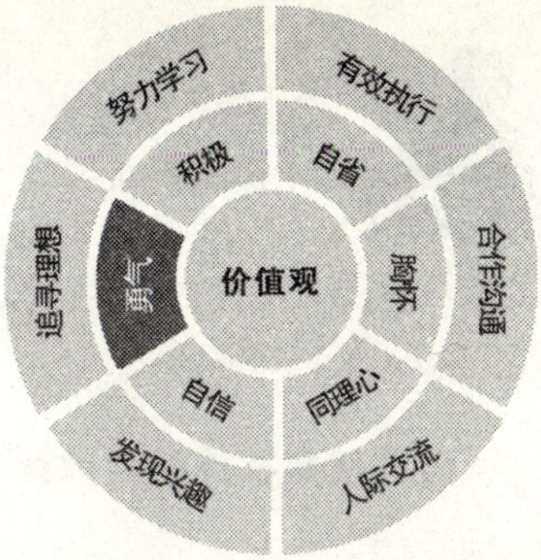

第7章　勇气

——勇往直前的精神

张亚勤和宁铂的故事

上个世纪70年代，中国科技大学的“少年班”全国闻名。在当年那些出类拔萃的“神童”里面，就有今天的微软全球副总裁、IEEE最年轻的院士张亚勤。但在当时，全国大多数人都只知道有一个叫宁铂的孩子。二十年过去了，宁铂悄悄地从公众的视野里消失了，而当年并不知名的张亚勤却享誉海内外，这是为什么呢？

张亚勤和宁铂的区别，主要在于他们对待挑战的态度不同。张亚勤在挑战面前勇于进取，不怕失败，而宁铂则因为自己身上寄托了人们太多的期望，反而觉得无法承受，甚至没有勇气去争取自己渴望的东西。

大学毕业后，宁铂在内心里强烈地希望报考研究生，但是他一而再、再而三地放弃了自己的希望。第一次是在报名之后，第二次是在体检之后，第三次则是在走进考场前的那一刻。

张亚勤后来谈到自己的同学时，异常惋惜地说：

“我相信宁铂就是在考研究生这件事情上走错了一步。他如果向前迈一步，走进考场，是一定能够通过考试的，因为他的智商很高，成绩也很优秀，可惜他没有进考场。这不是一个聪明不聪明的问题，而是一念之差的事情。就像我那一年高考。当时我正生病住在医院里，完全可以不去参加高考，可是我就少了一些顾虑，多了一点自信和勇气，所以做了一个很简单的选择。而宁铂就是多了一些顾虑，少了一点自信和勇气，做了一个错误的判断，结果智慧不能发挥，真是很可惜。那些敢于去尝试的人一定是聪明人，他们不会输。因为他们会想，‘即使不成功，我也能从中得到教训。’

“如果你看看周围形形色色的人，就会发现：有些人比你更杰出，那不是因为他们得天独厚，事实上你和他们一样好。如果你今天的处境与他们不一样，只是因为你的精神状态和他们不一样。在同样一件事情面前，你的想法和反应和他们不一样。他们比你更加自信，更有勇气。仅仅是这一点，就决定了事情的成败以及完全不同的成长之路。”

7.1 勇气引领人生

勇气就是在挑战面前勇往直前，永不言败的精神力量。

缺乏勇气的人永远也无法体会到追寻成功者的豪情壮志，这就像在灌木丛中跳跃觅食的鸟雀永远也无法知道“绝云气”、“负青天”、“扶摇而上九万里”的鲲鹏为什么会不畏艰险地搏击长空一样。

在科学研究领域，有勇气的人——比如那些获得诺贝尔奖的科学家们——敢于挑战数十年甚至数百年来一成不变的定律或准则，他们会在一次次的失败中找到突破口，并成功地开拓出科学的新天地；在工程与技术领域，有勇气的人——比如那些研发出最流行的软件产品的工程师们——敢于否定任何教条的经验或规矩，他们始终相信，只有满足用户需要的产品才是最完美也最成功的产品；在思想和文化领域，有勇气的人——比如那些影响着人类灵魂的艺术家们——敢于蔑视一切世俗的偏见和陋习，他们情愿在追求艺术的心路历程上独自前行，也不愿意在虚与委蛇中与怯懦和恐惧相伴……

这种精神力量在今天这个充满挑战、崇尚创新的世界里尤为重要。那些最有挑战性的工作总是会由最富有创新精神、最有闯劲的人来承担，因为这些人既不会盲目地迷信权威，也不会在困难面前低头，他们总是怀着无比的自信，勇敢地面对前进道路上的一切艰难险阻。

在成功的道路上，快乐总是和磨难相伴，胜利也总是和失败接踵。有勇气追寻成功的人善于从教训中积累力量，从失败中获得新生。在他们看来，无论是感情上的挫折，还是事业上的坎坷，抑或是抉择时的失误，都可以为自己的成长提供最好的经验积累，都可以为自己的内心增添更多的勇气。

勇气不仅可以让人直面任何困难或挑战，勇气也可以带来成功的机会。当有勇气的科学家向权威提出质疑的时候，当有勇气的软件工程师希望找到最佳的人际交流途径时，当有勇气的艺术家希望用画笔和音符表达自己对世界的真实感受时，“发明”、“创新”或是“杰作”也许就会降临到他们的身边。所以，当你为自己错失了无数良机而悔恨时，你其实最需要的是反问自己：为什么会缺乏不断前行的勇气，为什么会让懦弱带走原本属于自己的机遇？

迎接挑战还是寻求安稳?

一位同学在网上问我:“快要毕业了。我找到一个自己很感兴趣的工作,在其中可以学到不少东西,但这是一家小公司,存在经营上的风险。很多人劝我找个更安稳的、能做一辈子的工作,他们说,选择事业时的一个小错就可能毁了整个人生。他们的说法对吗?”

我的回答很明确:“对于一个毕业生来说,机会远比安稳更重要,事业远比金钱更重要,未来远比今天更重要。”

这个道理其实非常简单,毕业后的第一份工作最重要的不是安稳,过早地固定在一个职业上也许才是人生的最大不幸。对大学生来说,毕业后最重要的不是寻求安稳,而是继续学习,最好是为理想和兴趣而学习。因为学校里学到的知识不能让你充分面对这个迅速变化的世界,你必须在第一个工作中获得充足的储备。所以,在挑选第一个工作时,应该多看看公司的企业文化,多看看公司是否能提供足够的学习和培训机会,多看看这家公司的老板是不是最好的学习对象。

年轻人不要害怕犯错。美国一位大企业家曾这样建议:“年轻人需要多犯错,因为错误是事业发展的最好燃料,错误可以让你懂得如何扭转逆境。我们只要学会如何不再犯同样的错就可以了。坚持这样的原则,你会比那些保守的人更容易取得成功。”

7.2 四种最重要的勇气

对一个追求成功的人来说,最重要的勇气一共有四种,它们是:

* 不畏失败,敢于尝试。
* 承认错误,从失败中学习。
* 远离恐惧,挑战困难。
* 勇于放弃已经获得的东西。

如果具备了以上这四种勇气,如果能用自己的智慧发挥这些勇气的作用,那么,面前的道路将无比宽阔,你会实实在在地体验到“鹏程万里”的自由与豪迈。

7.2.1 不畏失败,敢于尝试

梁启超在《新民说·论进取冒险》中说:“进取冒险精神,人有之则生,无之则死,国有之则存,无之则亡。”也许读者会觉得,这里的“生死存亡”

说得太严重了。但是，不要忘了，在梁启超的时代，也许只有这样激进的思想才能唤醒沉睡的巨龙。如果将这种思想放到今天，可以这样理解：进取冒险的精神是勇气的一种体现，一个人拥有它就会获得成功，失去它就会走向失败，一个企业拥有它就会赢得市场，失去它就会流于平庸。

一个在金融界做得非常成功的朋友说："我很高兴我是一个敢于冒险、喜欢尝试新事情的人。在我所尝试的事情中，有90%以上都是有所收获的。就算是失败的那10%，我在其中也学到了很多教训，它们让我更加珍惜那成功的90%。"

这位朋友的"90%"其实就是我在谈自信时所说的"从成功里获得自信"，"10%"就是"从失败里增加自觉"。这种自信和自觉都要有勇气去尝试才能得到。

虽然任何成功都有运气的成分，但是首先要有勇气去尝试，这样，当运气来临，你才能够抓住机遇。如果没有勇气，不敢去尝试，你永远都不会拥有任何机会。

我的执拗天性

1998年，我在决定要回到中国创建研究院之前，曾征询过不少朋友和同事的意见，问他们是否愿意和我一起回到中国。但我惊讶地发现，几乎没有一个人赞成我的想法！他们说：

"成功的中国人不会留在中国。"

"你知道为什么在美国的中国人那么优秀吗？就因为中国最优秀的人都出来了。"

"回去？整天就要和官员打交道，赔笑脸，说好话，那多无聊啊！"

也有一些中国同事列举出了许多反对的理由，比如，小孩子要读书，大陆太脏、太乱，太太不愿搬家，现在工作很满意，已经有足够的钱了，就算搬过去，早晚还不得回来，等等，等等。

就像凌志军在《追随智慧》一书中所说的那样，也许是我的执拗天性发生了作用，也许是我的一股热情和几分天真左右了我的抉择，在其他人的反对面前，我没有退缩。我对我的妻子说："管他呢，我自己先回去。我绝不相信中国所有优秀的人都出国了，在中国，总能找到喜欢科学研究的人。我就是要做一个敢为天下先的人。"

我当时所表现出来的这种态度被记者称为"天不怕地不怕"，其实，我只是有一股勇气罢了。我知道，回中国创建研究院存在短期内的风险，但从长远来说，中国必将成为世界未来的中心，作为能够横跨中西文化的华人，我应该把握这个回到中国的最好机会。

后来，微软在中国创建的研究院取得了圆满的成功，我实现了自己当年的理想，受我的影响加入研究院的一批优秀人才，如张亚勤、沈向洋、张宏江等也都在他们各自的领域中取得了巨大的成功。

有勇气的人不怕风险，而愿冒风险的人往往有机会得到更好的回报。当你考虑需要鼓起勇气做某些事情的时候，不妨客观地做个风险和回报的对比。

勇冒风险的奖赏

我到了微软总部后，发现了一件很巧的事：我的部门里有五位总经理，他们都是在 15~20 年前加入公司的，目前他们居然都是身价几千万美元的富翁。

因为微软公司有分配“认股权”给所有员工的制度，所以，并不是职位越高的员工越有钱，而往往是工作越久的员工越有钱，尤其是在1985~1998年间，微软股票的飙升制造了很多富翁。而我加入公司时，公司已成为一个巨人，股票价格的变化也不会很大了。所以，我拿到的“认股权”几乎是不值什么钱的。

当家人听到这个奇怪的事情时，都问我是否会有心理上的不平衡。我对他们说：“我加入的是一家世界领先的软件公司，没有冒任何风险；而他们当初加入的是一家未来还是未知数的公司，所以，这是对他们有勇气冒风险的奖赏。”

7.2.2 承认错误，从失败中学习

在人生的尝试中，你可能会遭受千百次的失败，可能会在尝试中发现许多工作都不适合你，但是，千万不能因此放弃了你的勇气。亨利·福特在进军汽车业的前三年，破产过两次；美国大百货公司梅西百货曾经七次遭遇转折点——也就是一般人通称的“失败”，终于取得成功；莱特兄弟在经历了数百次失败的实验以后才驾驶着人类第一架动力飞机飞上了蓝天——所以说，不能惧怕失败，只要冷静地分析失败的原因，说不定下一次就会有成功来敲门了。

卡内基说：“人要懂得从失败中培养成功，因为障碍与失败就是通往成功的两块最稳固的踏脚石。”

大多数成功者都会将自己的成功归因于此前一次又一次的失败。古人说“失败乃成功之母”。对此，我还想补充一点：只有学会在失败中学习和提高，才可能取得成功。如果说失败是成功之前的必经阶段，那么，学习就是将失败转化为成功的内在动力了。

当我作为一个“外来者”走进微软的时候，发现自己和其他主管相比的一个最大长处，就是我曾经失败过，而他们大多都没有类似的教训。在现在这种竞争越来越剧烈的时代，有失败经验的人更容易在灾难尚未来临时预测到潜在的风险，对自己也不会有过高的自信，更容易接受失败的可能性，更善于从失败中学习。

五步驱散失败阴影

有一位刚刚经历了惨痛失败的学生问我：“我该如何驱散失败的阴影？如何从错误中学习？如何再一次地得到自信和勇气？”

我的回答是：“人都会犯错。犯错后，我建议你采取下面五个步骤：(1)要勇于承担责任，不要麻醉自己；(2)要从错误中学习，以免以后再犯类似的错误；(3)经过了上面两个步骤后，要原谅自己，不要让自己永远把这件事挂在心上，可以多找朋友或亲人沟通，或者让自己想想快乐的事情；(4)从失败中增加自己的经验和智慧，以便对自己的价值观有正确的理解；(5)坦然地面对错误，甚至主动用它来帮助别人。”

7.2.3 远离恐惧，挑战困难

勇气的最大敌人可能就是对失败的恐惧。其实，在历史的长河里，任何个人的失败都不值得一提。重要的是你曾经放手去拼搏过。回顾历史上的名人，人们可能只记得他们的成功，却很少去关注他们的失败经历和不断尝试的勇气。

居里夫人说：“人生的旅途也许很遥远，也许很黯淡，但是，不要害怕，勇敢的人面前才有通路。”

罗斯福说：“我们没有什么害怕的，惟一值得害怕的只是害怕本身。”

马克·吐温说：“勇气不是缺少恐惧心理，而是缺少对恐惧心理的抵御和控制能力。”

成功者需要有足够的勇气来面对恐惧和困难。任何事业上的成就都不是轻易就可以取得的。一个人想要在工作中出类拔萃，就必须面对各种各样的艰难险阻，必须正视事业上的挫折和失败。只有那些有勇气正视现实，有勇气迎接挑战的人才能真正实现超越自我的目标，达到卓越的境界。

我在苹果公司学到勇气

我在苹果公司工作时，第一次理解了勇气对于企业领导者的重要性。

那时，我属下有一支队伍，这个队伍的经理是我老板的朋友，而这个队伍负责的项目也是我老板最欣赏的。当时，我清楚地知道，这个项目做得很不好，项目经理也不是一个好经理。但是，因为我的老板重视它，我始终没有勇气来处理这个问题。此外，我也担心，如果解散了这个队伍，其实也是对我个人工作的一种否定，因为我已经让这个队伍存在一年多的时间了。

终于有一天，我决定离开公司。但是我觉得，公司多年来对我不薄，我在走之前应该为公司负责，做完我早该做的事。我应该把这个队伍和经理裁掉，大不了会引起员工和老板的不满。

当我把这个决定付诸实施后，令我惊讶的是，很多员工不但没有对我表示不满，还跟我说他们多么认可这个决定，他们认为我非常有勇气、有魄力。公司领导也并没有因此而责怪我，反而认为，我勇于承认错误并勇于改正的做法非常值得赞赏。连我的老板也承认，这是个正确的决定。

这件事让我明白，做事情不能患得患失，要有勇气做应该做的事，要有勇气改变可以改变的事情，要有勇气接受这些事情可能带来的风险。但是，如果你的决定是正确的，它的风险一定会低于我们的想象。此外，在管理企业的时候，自觉的、勇于认错的、有勇气的领导者才是最让人尊敬的。

在面对困难、迎接挑战的过程中，大家可以感受到积极、向上的精神，并由此养成勇于面对、不畏挑战的好习惯。这个习惯不仅是在碰到大的难题时形成的，也是在每天处理小问题的过程中积累出来的。当你在生活和工作中碰到疑问的时候，不妨鼓起勇气去问问师长、同学或是同事；当你因为潜在的风险而困惑不安时，不妨多问问自己：你怕失去什么？最坏的下场是什么？你不能接受吗？

萧伯纳说：“困难是一面镜子，高悬在生命的险峰，它照出勇士攀登的雄姿，也显出懦夫退却的身影。”

罗斯福说：“实现明天理想的惟一障碍是今天的疑虑。”

因此，建议大家抛弃自己的疑虑和恐惧，做一个一往无前的勇士！

7.2.4 勇于放弃已经获得的东西

当新的机会摆在面前的时候，敢于放弃已经获得的一切，需要相当大的勇气。而在还没有找到“新的机会”之前，就放弃已经拥有的东西，则需要更多的勇气。

许多人不愿放弃已有的东西，不愿意开拓新的天地。这些人总是在机会面前犹豫、彷徨，让患得患失的思想禁锢着自己的头脑。其实，有些东西看起来值得珍惜，但这种眼前的利益往往是阻碍你获得更大成功的根源。当新的机会到来时，勇于放弃已经获得的东西并不是功亏一篑，更不是半途而废，而是为了谋求新的发展空间。如果你在适当的时候勇敢地，当然也应该是有智慧地放弃已经拥有、但可能成为前进障碍的东西，你多半会惊讶地发现，自己抛开的不过是一把虽能遮风挡雨，但又会阻碍视线的雨伞，自己因此而看到的却是更加广阔、更加壮丽的江山图景！

我自己的两次“放弃”

我的第一次放弃是在大学里面改换专业。

读中学时，我曾经想成为一名律师，所以在上大学的时候，选择了攻读政治学和数学。我从来没想过其他的选择，因为我的父亲也是做政治的，后来父亲虽离开政治舞台但仍从事政治研究。父亲从来没有告诉过我希望我做什么，可我觉得子承父业是很自然的事情。

小时候有几件事情让我以为自己很有政治方面的天分：一次是在台湾读小学时，我领导班上的同学检举老师对学生罚款甚至侵吞班费的行为；另一次是在美国读中学时，我写了一篇政治论文《漠视——美国人面临的最大敌人》，并因此获得了全州作文竞赛的一等奖。那时，我幼稚地认为，这些事实似乎都印证了自己有很高的政治天赋。所以，大学选专业时，我选读了人文学院，我觉得自己将来一定要做一位律师或一位政治家。

不料，情形完全不像我想得那样。我觉得，自己在专业课上提不起精神，成绩也不好，最令人沮丧的是，我感觉不到激情和动力，甚至想把枯燥无味的课本扔到教授身上。我在这个领域没有什么出众之处，既没有那种炽烈的热爱，更没有献身的欲望，还很厌恶那些世俗的政治技巧。最终，我认定那不是一个适合我的行业，于是我决定放弃政治和法律专业的学习。

很幸运的是，学校允许学生转系，而且，我当时已经找到了自己的最爱——计算机科学。我并不因为已经花费了一年的时间而懊悔。我认识到，那不是我想从事的事业，我没有在那里用掉我的半生甚至毕生的时间才是我的幸运。所以，我勇敢地放弃了原来的专业，开始了我在计算机领域的崭新人生。

我的第二次放弃是在拿到博士学位之后，恩师瑞迪破例地挽留我在卡内基·梅隆大学教书。本来我觉得这个工作很好，因为读博士时一直把我的老师当做楷模，所以，留在学校可以很自然地给自己一个机会来走他曾经走过的路。

但是，在那段时间里，我也感到很困惑。虽然这个学校的计算机科学系是世界顶尖的，但这个工作对社会的影响力太小，不符合我的人生理想。

我发现，许多教授都把大部分的时间投入到了如何获得终身职位，怎么样去找到最好的学生、怎么样去发表论文，等等。这些事固然是好事，但对社会的价值并不那么直接。而我希望去做一些直接有益于社会的事，比如研发一种很多人都会使用的技术或产品，或是去帮助学生发掘他们的潜力。

所以，当苹果电脑公司来找我时，我的感觉就像是获得了自由。很幸运的是，瑞迪老师也很支持我的新事业，多年来，他也一直在指导和帮助着我。

人生中这两次勇于放弃的经历，都使我更加清楚了自己的追求和兴趣所在，也使我更有激情地去从事自己喜爱的事业。放弃意味着失去，但失去的是那些自己缺乏激情的东西，得到的却是自己主动追寻的事业。

除了对已有的东西说“不”以外，还要学会对他人的要求说“不”。如果是自己做不到的事情，或不符合自己的价值观和理想的事情，一定要勇敢地回绝。千万不要因为“不好意思”或“怕得罪人”而勉强接受。

难以完成的工作

有位同学问我：“您的工作一定有很多压力。如果老板给你一项你认为很难完成的工作，您会如何应对？”

我的回答是：“如果老板给我布置了很难完成的工作，我会让他知道问题的难度在哪里，并征询他的意见。例如，如果碰到困难，在所有可取舍的因素中，什么是最重要的，什么是可以妥协的。如果他认为我的期望和他的要求不符合，那么我会对老板说‘不’”。“但是，如果他充分理解了工作的难度和失败的可能性，那我会尽力去做，因为我知道他不会有不合理的期望，而且，如果我无法做到完美，我也知道如何做出妥协。在这种情况下，老板也知道，我会努力工作，如果做得不完美，并不是我没有尽力，而是困难较大。”

不要接受对自己不切实际的任务，也不要对自己设置过高的目标。设置不切实际的目标，对自己和对公司的长期信誉都不利。但是，这并不意味可以不去接受挑战，或不去面对比较困难的任务。对于困难的事情，要仔细将任务分

解成多个步骤，安排一个周密的计划，事先明确每个步骤的风险因素，不要希望一蹴而就。只有在智慧和耐心的指导下，才能发挥勇气的力量，克服看似难以克服的困难，取得令自己和他人欣喜的成就。

7.3 有智慧的勇气

最后，需要指出的是，勇气绝不等于愚勇，绝不是不自量力、不计代价地横冲直撞。

有位著名的管理学家对学生们说："读《拿破仑传》时，你只需要看六页就行了。拿破仑之所以能成功，全在于他的坚韧，不认输。《拿破仑传》的第六页正好讲到拿破仑跟同学打架。拿破仑个子矮，打不过，但是他下定决心，就是被打死了还要继续。这种自杀性袭击让同学害怕了，只好道歉了事。你学会这个就行了。"

当一位同学就这位管理学家的说法征询我的意见时，我明确地表示，自己不同意他的说法。我的回答很简单："我在这里看到的不是一个勇敢的英雄，而是一个自大、固执且不自量力的家伙。我不是历史学家，无法给拿破仑盖棺论定。但这样的愚勇显然是不值得褒奖的。在现实生活中，靠这样的'自杀性袭击'得到的成功更不值得鼓励。这位管理学家犯了片面、偏激的毛病。即便是鼓励学生培养勇气，也应当注意勇气和智慧的结合。他怎么能够用这种不恰当的例子作为勇气的注脚呢？"

所以，一方面要培养勇往直前的精神，抛开眼前的利害得失，最大限度地争取成功；另一方面也要避免走入偏激、愚勇的死胡同，学会用自己的智慧做出冷静、客观的判断。

本章要义

- **勇气就是在挑战面前勇往直前、永不言败的精神力量。最重要的勇气包括：**
  不畏失败、敢于尝试——不去尝试永远都不会有任何机会；
  承认错误、从失败中学习——失败是成功之前的必经阶段；
  远离恐惧、挑战困难——做应该做的、改变可以改变的并接受因此而带来的风险；
  勇于放弃已经获得的东西——用智慧放弃虽已拥有但可能成为前进障碍的东西。

驱散失败阴影的五个步骤：

1. 承认错误，承担责任。
2. 找出原因，避免再犯。
3. 原谅自己，在沟通中找到快乐。
4. 从失败中积累经验。
5. 坦然面对，警示他人。

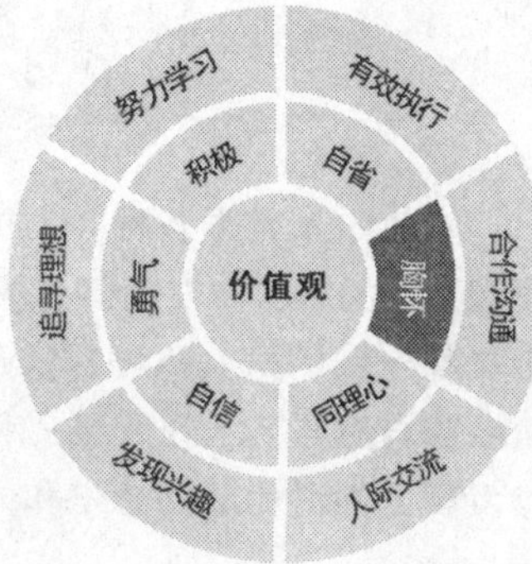

第8章　胸怀
——海纳百川的境界

她撞了比尔·盖茨的新车……

在微软公司，有一个广为流传的故事：一次，一名新员工开车上班，不小心撞了比尔·盖茨停在路边的新车。当她得知自己撞到的是比尔先生的汽车时，惊慌得不知道该怎么办才好。情急之下，她向自己的老板求助。没想到，老板竟心平气和地对她说："不要紧，你发一封电子邮件，向比尔先生道歉就是了。"结果，当她怀着忐忑不安的心情发出道歉信后不到一小时，就收到了比尔的回信。比尔不但在信中告诉她别为汽车担心，只要没伤到人就好，还对她加入公司表示欢迎。比尔·盖茨的宽容与坦诚打动了这位新员工，她立刻明白了为什么微软公司可以拥有自由、开放的企业文化，为什么微软可以吸引到那么多不同个性、不同风格的杰出人才。

从本质上看，与其说这个故事反映的是微软公司为员工营造的良好氛围，还不如说它反映了海纳百川、有容乃大的胸怀对于现代企业及其领导者的重要性——比尔·盖茨可以用宽广的胸襟对待公司的新员工，当然也可以用同样宽广的胸襟对待新的技术、新的产品、新的合作伙伴乃至新的竞争对手。有了这样的胸襟和气魄，在成功的道路上还有什么困难无法克服呢？

8.1 有胸怀才会有成功

成功的人有很多种：有的人可以在风云变幻的政治舞台上纵横捭阖、运筹帷幄；有的人可以在跨国企业的领导岗位上指挥若定、谈笑风生；有的人能够用十年磨一剑的执着精神探索未知的科学世界；有的人则甘愿在书香琴韵的天地里品味自然与艺术的恬淡、幽远……但无论是哪一种人，我们只要细心观察就不难发现，他们的成功总是和他们宽广的胸怀、坦荡的气度形影相随、寸步不离。

林肯的容人与用人

1860年，林肯当选为美国总统。当时有一个参议员叫萨蒙·蔡思，被大家认为是一个狂态十足、极其自大、而且妒忌心极重的家伙。他狂热地追求最高领导权，本想入主白宫，不料落败于林肯，只好退而求其次，想当国务卿。所以有人反对让他进入内阁。但林肯却认为这个家伙确实是个大能人，在财政预算与宏观调控方面很有一套。所以就任命他为财政部长，并一直十分器重他，通过各种手段尽量减少与他的冲突。但蔡思却不领情，依然为谋求总统的位置而四处活动。时任《纽约时报》主编的亨利·雷蒙顿在拜访林肯时，把蔡思的言行告诉了林肯。林肯给他讲了一个故事：

有一天，林肯和他兄弟在肯塔基老家的农场里耕地。干活的那匹马很懒，总是磨洋工。可是突然之间，它却在地里飞跑起来，以至于兄弟俩差点都跟不上它。到了地头他们才发现，原来有一只很大的马蝇叮在马的身上。林肯不忍心让马被咬，就把马蝇打落在地。可他的兄弟却说："别打呀，就是因为有那只马蝇，马才跑得这么快。"

讲完这个故事，林肯意味深长地对雷蒙顿说："现在正好有一只名叫'总统欲'的马蝇叮着蔡思先生，那么，只要它能使蔡思那个部门不停地跑，我还不想打落它。"

林肯所拥有的宽广胸襟和知人善用的能力，使他成为美国历史上最伟大的总统之一。

胸宽则能容、能容则众归、众归则才聚、才聚则业兴——这样的道理其实并不难懂，但真要落实起来就不那么容易了。

管鲍之交

春秋战国时期，管仲和鲍叔牙是一对好朋友。鲍叔牙对管仲从不起任何疑心，总是以一种坦荡、豁达的胸襟信任并支持管仲。

例如，两人合伙做生意，管仲少出资而多分利，鲍叔牙知道管仲是为了奉养老母，而不是贪心；鲍叔牙听取管仲谋策，遭到失败，鲍叔牙认为是时机不对，而不是管仲无能；管仲临阵逃脱，鲍叔牙认为管仲是挂念老母，而不是怕死；管仲三次被罢官，鲍叔牙认为是君主不明，而不是管仲无才。

后来，齐桓公即位后，鲍叔牙在桓公面前力荐管仲为相，而自己甘愿位居管仲之下。结果，管仲果然辅佐齐桓公成就了霸业。鲍叔牙死后，管仲在鲍叔牙墓前感叹说："生我者父母，知我者鲍叔。"后人即以"管鲍之交"表示真挚的情谊。

做人的关键在于胸怀，有一位老师曾写信给我说：

"今天，在大学中，同学或同事由于所谓的'竞争'而成为对手或敌人的事例屡见不鲜。在那些缺乏度量的人眼中，别人身上哪怕很小的一点优于自己的地方都会打翻自己心理上的'醋坛子'；一旦看到别人遭到了挫折，他们就会因为'幸灾乐祸'而手舞足蹈。

"开复先生，您一直认为'人品'永远是第一位的。而我则进一步认为，好的人品其实是开阔的心胸造就的。作为老师，我很同意您关于学校应该首先教学生做人，然后再教学生做学问的观点。做学问的境界最终取决于做人的境界，而做人的境界恐怕就取决于一个人的心胸和器量吧？"

这位老师说得不错，胸襟开阔、雍容大度是中华民族的优良传统。古人说："君子坦荡荡，小人长戚戚。"成大业者就是要有那种拿得起、放得下的豁达胸襟；如果事事工于心计、器量狭小，处处流露出小家子气，那么，不但不会取得真正的成功，也不会体验到任何属于自己的满足和快乐。

有胸怀才会有成功——人生天地间，何事足萦怀？在纷繁的世事面前，在复杂的人际关系网中，在略显残酷的竞争氛围里，为什么不能表现出几分超然、几分大度，为什么不能将自己的心胸置于眼前的利害得失之外呢？

有胸怀才会有成功——一旦拥有了宽广的胸怀，就会发现，原来这个世界并不像原先想像的那样充满矛盾，身边的人也并不像原先想像的那么不怀好意；只要拥有了宽广的胸怀，就会体验到"退一步海阔天空"的轻松和愉悦，就能在追求成功的过程中感受到更多的快乐和惬意。

8.2 胸怀的五种表现

根据我个人的总结和归纳，有胸怀的人通常会在务实、宽恕、自律、尊重、涵养等五个方面表现出超乎寻常的能力和品质（图8-1）：

* 务实：能够接受那些自己无法改变的人和事，而不会怨天尤人。
* 宽恕：善于发现他人的优点，同时也有度量容忍他人的缺点。
* 自律：能够随时控制自己的情绪，不会让自己的失态影响到别人。
* 尊重：能够接受、支持或包容他人的不同意见。
* 涵养：不过分计较成败得失，不会因为一时一地的利益或一人一事的欲求而自乱方寸。

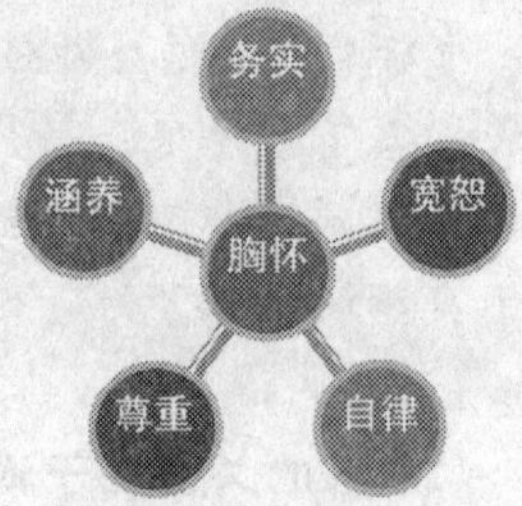

图8-1 胸怀的五种表现

如果你希望成为一个有胸怀的人，如果你打算像所有真正的成功者一样拥有海纳百川的胸襟和气度，就要在务实、宽恕、自律、尊重和涵养这五个方面严格要求自己，培养和训练自己在待人接物时的包容能力。

一个人的胸怀并不是一朝一夕就可以塑造出来的，除了有意培养和训练以外，最重要的是要拥有一颗真诚的心。真诚可以让你用善意和理性的眼光看待这个世界上的人和事，可以让你抛开一切阻碍自己和他人沟通的私心杂念。只要有了真诚，你就能够真正理解务实、宽恕、自律、尊重和涵养在为人处世中的重要，就能够在成功的道路上不断前行！

8.3 务实——接受自己无法改变的事

在这个世界上，每个人都不可能事事顺心、处处如意。如果终日因为那些自己根本不可能改变的客观环境而怨天尤人，就根本没有办法也没有时间感受那些原本属于自己的快乐，更不用谈追寻自己的理想和兴趣了。因此，无论是在生活上还是在工作中，只要尽了自己的全部努力，就应该对自己表示满意，并尽量享受其中的乐趣——对于每一个年轻人来说，这种冷静、豁达和务实的态度尤为重要。

在和中国学生交往的过程中我发现，有许多学生常常为了一些无奈的、无法改变的事情生闷气，他们不喜欢父母的教育方式，不喜欢老师的教学方法，不愿意读枯燥乏味的教科书，更不愿意面对一次又一次的考试，有的人甚至因为自己不具备某一方面的能力而对自己产生怀疑，甚至有了自暴自弃的想法。

其实，对于无奈或不可改变的事，完全可以换一种思路考虑：

* 这个世界本就是多姿多彩的，每个人都有不一样的特长、不一样的身世、不一样的家庭、不一样的学习和成长环境；
* 没有必要因为自己在某些方面比别人差而讨厌自己，因为自己的身上一定还有许多别人所不具备的能力或特长，只是没有发现或没有找到合适的机会施展罢了；
* 父母、老师以及自己所面临的学习和考试压力是一个人在成长中所必然要经历的人和事，也只有经历了，才能成为真正与众不同的、拥有完整人格和独立个性的“人”——因此，这些人和事原本就是整个人生的有机组成部分，没有任何理由讨厌它们，就像没有任何理由讨厌自己一样；
* 反之，如果懂得接受自己，懂得珍惜身边的一切，懂得理解和尊重客观现实，就能找到真正属于自己的成功之路，同时，也可以在这条道路上体验到真正的快乐与幸福！

也就是说，希望年轻人能够坦然地接受自己无法改变的事情，并在接受客观环境这个大前提下，努力寻找并发挥自己的兴趣和特长，以获取真正意义上的成功。

8.3.1 接受父母

在所有“不能改变的事情”中，最不能改变的是父母，最应接受的也是父母。有不少学生说：“父母不理解我，不接受我，不体会我的想法，总要求我用他们的价值观和理念来做事、读书、求学。所以我总是避开他们，越来越孤独。”

对这些不愿意接受父母的同学，我的回答包括以下两个方面：

* 第一，你应该接受你的父母，千万不要因为感觉父母不理解你而自我封闭。父母和你的成长环境、思维方式不同，他们对成功的定义可能也和

你的理解不同，所以对你的期望与你对自己的期望就有较大的差异。但他们人生的路走得比你长，经验比你丰富，你不能先入为主地排斥他们。要知道，父母是世界上最爱你的人，他们也是惟一可以无条件为你付出的人，你要无条件地接受你的父母。做子女的经常把父母过度理想化，而忽视了一点：父母也是人，他们也无法在任何方面表现完美，况且，大多数父母的成长环境比孩子更为艰辛，即便在教育子女时有不称职的地方，但他们也尽力了，他们的爱是真诚无私的。父母赋予你生命，拒绝或排斥父母无异于不尊重自己的生命，那还有什么快乐可言呢？

* 第二，你可以试着去改变父母的想法，但首先你应该问问自己，你理解和接受你的父母吗？你能体会父母的想法吗？当你抱怨父母总是期望你完美时，难道你不也是在期望父母完美吗？凌志军先生建议说："父母对你们的期望没有错，只是你们应该让父母了解，你们对他们的期望。"所以，在要求他们理解你之前，你应先去理解他们，这样才能更成功地和他们沟通。相互了解之后，也许你们仍有不同意见但能彼此谅解，也许你或他们会改变原来的看法而达到共识。为此，你首先应和父母建立一个坦诚的沟通关系。也许起初会觉得别扭，但我相信，你们很快就会体会到亲情与温馨。

8.3.2 接受环境

除了接受父母以外，还应接受环境中许多不能改变的事情。例如，有些同学期望着不必考他们认为没用的考试，不必上他们认为没用的课程，不必听他们不信任的老师讲的课。但是，要在社会中生存，就要学会接受那些不能改变的事，然后把精力花在那些你可以影响的事情上。

凌志军先生说："如果我遇到'应该做的事情'和'喜欢做的事情'之间的冲突，我会给自己安排一个时间表，每天在规定的时间里完成'应该做的事情'——这样的规定能激励你集中精力并提高效率——然后去做'喜欢做的事情'。"

这个建议非常好。人生是有限的，应把有限的时间用在"喜欢做的事情"上，但为了追寻自己的兴趣，首先要把"应该做的事情"做好。

一个贫困孩子接受环境的过程

"叶子飘扬"是我在"开复学生网"上认识的一个有勇气、有胸怀的学生，下面是她的真实经历。

她来自农村，家里共有五个兄弟姐妹，尽管家境贫寒，但是一家人的关系非常融洽。虽然父母非常辛劳，但他们希望孩子们都能够接受好的教育，就算不能成才，也一定要成人。不过，五个孩子都上学，这个负担对这个家庭来说实在是太沉重了，必须有人要做出牺牲。于是家里商量让已经上完初中的两个孩子放弃学业，“叶子飘扬”就是其中的一个。听到这个决定，她非常震惊，开始抱怨世界的不公，但残酷的现实无法改变，她变得自闭起来。母亲不忍她就这么消沉下去，建议她出外打工，去看看外面的世界。于是她离开了家，来到了陌生的新环境中。在这里，她看到周围的人都在忙忙碌碌地工作着，向着自己的梦想前进着，她不禁问自己：“我的梦想是什么？我该为这个梦想做点什么？难道我的未来就不能改变了吗？”

一次偶然的机会，她看到了自学考试的介绍材料，于是定下了自己的奋斗目标：通过自学考试。她用自己打工挣来的钱报名学习，虽然在自考的道路上也并不是一帆风顺，但她已经从自怨自艾中摆脱出来，对未来充满信心。

她很喜欢《读者》上面的一段话：你不能决定生命的长度，但你可以扩展它的宽度；你不能改变天生的容貌，但你可以时时展现笑容；你不能企望控制他人，但你可以好好掌握自己；你不能全然预知明天，但你可以充分利用今天；你不能要求事事顺利，但你可以做到事事尽心。

8.3.3 接受自己

最无谓的“痛苦”就是对自己不满意。每个人的特点各不相同，没有哪个人可以在所有领域取得成功。因为自己在某一方面不如别人而灰心丧气，不但会白白浪费时间，而且会让自己错过在其他方面展示才华、获取成功的机会。

所以，一方面要培养自己的自信，以每一个阶段性成功来激励自己，另一方面也必须能接受自己，理解是为自己而不是为别人而生活。所谓为自己而生活就是：

* 要为了自己的快乐、兴趣和人生目标而努力，不活在别人的价值观里；
* 要善于发现自己的兴趣和特长，并在属于自己的道路上不断超越自己，追求成功；
* 要正确对待自身的缺点或局限，当因为自身能力而不是态度而无法在某个领域做到足够好时，学会坦然接受现实并及时调整。

以上三点不仅对年轻人非常重要，就是对那些事业有成的人来说也颇有价值。这是因为，无论人们处于什么样的位置，都需要冷静地审视自身的特点和局限，并根据客观环境的要求调整自己。

高科技公司创始人主动让贤

在美国，最近十年来两个最成功的网络公司都是由斯坦福大学的博士生创办的：雅虎的创始人是杨致远和大卫·费罗（David Filo），Google的创始人是赛吉·布林（Sergey Brin）和拉里·佩吉（Larry Page）。两家公司之所以能有今天这么大的成功，是与他们的创始人在关键时刻主动让贤分不开的。

当雅虎和Google公司初具规模的时候，这四位充满激情和天赋的创业者发现，他们自己的特长在于技术和思维方式的创新，而不是做大型企业的管理和运营。认识到自己的不足之处后，他们都坦然地接受了这个现实，并邀请了更有经验的职业CEO来管理公司的日常事务。对于公司来说，这样的做法显然是当时惟一的正确选择。此后，无论是雅虎还是Google，两家公司在职业CEO的领导下，都取得了不俗的市场业绩。

如果这四位创始人缺乏足够的胸怀，如果他们没有理性、务实的思考，今天的雅虎和Google很可能会像许多昙花一现的企业那样，仅仅是写在互联网发展史上的、两个值得纪念的名字而已。

当你开始为自己而生活，接受并喜欢你自己，接受并接近你的父母，接受环境中不能改变的事情，你就会发现，你不但可以成为胸怀更宽广的人，也可以成为更加快乐的人。

8.4 宽恕——以责人之心责己，以恕己之心恕人

“以责人之心责己，以恕己之心恕人。”这是中国传统文化积累多年的精华。在人际关系方面，这句话可以这么理解：因为人际交往是建立在信任的基础之上的，所以，要以诚挚、宽容的胸襟，尽量原谅别人的过错，由此，你可能会得到终身的信任和感激；反之，将别人的过错记恨在心，只会陷入关系紧张、破裂的恶性循环，最后还可能需要付出更大的代价。

“你教会了我怎样做人”

我刚加入微软时，有一位资深经理可能是看到我的工作既受比尔·盖茨重视，又受员工和媒体瞩目，怕我抢了他的风头。所以总是排挤我，不让我参与他的项目，甚至我请他帮忙时，他也搪塞我。

但我认为他是一个人才，而且基本上是个好人，只是为了自身的利益而一时糊涂。所以，无论他怎么对我，我都会原谅他。我依然让他参与我的项目，并在项目完成后在比尔·盖茨面前感谢他的帮助。

几年后，他遇到了不小的麻烦——他的老板开始怀疑他的能力。当他的老板来征求我的意见时，我依然就事论事，坦诚地告诉他的老板，他是一个可用之才，只是在与人合作的时候有些固执，应该再给他一个机会。

结果，他不但留在了公司，而且在我和其他经理的帮助下改掉了自身的许多弱点，并且获得了高升的机会。后来，他找到我说：“我非常感谢你的帮助，但我更加感激的是，你教会了我怎样做人。”

这个事例说明，对别人的宽容不但可以让工作顺利开展，而且可能影响甚至改变别人。当时，如果我不是用宽容的心态来处理这件事，而是一开始就与他针锋相对，结局很可能是两败俱伤。

比尔·盖茨与艾立克

十年前，微软公司副总裁鲍伯决定裁掉手下一位名叫艾立克的总经理，因为艾立克虽然才华过人，但却有桀骜不驯、傲慢专横的缺点。鲍伯决定让艾立克留在公司，但不允许他管理任何团队，因为他的坏习惯会带坏整个队伍。

当时，很多技术专家都跑来为艾立克说情，但是鲍伯很坚定地告诉他们说：“艾立克聪明绝顶不假，但是他的缺点同样严重，我永远不会让他在我的部门做经理。”结果，非常爱才的比尔·盖茨听说这件事后，就主动要求把艾立克留下，做他自己的技术助理。

通过这件事，艾立克终于认识到了自己的不足，他开始主动学习，不断改正自己的错误。七年后，他凭着自己的努力逐步晋升为微软公司的资深副总裁，并且成了副总裁鲍伯的老板。

如果艾立克是一个心胸狭窄的人，当他升任鲍伯的老板后，可能就会觉得，经过七年卧薪尝胆，报仇的时候终于到了。但是，艾立克并没有对以前的事

情怀恨在心，反而非常感激鲍伯，因为正是鲍伯把他从恶习中唤醒，让他有了今天的成就和地位。艾立克不仅没有报复鲍伯，反而在管理方面虚心向鲍伯请教。而鲍伯也没有表现出任何的不服气，而是非常积极地配合艾立克的工作。两人共事非常融洽，至今已经有三年了。

这个艾立克就是著名的艾立克·鲁德，他今天所负责的“服务器和工具”部门年营业额即将达到100亿美元，美国许多商务杂志都将他评为比尔·盖茨的首选继承人。艾立克和鲍伯的故事完美地体现了“以责人之心责己，以恕己之心恕人”的做人之道。

有胸怀的“没脑子的混蛋”

微软一位程序员埃勒（Eller）发现公司的Basic语言软件中的着色功能有Bug，他花了几天时间才改好。然后，就很得意地去找比尔·盖茨了。

他说：“比尔，你看看这个，我找到了一处设计错误。”

“错在什么地方？”比尔问。

“你看，居然错在这里。很难想象是哪个没脑子的混蛋写了这段程序。”

“你能证明现在没问题了吗？”

“是的。”

“很好。”

后来，埃勒才发现那个写错误程序的“没脑子的混蛋”就是比尔·盖茨。

从比尔·盖茨身上我们可以学到，做事情不要事事计较，更不要以“零和竞争”的思维方式处理人际关系。在人际交往中，产生误解和矛盾是再正常不过的事情了。青年人经验少，更容易与他人产生误会或冲突。因此，遇事不要斤斤计较，而要谦让大度，不要在意对方过激的态度或言辞，而要勇于承担自己的责任，做到“宰相肚里能撑船”。

8.4.1 如何培养宽容的心态?

那么，要怎么样才能培养宽容的心态呢？我的建议是，当看到别人“犯错”时：

* 首先告诉自己，“未必如此”。别人的做法也许未必是错误的，或者，

也许自己还没有理解别人的真实用意。每个人对别人的判断都会受到自己主观因素的影响，不一定完全公正，武断地得出结论很容易引起误会甚至冲突。所以，在做出决定前，一定要弄清楚所有事实。

* 其次，如果你确定对方犯了错，那就告诉自己，“人难免会……”。人非圣贤，孰能无过，自己应当设法宽恕对方的过错，这样才能将谈话或工作推进下去，也可以让你赢得更多的朋友。
* 再次，如果你为此苦恼甚至动怒，那就问问自己，值得为了别人的过失而付出自己不快乐的代价吗？此外，还要通过培养自律、自控的能力，避免自己陷入失控的泥潭。

8.5 自律——自我控制和自我调整的艺术

自律（Self-Regulation）指的是自我控制和自我调整的能力。这包括：自我控制不安定的情绪或冲动，在压力面前保持清醒的头脑，随时都能清楚地知道自己的行为可能会对他人造成正面或负面的影响。

当你怒火中烧的时候，要克制住自己的情绪，把它转变成理智、平和的话语，这并不是一件很容易的事。要做到这一点，需要依靠“自觉”和“自控”这两种本领。

自觉不只是认识自己的潜能、素质，还包括认识自己的感情、态度。自觉的人知道自己何时会有喜、怒、哀、乐的表现，也明白喜、怒、哀、乐的宣泄会造成怎样的后果。

当自觉的人感到愤怒时，他不会在瞬间爆发，因为他知道这种突然爆发可能造成负面的影响，但他也不会压抑自己的感情，因为那会造成很大的心理伤害，他通常会尽量控制住自己的情绪，选择最有建设性的方式处理问题。在双方针锋相对的时候，正面的、感性的沟通可以起到缓和气氛的作用。人的感情是最富有感染力的，你完全可以用有建设性的、宽容的态度与他人沟通并影响他人。

我如何面对失控的员工

作为企业的领导，自律尤其重要，否则就可能让员工或自己难堪。

我在苹果公司工作的时候，曾经开过一次会。当时有一位员工因为自己的妻子和朋友被裁员，对公司的政策非常不满，就把怒气都发在我的身上。他当

面说出了一连串很难听的话，其语言的粗俗程度即使在最鲁莽的美国人中也极为罕见。

当时，我的第一个感觉是气愤，因为他这种侮辱谩骂的做法非常恶劣。但我随即想到：“人难免会在亲人受到伤害时失去理智，难免会在被灾难惊吓时失去风度。”接着我又想到，虽然他的表现异常粗鲁，但是，一定有不少员工持有同样的想法，只是不敢表达出来罢了。最后我想到，作为这个部门的总监，我代表的是公司的利益，不能因为一时的愤怒而影响了正常工作的进展。

于是，我冷静地告诉他说：“现在这个时候，对你、对我、对公司来说都是非常困难的时期。我理解你的心情。等你冷静下来，如果有什么建议，请你告诉我你认为最合适的做法是什么样的，我们可以仔细聊一聊。”

后来，那个员工私下向我道歉，并感谢我没有在整个团队面前让他难堪。一段时间后，这位员工举家搬到了欧洲，他和他的妻子都找到了合适的工作。他每年都会寄贺卡给我，也常常表示希望能到我领导的部门工作。

企业或部门的领导通常是大家做事的目标和榜样。作为领导者，不但不能随意发脾气，而且要重视自己每一次举手投足给员工留下的印象。

自控是一种内心的自我对话，可以提醒自己不要落入暴怒或失态的陷阱。除了理智分析的方法外，深呼吸是最快、最简单的情绪调节法，中国成语中有“心浮气躁”、“心神不宁”、“心乱如麻”、“心急如焚”等等说法，其意思都是说，自我混乱、失控的状态是由紊乱的情绪及精神状态引发的，而达到“气定神闲”、“心安理得”的最快做法就是调整“心”和“气”，也就是多做深呼吸，把气调顺了，就很容易摆脱情绪的影响，回到理性思考的状态。

林肯的第二个建议

林肯在担任美国总统期间，曾有一位陆军部长斯坦顿找到他那里，气呼呼地对他说，一位少将用侮辱的话指责他偏袒某些人。林肯建议斯坦顿写一封内容尖刻的信回敬那个家伙。

“可以狠狠地骂他一顿嘛！”林肯说。

斯坦顿立刻写了一封措辞强烈的信，然后拿给总统看。

“对了，对了！”林肯高声叫好，“要的就是这个！好好训他一顿，真写绝了，斯坦顿。”

但是，当斯坦顿把信装进信封里时，林肯却叫住他，问道："你干什么？"

"寄出去呀。"斯坦顿有些摸不着头脑了。

"不要胡闹！"林肯大声说，"这封信不能发，快把它扔到炉子里去。凡是生气时写的信，我都是这么处理的。这封信写得好是因为写的时候你已经解了气，现在感觉好多了吧？那么就请你把它烧掉，再写第二封信吧。"

上面的事例说明了这样的道理：当自己感到震怒时，应该先平息自己的情绪，不要被情绪左右，做出过激或错误的行为。那样的话，结果将不可挽回。

8.6 尊重——尊重别人发表意见的权利

缺乏宽广胸怀的人，听到自己不认可的想法，可能会立即开始批评和辩论，甚至恶语伤人。其实，每个人对每件事都会有不同的看法和不同的理解，不能期望大家的意见都完全一致。

四岁儿童的真知灼见

我在国外的一位朋友有一个四岁的小女孩。一次，这个小女孩对我说："兔子最可爱了。"

我逗着她说："不，小猫更可爱。"

她点了点头就走了。

我又追问她："到底是你对，还是我对呢？"

她说："你有你的看法，我有我的看法嘛。"

四岁的小女孩能够有这样的想法，的确很了不起。许多大人都不见得明白的道理，竟然被她一语道破：每个人都有不同的看法，每个人也都有发表意见的权利，你不必附和或同意别人，但你必须尊重别人表达或保留意见的权利。

"我不同意你，但我支持你"

当我还是一个学生的时候，我的导师罗杰·瑞迪便用身体力行的方法，给了我许多终身难忘的教诲。其中，令我印象最深的，莫过于瑞迪老师鼓励和支持我按照自己的想法从事科学研究的豁达心胸了。

那时候，我追随瑞迪研究计算机语音识别系统。当我投入瑞迪门下时，他刚刚启动一个规模宏大的科研项目。他告诉我说，他准备组建一个15人的团队，用专家系统来解决不特定语者语音识别的难题。

可是，当我自己学习并实践了不少方法以后，我大胆地告诉瑞迪，我对专家系统失去了信心，我认为统计方法可以解决问题。

我所提出的方法并不被当时的大多数研究者看好，和瑞迪老师选择的方法也大相径庭。瑞迪老师听了我的意见以后，并不相信统计方法可以解决类似的难题，但他仍然被我的胆识和激情所感染。他语重心长地对我说：

“我不同意你的看法，但我支持你用统计方法研究下去。看得出，你很有激情，所以我可以全力支持你。不过，我提醒你，过去有人曾用统计方法做过类似的工作，都没有成功。”

我说：“那是因为他们的语料数据不足。如果有足够的语料，我觉得我可以取得突破。”

瑞迪老师于是说：“如果你需要大型语料库，我可以去找国防部，让他们出钱建立一个足够大的语料库。”

我说：“统计方法需要速度很快的计算机，我们实验室里的机器都太陈旧了。”

瑞迪老师马上说：“我可以帮你买最新、运行速度最快的机器。”

那是1984年的春天。当时，瑞迪老师麾下的15位研究者坚持使用专家系统来解决问题，他们都搞不懂为什么瑞迪老师要支持我独立在另一个看似不可能有结果的方向上探索下去。但瑞迪老师却总是告诫自己的每一个学生：“你如果有信心，就坚持做下去。”

那段时间，我每天工作约18个小时，写了至少10万行程序。1987年12月，在我所坚持的方向上，语音识别的研究终于出现了曙光。我把语音系统的识别率从原来的40%提高到80%，最后又提高到96%。

后来，罗杰·瑞迪回忆起这一事件时，仍十分赞叹我当时敢于反对他的勇气。他说：“在科研的领域中，自由和平等绝对必要。”他又更进一步指出：“在研究领域中，没有老师和学生的界限，他们是合作者的关系。也没有什么事一定是对的或错的，没有人能保证一定会取得成功。所以，从事或管理科学研究的人要足够灵活，应该鼓励大家去尝试各种可能的方案，应该用包容的心态看待各种不同的思维方式——开复的成功就是这个道理的最好证明。”

伏尔泰说："我不同意你说的话，但我愿意誓死捍卫你说话的权利。"瑞迪老师"我不同意你，但我支持你"的胸怀比伏尔泰更进了一步。这些年来，我在自己的道路上历经过无数的起伏跌宕，但是，1984年和导师的那场对话，我始终无法忘怀。

"我不同意你，但我支持你。"这句话永远留在了我的内心深处。在这本书里，我把这句话转赠给大家，希望大家也能像瑞迪老师那样，用宽广的胸怀包容并尊重他人的不同意见，只有这样，才能取得真正的进步。

8.7 涵养——有容德乃大，无求品自高

涵养指的是一个人在待人处世方面的修养，特指控制个人情绪的能力。有涵养的人在任何时候都可以表现出一种从容不迫、宠辱不惊的心态来。

从本质上说，人的涵养是一种强大的心灵力量，是另一种形式的智慧。《周易》有语云："天行健，君子以自强不息；地势坤，君子以厚德载物。"这里的"厚德载物"谈的就是涵养和胸怀对于成功的重要性。

每个渴望成功的人都应当修炼自己的德操，开阔自己的心胸，以容载万物。此外，还应该善于审时度势，把握人与自然、人与社会、人与人之间的关系，做到宠辱不惊、置得失于度外。这样，在待人接物的时候，就可以表现出较高的涵养，可以将人际与事理中的种种问题处置得更为妥当。

比尔·盖茨招贤纳士

微软公司平台部门的副总裁吉姆·埃尔勤（Jim Allchin）是微软公司中最为重要的角色之一。但大家也许不会想到，当年比尔·盖茨请吉姆加入微软公司的时候，颇费周折。

当时，比尔·盖茨通过朋友多次联系吉姆，但吉姆都置之不理。后来，经过比尔再三邀请，吉姆终于答应来微软公司见比尔一面。结果，吉姆一见到比尔，就直截了当地说："微软的软件是世界上最烂的，实在不懂你请我来做什么。"

令吉姆惊讶的是，比尔·盖茨不但不介意他的话，反而对他说："正是因为微软的软件存在各种缺陷，微软才需要你这样的人才。"

比尔·盖茨的涵养和诚意感动了吉姆·埃尔勤，他接受了比尔的邀请加入了微软公司，而吉姆也为微软的发展做出了重大的贡献。他带领的团队开发出

了前后三代Windows操作系统，并把两个相互分离的开发团队整合到了一起。

试想一下，如果比尔·盖茨和吉姆见面时不能克制住自己的情绪，吉姆就不会到微软工作，微软也许就无法在操作系统领域取得如此的成就。从这个意义上说，正是比尔·盖茨的涵养拯救了微软公司。

只要有足够的涵养、宽广的胸怀，就一定可以应对各种难题。宽容克制并不是软弱、怯懦的表现，相反，它可以很好地体现自己的风度和尊严，可以有助于建立良好的人际关系，赢得更多的支持。

有容德乃大，无求品自高

先父曾留给我一件钱穆先生书写的条幅："有容德乃大，无求品自高。"这件条幅上的第一句话描写的其实就是宽广的胸怀和气量。但是，可能是因为美国教育和文化背景的原因，我一直不能理解第二句话的真谛，不知道第二句与胸怀之间的关系。

2003年，我有幸认识了一位慈善家。当时，他要捐巨款创办一个慈善机构。在我的印象里，许多慈善家都是为了自己"留名"而捐赠钱物的，但是，这位慈善家不但不要求该慈善机构以他的名字命名，甚至还告诉慈善机构，以后如果哪一天经费不足，而他又不在世了，可以向别的富人募捐，并按对方的意愿修改机构的名称。

这样的胸怀、这样的品德，让我终于悟出了"无求品自高"这五个字的真谛。这五个字不是说不可以有欲望，而是说，品德最高的人往往是那些欲望最少的人，也往往是那些胸怀最宽广的人。

我衷心地感激这位慈善家。他帮助我理解了涵养和胸怀的完整意义，更重要的是，他让我父亲的遗产在我心中发挥出了更大的价值。

有容德乃大，无求品自高！如果人人都可以用这句话来陶冶自己的情操，规范自己的行为，如果人人都可以在生活和工作中拥有宽广的胸怀，这个世界将增加多少幸福和欢笑！

本章要义

- **有胸怀才会成功，因为胸宽则能容、能容则众归、众归则才聚、才聚则业兴。**
- **真正的成功者都拥有海纳百川的胸襟和气概。**
- **有胸怀的五种表现：**

  务实——接受无法改变的人和事，为自己而生活，而不是怨天尤人。

  宽恕——善于发现他人优点、有度量容忍他人缺点，宰相肚里能撑船。

  自律——懂得控制自己的情绪，不被情绪左右做出过激或错误的行为。

  尊重——允许别人表达或保留不同意见，“我不同意你，但我支持你”。

  涵养——荣辱不惊，置得失于度外，不因一时一地的利益或一人一事的欲求而自乱方寸。

- **为自己而生活就是**

  为了自己的快乐、兴趣和人生目标而努力，不活在别人的价值观里；

  善于发现自己的兴趣和特长，不断超越自己，在属于自己的道路上追求成功；

  当因自身能力(而不是态度)不能做到足够好时，能坦然接受并及时调整。

Q：如何培养宽容心态?

A：
1. 做出决定前，弄清基本事实。
2. 即使是对方的错，也要设法宽恕对方，将谈话或工作推进下去。
3. 不要用别人的错误惩罚自己，所以不要因此而让自己不快乐。

第9章 追寻理想

——指引成功的“罗盘”

1：100的财富与理想之比

1960年，美国一个跟踪调查商学院毕业生毕业后状况的组织开始了一项为期20年的调查，试图找到下面这个问题的答案：

理想和财富之间的关系是什么？追求理想的人真的不容易得到财富的青睐吗？

研究人员首先对1500名商学院学生进行了细致的问卷调查，并根据问卷结果把这些人分为两类，其中倾向于追求财富、为财富而读书的人占大多数（1245人，83%），倾向于追求理想、为理想而读书的人所占比例较小（255人，17%）。

20年后，研究人员对当年这1500名被调查者进行了回访。结果，研究人员发现，1500名被调查者中有101人成为了百万富翁，而在这101人中，竟有100人是当年选择追求理想的人。

这个故事说明，理想和财富并不冲突，一心追求财富多半会适得其反，而一心追求理想却有可能让财富离自己更近一些。

这就正像网络泡沫破灭后，资深风险投资家伯恩斯（Burnes）说的那句话：只有那些从事真心喜爱的事业的人，才会得到真正的财富（Money comes to those who do it for love）。

9.1 理想引领人生

尼采说：“人惟有找到生存的理由，才能承受任何境遇。”

尼采所说的“生存的理由”，就是人们常说的“人生目标”或“理想”。其实道理很简单：

如果一个人看不出生活中还有什么意义可言，看不到可以追求的理想和目标，他多半就会想当然地认为，自己可以原地踏步，可以犯罪、堕落，甚至可以随意结束自己的生命。

在《给中国学生的第三封信》里，我提到了马加爵。他是一个罪犯，他也是一个不幸的人，因为他看不清人生的目标，结果铸成大错。案发被捕后，马加爵终于悟出了自己的人生目标，他对姐姐说：“姐，现在我对你讲一次真心话，我这个人最大的问题就是，我不知道人生的意义到底是什么？……在这次事情以后，此时此刻我明白了，我错了。其实，人生的意义在于——人间有真情。”在临刑前的最后一次采访中，马家爵又说：“我觉得，没有理想是最大的失败。”

如果马加爵能早几个月悟出真正的人生目标，他在做错事前就会问问自己：这样做是离自己的目标更近还是更远？满怀真情的父母和姐姐会如何看待这件事？这样，他可能就不会走上歧途了。

当然，大多数人都不会像马加爵那么极端。但在日常生活和工作中，因为缺少理想而裹足不前或者沾染上懒惰懈怠、安于享乐等坏习惯的例子仍屡见不鲜。从本质上看，缺乏激情或缺乏上进心的人十有八九是找不到真正可追寻的目标或理想的人。

年轻人似乎更容易因缺乏目标而陷入迷茫和痛苦之中。有一位大三的学生对此有非常深刻的体会，他曾经给我发过一封邮件，在邮件中他是这么说的：

一位大三学生的来信

我现在读大三。我在日常观察中发现，很多人无法获得“自信、成功、快乐”的根本原因在于没有目标。尽管在开复老师给中国学生的信里有很多具体的、合理的建议，告诉我们如何取得成功，但却没有告诉我们，为什么应该追求成功，我们到底需要什么样的结果。

显然，很多人连如何判断自己的目标、理想都不清楚。这一点没弄明白，就谈不上为实现理想而奋斗。所以，我们才会看到那么多大学生沉溺于“声色犬马”，不思进取，才会有那么多大学生在迷茫中挣扎，或者在获得某个阶段性成功后就一下子不知道该往何处去了。

相反，若是一个人拥有对自己、对家庭、对社会的理想和责任，他就更容易形成自己的价值观，并确立长远的目标。这样的人最容易走出“迷茫”的困境。

还有很多人面临的问题是，自己的理想与现实环境无法融合。归根结底，这还是因为他所追求的目标不切实际或不适合自己。盲目追求丰厚的收入或是显赫的地位，而忘掉了自己的能力和责任，这种人的做法同样是不可取的。

这位大三学生已经代我讲出了理想和人生、理想和现实的关系。他的分析非常透彻，他的论断也非常精辟。

其实，大家不必刻意地问自己“我到底为什么活着”，因为最重要的并不是我们要从生活中得到什么，而是生活本身对我们的期望是什么。就像著名心理学家维克托·弗兰克说：“人们不必问自己，生命的意义是什么，而必须认识到，自己才是被生命诘问的人。”

维克托·弗兰克的意思是说，生命本身会时常问每一个人：你的理想和目标是什么？作为一个人，不应当在“人为什么活着”或“生命意义是什么”之类的问题上有丝毫的犹豫——人活着就是要追求理想，就是要实现自己的价值。因此，每个人都有责任找到自己的理想，并有责任用实际行动来实现它。

每一个成功的人都有着对理想的责任感和对人生的使命感，这也是他们能够走向成功的最重要的内因之一。也就是说，想要做最好的自己，就要有清晰的理想和人生目标：

理想是引领人生的灯塔；没有理想，就没有坚定的方向；没有方向，就没有充实的生活。

9.2 理想源于自我

有一本书的作者曾访问了几百个成功者，问他们有哪件事是他们今天已经懂得，但在年轻时却留下了遗憾的事情。在受访者的回答中，最多的回答是：“希望在年轻时就有前辈告诉我、鼓励我去追寻自己的理想和人生目标。”

那么，年轻人到底应该追寻什么样的理想和人生目标呢？

这个世界上，每个人都是有个性的，每个人的成功都是独一无二的，因此，每个人所追寻的理想和人生目标，也是最为个性化和最适合自己的。

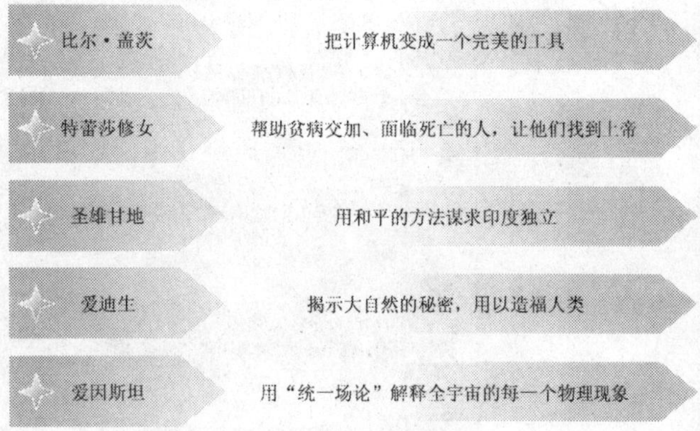

图9–1 成功者的理想各不相同

只要简单浏览一下每一位成功人士为自己设定的理想和人生目标（如图 9–1 所示）就不难发现，尽管每个人的理想各不相同，但每一位都始终坚持着自己的理想并为之不断奋斗。

从成功者的例子中可以看出，他们每个人的理想都是令人振奋的，同时也都是独特的和最适合他们自己的。所以，

理想源于自我，理想源于个性，理想应当是最适合自己的人生目标。

不同的人可以选择不同的理想，可以追求真情也可以追求影响力；可以追求快乐和家庭幸福，也可以崇尚道德与宁静；可以崇尚求知和创新，也可以崇尚沟通与服务……重要的是，只有确定了人生目标，才可以在该目标的指引下，果断地做出人生中的重大决定，沿着自己的成功之路稳步前行。

此外，我还想强调的是，在你眼里觉得了不起的成功者，

不是因为了不起，所以才有理想，而是因为有理想，才成为了不起的人。

特蕾莎修女一心想帮助穷苦人，她从来没有想过要出名或要得奖。诺贝尔和平奖选择了特蕾莎修女，让她在一夜之间成为全世界关注的对象，这其实是对她一生坚持不懈追寻理想的肯定与褒奖。这个世界上还有无数个像特蕾莎修女一样的人，虽然他们不是新闻人物但却有着同样崇高的理想，他们默默无闻地

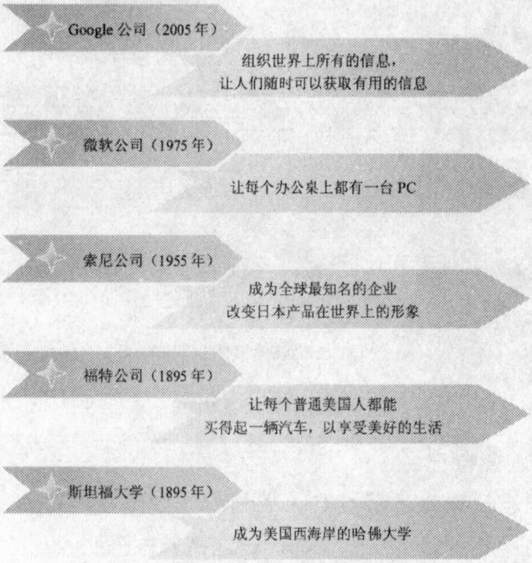

图 9-2 成功企业、团体和机构的理想（愿景）也各不相同

奉献着自己的青春年华，他们同样值得尊敬，他们同样也是成功者。

同样，一个成功的企业、团体或机构也必须有清晰的目标和理想——也称作愿景或使命。而且，每个企业、团体或机构都应当根据自己的实际情况，根据自身的个性化特点制定自己的长远目标。从图 9-2 中，可以看到，成功企业、团体或机构的理想（愿景）也是各不相同的：

今天，这些公司大都实现了自己的理想，并已重新制定了各自新的愿景。

总之，无论是公司还是个人，人生目标或理想都是非常个性化的愿景或使命。也许，我们目前还不能完全实现自己的理想，但从此时此刻起，我们的一举一动，我们的所有价值判断都要以人生目标为依据。也就是说，由个人选择并珍惜的期许或愿景来决定一切。

9.3 如何追寻理想？

理想如此重要，青年一代该如何找到自己的理想或人生目标呢？

我提出以下五点建议：

* 人生目标要有价值；
* 人生目标要尽量摆脱名利羁绊；
* 人生目标要能够成为自己的智囊；
* 人生目标可以让自己从心底感动；
* 人生目标既富有挑战性，又不脱离实际，既放眼未来，又明确、具体。

9.3.1 做个有价值的人

爱因斯坦曾经说过：“不要去尝试做一个成功的人，要尽力去做一个有价值的人。”

一个好的理想应该是对世界有价值的，也就是说，当你离开这个世界时，你会留下一些对世界有价值、值得他人回味的东西。

李开复的人生目标

有一次，在新浪网的聊天室里，一个网友问我：“你的人生目标是什么？”

我记得，自己当时是这样回答的：“人生只有一次，我认为最重要的是要有最大的影响力（Impact）——也就是说，我希望能更好地帮助自己、帮助家庭、帮助国家、帮助世界、帮助后人，能够让他们的日子过得更好、更有效率，能够为他们带来幸福和快乐。”

我回答这个问题时是脱口而出的，不需要任何思考。因为我从大学二年级起，就把“影响力”当作自己的人生目标了。

如果说得更详细一些，那就是：

无论是在科技领域里面对软件用户，还是在教育领域里面对中国的青年学生，我都要尽力使自己的正面影响力最大化。

到底什么是“影响力”呢？我读大学二年级时，有位哲学老师在讨论人生意义时，用了很简单的三个英文单词：“Make a difference”。对我而言，这三个英文单词就正好对应于那三个掷地有声、催人奋进的汉字——“影响力”。

有个别同学误以为“影响力”代表的是个人的势力或权力。其实，我所说的“影响力”与势力或权力毫无干系。我认为，只要人的一生对这个世界有些许贡献，无论这种贡献是老师教育了学生、医生护士帮助了病人，还是清洁工美化了城市环境，它们都是个人施加于这个世界的“影响力”；只要曾经真心帮助过别人，无论这种帮助是拯救了一个人的生命，还是为他人带来了欢笑或幸福，都是个人施加于这个世界的“影响力”。

人生在世，如白驹过隙，转瞬即逝。每个人都不想虚度此生。如果在即将离开这个世界的时候，回首往事，心里能够有一种“世界因我而更美好”的欣慰和自豪，人生就具有了足够的“影响力”，就曾经“Made a difference”。只要曾经为世界创造过价值，就是一个有价值的人。

你是继续卖糖水还是改变世界？

当年苹果公司邀请当时还在百事可乐工作的约翰·史考利加入苹果，史考利在去留之间反复徘徊，这时乔布斯用一句著名的话打动了他："毫无疑问，如果你继续留在百事可乐，当然可以卖更多的汽水给青少年喝；但是，如果你加入苹果电脑,却能够改变世界。你要把你的余生花在卖糖水上还是花在改变世界上？"

9.3.2 摆脱名利羁绊

今天有很多人碰到"你的人生目标是什么"或类似的问题时，都会抢着回答"出名"或"发财"。但我还是想说，不要为自己制定纯粹追逐名利的人生目标。

人生的十二种财富

我读过一篇题为《人生的十二种财富》的文章。据该文介绍，人生有十二种财富最可宝贵，这十二种财富分别是：

积极的精神态度、良好的体格、和谐的人际关系、脱离恐惧、未来成功的希望、信念的容量、与人分享幸福的愿望、热爱自己的工作、对所有的事物有开放的胸怀、严于自律、理解他人的能力、经济保障能力。

在这十二种财富中，大多数人最重视的经济保障能力（金钱）仅排在最后一位。这是为什么呢？

其实，人生的财富有很多种，名利只是其中很小的一部分。金钱是用自己的劳动从别人那里换取的，属于物质财富的范畴，而前面十一种财富都是精神财富。只要调整好自己的心态，就可以很容易地获得前面的十一种财富，并获得足够的快乐和幸福。与此相应的是，一旦拥有了前面那十一种财富，也能很容易地把第十二种财富——金钱纳入囊中。反之，如果个人目标过于物质化、功利化，一心追逐物质财富的话，不仅无法在金钱方面满足自己日益膨胀的欲望，还很有可能与其他十一种财富失之交臂——这样的人生显然算不上完美。

太多的人在升官发财之后，反而感到无限的空虚；太多的人在出名之后，却发现自己已经失去了更可贵的东西。有一位留学生到哈佛大学读书，拿到博士学位后却突然跳楼自杀。自杀的原因竟然是：他来到哈佛大学的惟一目的就是拿到博士学位，真的拿到了学位后，他反而对一切感到茫然，找不到人生真正的目标所在。

同样的，微软有位员工始终认为，自己努力工作的目标是赚够一定数量的金钱以后退休。后来，微软的股票涨了，他就卖掉手中的股票，拿着足够的现金开始了退休生活。但真的退了休，他才发现，自己在家里无所事事，毫无快乐可言。这时，他巴不得能回到公司继续工作，但技术发展太快，他的技能和经验已经无法满足公司的需要了。

上至达官显贵、富豪巨贾，下至平民百姓、凡夫俗子，无人不在追求更多的财富或更高的地位，可是名利往往会蒙蔽良知，成功每每需要付出昂贵的代价。因此，务必要找到真正适合自己、真正有价值的愿景，然后勇往直前、坚持到底，使生活更有意义。这样，盖棺论定时所获得的评价，才是自己心目中真正渴望的评价。

从这个角度看，名利、地位等世俗化的因素与人生价值相比，就显得微不足道了。前面给出的许多成功企业或成功机构的愿景，也是一样地在乎长远的影响，而不是追求眼前的利益。那些把发展目标定在“10000 亿美元市值”或“1000 亿美元销售额”的公司多半会在一段时间的辉煌后烟消云散，但那些始终以服务社会、服务大众为己任的企业却更有可能获得长久的成功。

也有同学问我：“你说要追求理想，是不是就应该淡泊名利，是不是就不可以喜欢名利了呢？”

其实不是的。在追求理想的时候并不需要拒绝财富，喜欢财富的人也不必放弃理想。财富与理想之间并不存在非此即彼的矛盾，在追求理想的同时得到社会的认可并由此得到能够体现自身价值的财富，才是现代人的成功之道。

9.3.3 用理想做自己的智囊

好的理想不但可以激励你奋勇前行，还可以引导你做出重要的决定，就此而言，它也是你最好的智囊。

用愿景指导企业决策

微软公司在三十年前定义的企业愿景是：“让每个办公桌上都有一台PC。”这一愿景始终推动着微软员工不懈努力，用软件的力量将PC普及到千家万户。当微软的员工在十多年前，就是否要把四个成功的产品合并成Office套装产品的问题进行论证时，员工就会问自己，合并或者不合并，哪一个做法才最符合公司的愿景呢？哪一个做法才能让每个办公桌上都有一台PC的愿望早日实现呢？从这一思路出发，微软做出了整合Office套装产品的重要决策，该决策帮助微软大幅提升了Office产品在市场上的占有率，更多的人选用Office软件来处理日常工作，更多的人也因此用上了PC。

同样，福特公司在设计一款新车时有两种选择，一种设计更强调汽车的性能，而另一种设计更强调汽车的廉价与舒适。福特的员工在选择设计方案时，也会问自己，哪一种方案更符合公司的愿景，更容易实现“让每个普通美国人都能买得起一辆汽车”的目标。显然，福特公司更有可能选择廉价、舒适的设计而不是昂贵、高性能的设计。

对我自己来说，“使我对软件用户和对中国教育的影响力最大化”这一人生目标也是我最好的智囊，它曾多次帮我解决工作和生活中的难题。我在选择自己的每一项工作时，都会问自己，这件事是不是能使我的影响力最大化。

当初，我放弃在美国的工作和创业的机会，只身来到中国创立微软中国研究院，就是因为我觉得这项工作可以更好地实现我的目标，使我在软件领域和教育领域都能发挥最大的影响力。

有人问我：“你为什么在中国写了这么多文章？”

我回答说：“当我收到一个又一个年轻人热情而又充满企盼的来信时，我意识到，回一封信只能影响一个人，而发表一篇文章却能影响更多的人。为了通过发表文章扩大影响力，为了帮助更多的中国青年，我先后公开发表了四封《给中国学生的信》。我开办个人网站、出版现在这本讨论成功的书，也是为了帮助更多的中国青年能向着自己的人生目标跨出一大步。”

9.3.4 定义理想，从心开始

许多同学问我：“我们该如何定义自己的人生目标？”

说实在的，我无法给出这个问题的答案，因为只有一个人知道你的人生目标是什么，那个人就是你自己；只有一个地方能找到你的人生目标，那个地方就是你的心灵深处。

弗洛伊德说：“当你做小的决定时，应当依靠你的大脑，把利弊罗列出来，分析并做出正确的决定；当你做大的决定，如寻找终身伴侣或寻找理想时，你就应该依靠你的潜意识，因为这么重要的决定必须由你心灵深处的最大需要为依据。”

理想是一生的导航，所以，只有让自己内心无比感动的理想才是你真正的理想。因此，大家不要为了追求所谓的“崇高”，或单纯地为了模仿他人而随便制定人生目标。

那么，该怎样用心灵去发现自己的人生目标呢？大家不妨试试下面这个简单的“心灵感应法”：

寻找理想的“心灵感应法”

第一步：闭上眼睛，把最先浮现在脑海里的理想记录下来，这是因为，不经过思考的答案往往是最真诚的答案。

第二步：回顾过去，在所有你最快乐、最有成就感的时光里，是否存在某些共同点？那些共同点很可能就是最能激励你的人生目标了。

第三步：想像一下，十五年后，当你达到完美的人生状态时，你将会处在何种环境下？从事什么工作？其中最快乐的事情是什么？

第四步：如果你只剩下六个月的生命，你最想做什么？如果你永远不必担心金钱的多少，那么，你最想做的事情是什么？

第五步：幻想一下五年后达到理想状态的你——在哪里？在做什么？和谁在一起？

第六步：假设你过完了理想的、无悔的一生，已经与世长辞。三个人来参加你的葬礼，并在葬礼上对你大为赞许。如果这三个人中一个是你的家人，一个是公司的同事，另一个是社会上的朋友。那么，你认为他们会是谁？他们会对你的一生如何评价？回答这个问题时，一定要抛开世俗的观念，抛开竞争的心态，抛开一元化的成功。问题的答案不必给任何人看，但一定要真诚。

只要按照上面六个步骤做一遍，你多半已经能找到自己真正的理想和人生目标了。当然，找到后不妨多和亲友谈谈，听听他们的意见。

9.3.5 既富有挑战又不脱离实际，既放眼未来又明确具体

制定具体目标时，首先应该了解自己的能力。任何目标都要从实际出发。人生目标既不能定得太高，也不能定得太低。

太简单的、太容易实现的人生目标没有什么意义。既然是人生目标，就该有足够的挑战性。应该尽量放开思路，站在更高的起点上，给自己设定一个富有挑战性的目标，这样才会有努力的方向和广阔的发展前景，切不可做“井底之蛙”，不愿到更广阔的天地里参与竞争。

当然，有挑战性的目标也意味着有无法实现的风险，但只要为此而努力过了，就无怨无悔。爱因斯坦虽然没有发现“统一场论”，没有最终实现自己的理想，但他还是在理想之路上获得了令世人瞩目的阶段性成果——发现了狭义相对论和广义相对论，并启发了后来者继续他的伟大工作。从这个意义上说，爱因斯坦的理想虽然没有实现，但仍然值得所有人敬佩和赞叹。

比尔·盖茨的“前半程”

比尔·盖茨在访问北京师范大学附属实验中学时，一位高中学生问他：你的理想是什么？比尔·盖茨说：“我从小的梦想就是把计算机做成一个完美的工具，这也是我毕生的追求。现在，我已经走完了一半的路程。我希望，我最终结束工作的时候能够完全实现这样一个梦想。”

比尔·盖茨花了三十年时间，在追求理想的道路上走完了“一半”的路程。此时，在职业生涯剩下的若干年里，他是否能圆满地完成他的目标已经不再重要了，因为现在世界上已经有成千上万的人在追随和分享着他的理想。比尔·盖茨的理想之路同样值得钦佩。

另一方面，在选择富有挑战性的人生目标时，也不要为自己设定过于困难、凭借自身条件不可能实现的目标。如果设定了不现实的人生目标，你将会在客观条件的限制下不断受到挫折和刺激，长此以往，恐怕就不会再有勇气继续奋斗下去了。

选择人生目标时，要尽量选择长远目标，眼前的目标并不是最佳的选择。例如，对于学生来说，进入好学校确实能够增加找到好工作的机会，但这只是短期的目标，你更应当在意的不是你从哪所学校毕业，而是你有没有学到真正的知识。

对大多数人来说，“考上名牌大学”或“进入知名公司”都不是正确的人生目标。所以，“考不上”或者“没进去”也没有什么大不了的，只要找到了自己的兴趣和方向，并且懂得珍惜时间和学习机会，一样会有成功的机会。在尽最大努力把事情做好的同时，还要保持清醒的头脑，时刻认识到人生的目的地在哪里。这样才能在理想和人生目标的指引下取得成功。

制定自己的人生目标时，要回答两个最为根本的问题：我想成为什么样的人？我想做什么事？

人生目标必须明确、具体，不能只是口号或空话。要把目标定义为清晰的方向。例如，如果你想当作家，那么，你是想要写小说呢，还是想成为专栏作家，抑或想成为自由撰稿人？只有尽可能明确的人生目标才能更有效地指引你前进 。

对自己的目标还要做出及时的调整。如果奋斗的结果超出了自己的期望值，就可以把期望值适当提高；如果没有，则可以把期望值降低一些。达到一个目标后，可以再制定更有挑战性的目标；失败时，也要坦然接受，认真总结经验教训。

人生短暂而时间有限，所以不要浪费时间活在别人的生活里，也不要被信条所惑——盲从信条就是活在别人的思考结果里。不要让别人的意见淹没了自己内在的心声。最重要的是，要有跟随内心与直觉的勇气，因为你的内心与直觉知道你最想成为什么样的人。任何其他的判断与之相比都是次要的。

大仲马说：“生活没有目标就像航海没有指南针。”人生的海洋宽广而深邃，有了目标，才不至于走入迷途，不至于在惊涛骇浪里不知所措。明确的人生目标是指引人生的“罗盘”，主动权把握在自己的手中。

“无论你能做什么，或梦想能做什么，放手去做吧！勇气蕴含着天赋、才能与魅力。”让歌德的这句名言激励大家追求理想，走向成功！

本章要义

- **不必刻意问自己：为什么而活？因为重要的不是要从生活中得到什么，而是要清楚生活本身的期望是什么。**
- **不是因为了不起才有理想，而是因为有理想而成为了不起的人。**
- **并不是每个人的理想都必须像伟人的理想那样宏伟壮丽，而应该是最适合自己的人生目标，是非常个性化的愿景或使命，应该由个人选择并决定。**

确定人生目标时的五个标准：

1．有价值——好的理想应该是对世界有价值的，“世界会因我而美好”。
2．尽量摆脱名利羁绊——在追求理想的同时得到社会的认可，并得到体现自身价值的财富，是现代人的成功之道。
3．能够成为自己的智囊——在面临重要决定时以此为判断依据。
4．可以让自己从心底感动——真正的人生目标在你的心灵深处。

5．既有挑战性又不脱离实际——太容易的目标没有意义，太难的目标会失去勇气。

明确理想的"心灵感应法"

1．闭上眼睛，记住第一个出现在脑海里的理想。

2．回顾过去，寻找曾带给你快乐和成就感的各种情形并找出它们的共同之处。

3．想像一下，15 年后你的完美人生是怎样的，最感快乐的是什么？

4．如果只有5 个月的生命，你最想做什么事；如果发财了，你又想干什么？

5．幻想5 年以后你的理想状态：在哪里、做什么、和谁在一起？

6．当无悔人生走到尽头，会有3 个人在你的葬礼上致赞美辞，他们分别是家人、同事和朋友，想一想他们会是谁，又会说什么？

第10章　发现兴趣

——用激情拥抱成功

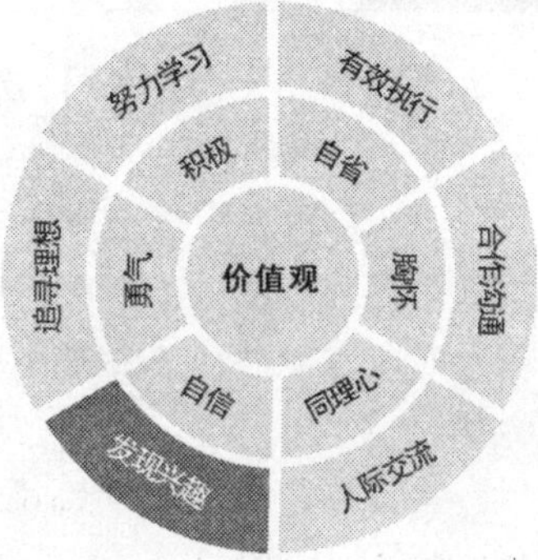

我从法学系转入计算机系

找到自己真正的兴趣、爱好，并不是一件很容易的事，有时还要经过许多反复和波折；不过，一旦发现了兴趣所在，每个人都可以在激情的推动下走向成功。

拿我自己来说，我读高中的时候一心想做个数学家，刚进入大学时又打算当一名出色的政治家，可直到大二时我才逐渐发现，自己无法全身心地喜爱数学和政治，学习成绩也只在中游徘徊。与此同时，我接触并喜欢上了计算机，每天疯狂地编程，很快引起了老师、同学的注意。

终于，大二的一天，我做了一个重大的决定：放弃此前一年多在全美前三名的哥伦比亚大学法律系已经修成的学分，转入哥伦比亚大学默默无闻的计算机系。我告诉自己，人生只有一次，不应浪费在没有快乐、没有成就感的领域。当时也有朋友对我说，改变专业会付出很多代价，但我对他们说，做一个没有激情的工作将会付出更大的代价。

那一天，我心花怒放、精神振奋，我对自己承诺，大学后三年的每一门功课都要拿A。如果不是那天的决定，今天的我就不会在计算机领域取得这样的成就；如果不是那天的决定，今天的我很可能只是美国某个小镇上一名既不成功又不快乐的律师。

10.1 激情是成功的必要前提

什么是事业？事业不是一朝一夕的工作，而是持之以恒的追求；事业不是可有可无的应酬，而是矢志不移的奋斗。当心甘情愿为一件事献出自己的毕生精力时，当能够从这件事中获得最大的满足和愉悦时，你已经在从事一项真正的事业了。

美国著名作家爱默生说："有史以来，没有任何一项伟大的事业不是因为热忱而成功的。"

这不仅是一句单纯而美丽的警语，更是一个指向成功的路标。成功的事业需要全身心的投入，而全身心的投入则要依靠发自内心的激情。对成功而言，热忱或激情是必不可少的要件。也许你才华横溢，但只有在激情的推动下，个人的才华才能发挥到极致。所以说：

激情是成功的原动力。

一个充满激情的人，无论自己正在从事的是简单的体力劳动还是高级的管理工作，都会毫不犹豫地认为，自己的工作是神圣的天职，从事这项工作是在追寻自己的兴趣和爱好。这样，无论他在工作中遇到多大的困难，他都会自始至终用积极、理性的态度去对待，他都会用坚定的决心和必胜的勇气战而胜之。

激情是战胜困难的强大力量，它使你保持清醒，使全身所有的神经都处于兴奋状态，它不断推动你去做自己内心最渴望的事情，它足以帮助你排除任何有碍于实现既定目标的干扰。

音乐家的激情

历史上著名的音乐家几乎无一例外是在激情的推动下取得成功的。

亨德尔年幼时酷爱音乐，但遭到了家人的反对。他的父亲是一个理发师兼外科医生，认为音乐是卑贱的职业，因此不准亨德尔碰乐器，不许他去上音乐课，不让他学到哪怕是一个音符。但这一切又有什么用呢？小亨德尔不顾父亲的反对，偷偷地学习管风琴，并最终成为音乐巨匠。

童年时代的巴赫同样有着对音乐的无限痴迷。因为父亲早逝，家境清贫，巴赫只能跟着兄长接受教育。为了学习音乐，巴赫在十五岁那年步行三百多公里到吕内堡的圣米歇尔教堂设立的拉丁学校学习，并参与教堂的音乐生活。在那里，巴赫一边参加了教堂的少年合唱团赚取微薄的生活费，一边贪婪地学习管风琴的构造和演奏技巧。正是在兴趣和激情的推动下，巴赫才成为了巴洛克时代最著名的音乐家。

培养自己的激情和热忱，可以让人更加自信、更加从容地应对面前的一切。著名记者怀特·霍布斯（Whit Hobbs）说："成功就是当你醒来，无论身在何处，无论年龄多大，你很快地从床上弹起，因为你迫不及待地想去做你爱做的、你深信的、你有才华做的工作。这工作比你个人伟大、神圣。你迫不及待地要起床，跳入它的怀里。"这一段话最好地揭示了激情的内涵和力量。麦克阿瑟将军在南太平洋指挥盟军的时候，把这样一段座右铭挂在办公室里："你有信仰就年轻，疑惑就年老；有自信就年轻，畏惧就年老；有希望就年轻，绝望就年老；岁月刻蚀的不过是你的皮肤，但如果失去了热忱，你的灵魂就不再年轻。"这一段座右铭不正是对热忱和激情的最好赞歌吗？

微软人的激情

谈到对工作的激情，我认识的一位微软研究员曾让我深有感触。我记得，他经常在周末开车出门，每次我问他到哪里去，他总是笑着对我说："去见女朋友！"一个周末的下午，我回办公室拿文件，偶然看见他正坐在电脑前埋头工作。我惊讶地问他："你不是说要见女朋友的吗？"他腼腆地笑了笑，然后指着电脑说："我的女朋友就是'她'呀。"

微软亚洲研究院有个名叫张黔的博士，五年前从武汉大学毕业。在研究院的五年时间里，张黔以她惊人的才华和激情发表了七十多篇一流的学术论文，获得了四十多项美国技术专利，被 MIT《科技评论》杂志评为 2004 年"世界百名青年创新学者"。毫不夸张地说，她一个人取得的成就足以抵得上好几个普通科研机构的总和。如果没有激情的驱动，她是不可能达到这样的高度的。

有一次，比尔·盖茨和我一起陪一位副部长吃饭，部长问比尔·盖茨："我到微软参观时，看到每一个员工都非常努力、非常快乐。有两个项目组以竞争的方式研发同一个项目，他们中的每个人都清楚，自己的工作有50%的可能性无法成为最终的产品，但两个项目组都保持了很好的激情和很高的工作效率。你们是如何创建这样的企业文化的？"当时，比尔·盖茨的回答是："我们雇用员工的前提

是，这个员工对软件开发是有激情的。在微软，开发软件是我们的惟一目标，而且，我们已经开发出了无数成功的软件产品。一名员工在微软的影响力和成就感完全可以超过在其他任何一家软件公司，因此，我们的员工有足够的理由充满激情。”

想要取得成功，想要发挥自己的创造力，你就一定要像微软员工一样对工作充满激情！年轻的朋友们，你们是否仔细想过，自己的兴趣和激情藏在哪里？你们是否尝试过，将自己的兴趣和激情当作自己心仪的男女朋友来追逐、拥抱呢？

我见到过不少青年学生历经各级升学考试的“磨难”，棱角被磨平了，激情的火焰也随之熄灭。结果，自己对任何事情都听之任之，一副随波逐流、玩世不恭的样子，我真是为他们感到惋惜。

我坚信，任何人的心底都一定藏着足以激发他全部潜能的激情，任何人在生活中都一定能遇到某些使自己热血沸腾的事情。如果你发现某件事足以使自己茶饭不思，足以使自己全力以赴，那么，千万不要让这件事轻易从你的眼前滑过。从这件事中，你也许就能发现自己真正的兴趣所在，也许就能让自己的身体重新被激情占领！

同样地，在确立未来的事业目标时，大家也要扪心自问：“我是否愿意为这个目标全身心地投入？我是否会像爱我的爱人一样爱它？”

希望所有的年轻人都能够对自己选择并从事的工作充满激情，对可能出现的各种艰难险阻无所畏惧。

10.2 兴趣——点燃激情的火种

激情是成功的原动力，但激情本身又来自何处呢？

激情应该来自对金钱的渴望吗？激情应该来自对权势的追求吗？不，都不是。名利粉饰下的激情只不过是稍纵即逝的焰火，迟早会烟消云散，无影无踪的。

真正的激情只有一个来源，那就是——兴趣！因为追逐自己的兴趣而充满激情，因为激情而享受快乐！

一天，有个美国朋友对我说：“我对你们中国的孔老夫子敬佩得五体投地，他说的话太有道理了！”。我问他是什么话。他说：“If you find a job you love, you will never work a day in your life.”

我一面感谢他对我们中国文化的推崇，一面又实在想不出孔老夫子什么时候说过这句话。后来在开车回家的途中，我才突然想起来，孔子的原话应该是：“知之者不如好之者，好之者不如乐之者。”

将这句话翻译成英文的人一定是个很大胆、时髦的翻译者，因为他把这句话的精髓用二十一世纪的人能够理解的方式做了很好的解释。如果用类似的汉语来表述就是：

想要爱你做的事，就去做你爱的事。

兴趣产生激情，激情带来快乐。当对某个领域感兴趣时，你会在走路、上课甚至洗澡时都对它念念不忘，你在这个领域里就更容易取得成功。更进一步，如果对该领域有激情，你就可以为它废寝忘食，甚至可以在睡觉时因为想到一个好主意而一跃而起。这时，你已经不是为了“成功”而工作，而是为了“享受”而工作了。毫无疑问，你将在这样的“享受”中获得成功。

反之，如果做自己没有兴趣的事，那只会事倍功半，还很有可能一事无成。即便靠着自己的资质或才华把事情做得很好，也绝对没有释放出自己的全部潜能，更不会从中获得享受和快乐。

追逐兴趣的成功者

比尔·盖茨曾说：“每天清晨醒来的时候，我都会为技术进步给人类生活带来的发展和改进而激动不已。”从这句话中，我们可以看出他对软件技术的兴趣和激情。他每天为公司投入如此多的精力，这完全是因为他在追逐自己的兴趣。

1977年，因为对软件开发的热爱，比尔·盖茨放弃了自己在法律系的学业。2002年，比尔·盖茨在领导微软25年后，又毅然把首席执行官的工作交给了鲍尔默，因为只有这样他才能在自己最喜爱的软件架构师的岗位上专注于软件技术的创新。虽然比尔·盖茨曾是一个出色的首席执行官，但当他改任公司的首席软件架构师后，他对公司的技术方向做出了重大贡献。更重要的是，他更有激情、更快乐了，这也鼓舞了所有员工。

另外一位软件天才，Linux操作系统的缔造者林纳斯·托瓦兹最近写了一本

自传，英文书名是Just for Fun，中文译名是《乐者为王》。在这本书里，他反复强调“一切只为乐趣”——因为Linux操作系统本身就是纯粹因为他自己的兴趣爱好研发出来的。

比尔·盖茨的好朋友，美国最优秀的投资家华伦·巴菲特也同样对他的投资工作满怀激情。有学生请华伦·巴菲特指示方向时，他总是这么回答：“我和你没什么差别。如果你一定要找一个差别，那可能就是我每天都有机会做我最喜爱的工作。如果你要我给你忠告，这是我能给你的最好忠告了。”

拿我自己来说，我对职业的激情大多来自父亲的言传身教。我从小一直以为父亲是个不苟言笑的人，直到去年见到了父亲最喜爱的两个学生（现在他们都已是教授了），我才知道父亲是多么热爱他的工作。他的学生告诉我说：“李老师见到我们总是眉开眼笑，他为了让我们更喜欢我们的学科，常在我们最喜欢的餐馆讨论。他在我们身上花的时间和金钱，远远超过了他微薄的收入。”我父亲是在七十岁高龄，经过从军、从政、写作等职业后才找到了他最喜欢的职业——教学。他过世后，学生在他抽屉里找到他勉励自己的两句话：“老牛明知夕阳短，不用扬鞭自奋蹄。”父亲在人生的最后一段路上，找到了自己的最爱。

真正的兴趣应该是发自内心的，而不应当受到世俗观念的影响。因为只有听从你的内心才能找到兴趣，有了兴趣才能激发潜力，才能使自己乐在其中——惟此，一个人才能不断取得成功，才能达到卓越的境界。

为兴趣而放弃提升

前一阵子，我想提升一位员工做经理，但他却问我：“您安排我做经理的工作，我的大脑认为我应该接受这份工作，但我的内心却不愿意接受，我隐隐觉得，在现在这个普通的岗位上，我所做的才是我最喜爱的工作。您说我该怎么办呢？”虽然我希望他能出任经理，但我还是尊重他的爱好，我对他说：“你应该永远听从你的内心，这样，才能激发你的潜力，才能让你更快乐。”

如果说热忱和激情像一把火焰，那么，兴趣就是点燃激情的火种。这样的火焰不但可以照亮你的人生之路，更可以温暖你的心灵，为你带来无穷无尽的快乐。

10.3 对兴趣的误解和苦恼

在年轻人给我发来的电子邮件里，有许多人面临的苦恼都和兴趣相关，而这些苦恼在本质上又是因为对兴趣的误解而造成的。

误解 1：过分简化兴趣的定义

有位同学说："我学的是技术类的专业，而我的兴趣在管理。您能告诉我，该如何追寻这个兴趣吗？"

其实，对一个工科的学生来说，"技术"和"管理"都是涵盖范围很广的词，不能说是一个人的兴趣，甚至也不能说是一项职业。我的答复是：

"如果简单地把工作分为'管理'、'技术'两个行当，你就无法明确定位自己的兴趣所在了。因为管理还可以细分为像金融管理、人力资源管理、技术管理、娱乐管理、媒体管理等很多种，其中的技术管理又包括不同行业的技术管理，即便在软件行业内部，技术管理又可以进一步细分为研究管理、产品管理、市场管理、营销部门管理等等。每一种工作都需要不同的特长和素质。

"与之相同，技术范畴也包括许多种不同的工作类型：研究人员要好奇、有创意、不怕失败、有耐心；程序员要喜欢动手，喜欢从结果中获得满足；架构师要有远见、有眼光、有技术背景；测试人员既要懂编程，也要会挑毛病；技术支持人员要喜欢为他人服务……

"所以，如果真想找到并追寻自己的职业兴趣，就要花时间去理解每一个行业里的各种工作机会，理解每个职位需要什么样的人才。要以职业兴趣为主，把学习目标放到未来的兴趣上。因此，你必须首先读完你的本科课程，即便这需要先学习一些自己不感兴趣的知识。"

误解 2：试图把责任推卸给"兴趣设计师"

有些同学在描述了自己的喜好和成绩后，希望"开复老师帮我找到我的兴趣"。

一个人的兴趣是不可能由另一个"兴趣设计师"设计出来的。兴趣与本人

的性格和成长环境有不可分割的关系，既不是与生俱来，也不是从天而降，而是一个人在成长的过程中，经过不断学习、实践、尝试而发现的。所以要给自己足够的时间去发掘或培养兴趣。

苦恼1：讨厌自己的专业

根据一份调查，在江苏、上海、浙江等省市八家高校中的2340名学生中，有64%的学生不喜欢自己所学的专业。在“开复学生网”上，几乎每天都有人发这样的帖子：“专业是我苦恼的根源。当初选择专业的时候是父母一手决定的，我根本没有发言权，况且那时我对大学的专业也不熟悉。可上了大学之后，我才渐渐发现这个专业极不适合我，是高考时的草率造成了我当前的困惑。”

对于这些同学，建议你不但要下定决心找到兴趣，也要试着爱你所选，不能够自暴自弃。

苦恼2：急迫地想要转系

有同学说：“我的专业是英语，但我觉得，我的兴趣是法律”。

我的回答是：“如果你还不知道法律界有哪些不同种类的工作，不知道你自己最想做其中的哪一种工作，或者不知道在这样的工作岗位上每天都会如何度过，那么，你还没有想清楚自己的兴趣到底是什么。你说你的兴趣是法律，那也许是一种‘别人的草总要更绿些’的天真想法。人们对没做过的事总会有一种好奇和憧憬，但那不一定就是兴趣。如果你已经考虑清楚了，你也许该想一想，换专业是否现实，换了专业后你是否能适应新的学习状态。此外，兴趣也会随着自己的成长而变化。你应当对所有这些问题有一个清醒的认识。”

苦恼3：有兴趣的科目不热门

许多学生选择专业时只知道追逐热门专业，我反对这样的选择方式。每个人都应了解自己的兴趣、激情和能力，并在自己热爱的领域里充分发挥自己的潜力。

一些院校的热门专业的确吸引了分数最高的一批学生，但分数高的学生未必就是好学生。用名次、分数来衡量一个人是不公平的。因为我在找到自己的兴趣之前，也是一个学习成绩很好的学生，但绝对不是一个完美的学生。当我找到自己的兴趣时，即便我不是第一名，我也能够从学习中体会最大的快乐。所以，要为了自己的兴趣去学习。而你一旦真的确定了自己的兴趣所在，就不要在专业是否热门的问题上举棋不定。

10.4 关于兴趣的五点建议

希望下面的五点建议有助于年轻人消除上面提到的苦恼和误解，帮助他们找到自己真正的兴趣所在，并由此获得成功所必需的激情和动力。

* 选你所爱
* 爱你所选
* 把握每一个选择兴趣的机会
* 忠于自己的兴趣
* 找到最佳结合点

10.4.1 如何选你所爱

爱因斯坦这样解释他当初选择物理而非数学的原因："要看你对哪一个领域里的美有更高的判断能力和更大的喜爱。"所以：

最重要的是要看自己喜欢什么，其次要看自己的天赋是什么。

既然是"自己喜欢"，就千万不要把社会、家人或朋友认可和看重的事当作自己的爱好，也不要简单地认为有趣的事就是自己的兴趣所在，而要亲身体验并用自己的头脑做出判断。不要以为有兴趣的事情就可以成为自己的职业，比如，喜欢玩网络游戏并不代表你会喜欢或有能力开发网络游戏；不要以为有兴趣就意味着自己有这方面的天赋，不过，你可以尽量寻找天赋和兴趣的最佳结合点。例如，如果你对数学有天赋但又喜欢计算机专业，那么你完全可以做计算机理论方面的研究工作。

为了找到真正的兴趣和激情，你可以问自己：对于某件事，你是否十分渴望重复它，是否能愉快地、成功地完成它？你过去是不是一直向往它？它是否总能让你感到满足？你是否由衷地从心里（而不只是从脑海里）喜爱它？你的人生中最快乐的事情是不是和它有关？

如果你依然迷茫，那我只有一个建议：给自己最多的机会去接触和尝试最多的选择。最好的寻找兴趣点的方法是开拓自己的视野，接触众多的领域。

惟有接触才能尝试，惟有尝试才能找到最爱。

大学正是这样一个可以接触并尝试众多领域的独一无二的场所。因此，大学生应当好好地把握在校时间，充分利用学校的资源，通过使用图书馆资源、旁听课程、搜索网络、听讲座、打工、参加社团活动、与朋友交流、利用电子邮件和电子论坛等不同方式接触更多的领域、更多的工作类型和更多的专家学者。当年，如果我只是乖乖地到法律系上课，而不去尝试旁听计算机系的课程，我就不会去计算机中心打工，也不会去找计算机系的助教切磋，就更不会发现自己对计算机的浓厚兴趣。

通过开拓视野和接触尝试，如果发现了自己真正的兴趣所在，就可以去尝试转系的可能、尝试课外学习、选修或旁听相关课程；也可以去找一些打工或假期实习的机会，进一步理解相关行业的工作性质；或者努力去考自己感兴趣专业的研究生，重新进行一次专业选择。其实，大学期间的学习过程培养的是学习能力，只要具备了这种能力，即使从事的是全新的工作，也能在边做边学的过程中获取足够的知识和经验。

就算已经找到了自己的兴趣，也应该保持开拓视野和接触尝试的好习惯。我自己有许多种不同的兴趣爱好，如语音识别、对弈软件、多媒体、从研究到开发的转换、管理学、满足用户的需求、演讲和写作、教育、帮助中国学生等等。有些兴趣（像演讲和写作）是因为理想需要而刻意培养的，有些兴趣（像我对教育和中国学生的关注）是无意间经过接触发现的。据统计，美国人一生中平均要换四次工作——我并不是鼓励大家不断跳槽，而是想告诉大家，只要是真心向往，就应该在力所能及的情况下，不停地找寻和培养自己的兴趣。

10.4.2 如何爱你所选

除了“选你所爱”，也不妨试试“爱你所选”。

有些同学后悔自己在入学时选错了专业，以至于对所学的专业缺乏兴趣，没有学习动力；有些同学则因为追寻兴趣而“走火入魔”，毕业后才发现荒废了本专业的课程；另一些同学因为在学习上遇到了困难或对本专业抱有偏见，就以兴趣为借口，不愿意面对自己的专业。这些做法都是不正确的。

如果你对自己的工作或专业不喜欢也不排斥，那最好的方法就是在自己每天所做的事情里找到兴趣。也许你觉得你的工作或专业很无聊，没有有趣之处，那你可以每天问问自己：

* 今天有没有哪一点比昨天做得更好？
* 有没有解决一个新问题？
* 你的技能有没有新的提高？
* 有没有学到新东西？
* 你能不能做得比别人更好？
* 你的工作或专业对别人有没有帮助？
* 你周围的人有没有夸奖你？

想想这些，你还会觉得现在的工作或专业很无聊吗？

如果你下意识地觉得，自己对专业不喜欢，但在大学中转系可能并不容易，那么，还是应该尽力试着把本专业读好，并在学习过程中逐渐培养自己对本专业的兴趣。

来自开复论坛的例子

在“开复学生网”的论坛中，有一位叫HoH的浙江大学学生是一位乐于助人，具有很高情商的学生。当一位学生提出“我不爱我的专业时”，HoH讲出了她自己如何“爱她所选”的过程：

“我大一大二的时候就把本专业研究涉及的各个方向的入门书籍都浏览了一遍——虽然一开始我既不喜欢自己的专业，也不觉得它好（至少从找工作方面来说，形势至今不容乐观）。我还去看了一些我觉得自己可能会感兴趣的专业的培养计划，以及比较有兴趣的课程的高级教材，包括原版教材，在这个过程中我学到了很多东西。现在我已经着手申请出国深造了。

“大二结束的时候，我一个中学朋友跟我说他还是不喜欢自己的专业，想换专业，并征询我的意见。我反问他：‘你对自己想转到的专业了解多少？知道这个专业的核心课程是什么吗？看过相关教材的哪怕是前言部分吗？’他一个劲儿地摇头。

“所以，说自己对大学里所有的专业都不感兴趣，这个论断下得未免太早。你根本就不了解它，怎么知道自己会不会对它感兴趣呢？既然有改变的愿望，那就行动起来吧！当然，最好的办法是找一个有激情的人做朋友。慢慢你就会被她（他）的活力所感染，根本不舍得浪费时间自怨自艾了！”

一个自己感兴趣的专业方向有时会带来意想不到的机遇。

史蒂夫·乔布斯的书法课

苹果公司创始人史蒂夫·乔布斯读大学的时候，因为对书法感兴趣而花了很多时间去上书法课。他的同学对此都不以为然，但他却认为："这是我的兴趣。我不要浪费我的时间过别人的生活。"

十年后，乔布斯在负责Macintosh项目时，他学到的书法知识体现出了价值。他要求开发团队让Macintosh电脑支持不同的字体，而且每一种字体都要求工整、美观，有书法的韵味。这些特性成为了Macintosh的主要卖点，也帮助苹果公司巩固了在高利润的桌面排版市场中的地位。

其实，一个专业里有很多不同的领域，也许你对专业里的某一个领域会有兴趣。现在，有很多种交叉学科，是两个专业的结合点。因此，只要多接触、多尝试，也许就会碰到自己真正感兴趣的方向。“数字笔”的发明人王坚博士在微软亚洲研究院负责用户界面的研究，可是谁又能想到他从本科到博士所学的都是心理学专业，而用户界面又恰恰是计算机和心理学专业的最佳结合点。

就算你毕业后要从事的行业与你现在所学的专业不符，你依然应该把自己的专业读好，同时可以去寻找你的兴趣，发现兴趣与专业的交叉点。例如，有一位同学不喜欢读工科，想毕业后进入服务业发展，我就建议他先把工科读好，将来可以在服务业中以精通技术作为自己的特长；另一位同学读了三年工科才发现自己喜欢法律，于是他下定决心先把工科读好，然后报考法律系研究生，并准备利用他的工科背景做一个好的专利律师；还有一位想做管理的工科学生终于明白，毕业后才是事业的开始，他打算先进入社会做一名工程师，以后有机会再做管理或去进修MBA。

当你没有选择或者不容易改变现状时，“爱你所选”的尝试加上积极乐观的态度，会让你找到光明之路。

10.4.3 把握每一个选择兴趣的机会

一旦选择的机会来临，无论是高考前选专业、大学里允许转系，还是报考研究生、出国，大家一定要把握好这样的机会。今天的时代早已不是没有选择的时代了。生活是属于你自己的，要把握每一个选择的机会，自主地决定自己要做什么。

选择一：高考填志愿

填志愿时，最好的情况是追随自己的兴趣。如果你知道自己的兴趣，那么就报考与这个兴趣相关的专业。例如，如果你对计算机有兴趣，你可以考计算机科学、软件学院、电机电子系、自动化系等等。在自己的兴趣范围内优先挑选好学校是个不错的主意，但千万不要为了上好学校而报考自己肯定不喜欢的专业。

很多学生可能因为整天都在准备高考，对自己的兴趣所在并不清楚。这时，至少要避免挑选那些自己绝对没有兴趣的专业。如果可能的话，可以花些时间去调查一下（请亲友代劳也可以）某个系、某个专业到底是学什么的，就业情况怎么样等等。网上有许多这方面的资源。虽然考前时光宝贵，但是选专业是重要的决定，在填志愿之前做这样的调查还是非常值得的。在草率地填上你的志愿之前，不妨想一想，你是否要成为那64%对自己专业不满的大学生之一？

没有发现自己兴趣所在的时候，尽量不要选那些非常狭窄，一进学校就定下来你要在那个狭窄领域内工作的专业（除非你确定那是你真正的兴趣所在）。并不是说这些领域或工作不好，而是在没有找到兴趣所在的情况下，进入狭窄的专业可能会浪费时间，也可能限制你寻找兴趣的范围。反之，进一个选择较多的专业，你就有更多的接触不同的领域或跨学科学习的机会，这样就可以有更多的时间尝试不同的东西，寻找和培养自己的兴趣。

有些专业其实是互通的。例如，一个软件公司除了雇用软件学院和计算机科学系的学生之外，还可能会雇一些电机系和自动化系的学生，因为他们学的东西和软件学院、计算机科学系差不多。所以，如果你很想去某个学校读计算机，你并不一定要上计算机科学系。不过在挑选前，还是要彻底了解学校和系里的情况。

至于选择学校，除了排名、地理位置、学费等因素以外，也应该考虑进去后对自己专业的主导权。比如，你可以多考虑那些允许学生在特定时候自由转系、转专业的学校。

选择二：考研或留学

本科毕业后，许多学生首选留学或考研。我的建议是，不要为了读研而读

研，也不要为了留学而留学。读研和留学是方法而不是目标。你的目标是什么？你的兴趣在哪里？你想做什么工作？进什么公司？读什么专业？这些问题一定要首先想清楚。有了明确的目标，学习才不会白费。有了真正的兴趣，才会事半功倍。

如果你了解自己的兴趣，而实现这个兴趣需要留学或考研——这才是最好的留学或考研的理由。

本科专业不是理所当然地就成为你读研时的专业，留学和考研是换专业的一个最好机会。无论是考研还是留学，你通常都可以报考任何专业，当然，如果报考与本科相关的专业，考取的概率可能稍大一些。

转专业时，最好能利用你在本科专业中的积累。例如，自动化系的本科学生申请计算机系的硕士，数学系的申请物理系等等。但也有许多研究生的专业可以和本科无关，甚至反倒因此而占了优势。例如，有一位中国科技大学计算机系的毕业生，来微软工作两年后，进入了斯坦福大学读 MBA。他现在毕业后，就业前景非常好，因为很多公司特别想要这种既懂技术又懂管理的人才。还有一些人在中国读的是文科专业，经过自学，最终到美国读工科的硕士。这些换专业的人虽然读书辛苦一点，但最后大都取得了成功。

所以，如果找到了新的兴趣，就大胆地申请或报考吧！如果找到了合适的交叉学科，就大胆地去尝试吧！虽然转系后的学习过程会很艰辛，但绝对比进入工作后再转方向容易多了。

进一步深造时，不仅要考虑学校和专业，也要考虑导师、校风等因素。

在卡内基·梅隆选导师

记得我刚进卡内基·梅隆的博士班时，学校有一个机制，允许学生挑老师。因此，在第一个月里，每个老师都使尽浑身解数吸引学生。正因为有了这样的机制，我才能非常肯定地挑选了我的恩师瑞迪教授，选择了我的博士研究方向“语音识别”。

虽然并不是所有学校都有这样的机制，但完全可以自己去了解不同的学校、专业、课题和老师，然后从中找到你的兴趣所在。可以到网络中搜索，看看该专业的老师做过什么样的论文？这些领域你有没有兴趣？有多少学生毕业？毕业时间有多久？等等。甚至你可以直接给老师发电子邮件，向他请教一些问题，这样也可以进一步了解他是什么样的导师。

人生中每个改变都是重大的决定。一定要把方方面面的因素想清楚，一定要在做过细致的调查研究之后再做决定。

10.4.4 忠于自己的兴趣

兴趣可以影响我们的一生，可以带来成功，也可以带来快乐。但找到真正的兴趣所在并不是件容易事。所以，一旦找到了，就一定要珍惜并全力以赴地追随它，一定要努力把相关知识学好，为将来的成功积累经验和技能。

通往成功的路往往是艰难而孤独的。许多成功的人士之所以能数十年如一日充满激情地工作，是因为他们忠于自己的兴趣，有着勇敢而执著的精神。这才是成功的根本。

兴趣可以当饭吃？

中国台湾著名的技术作家和IT教育家侯捷老师也常在网上回答学生的提问。有些学生喜欢计算机专业，但又不愿意下苦工夫。对此，侯捷的意见是：“很多人说兴趣不能当饭吃，错，兴趣可以当饭吃。出问题的不在‘兴趣在何方’，而在‘能否坚持’。”

如果你发现，为了追随自己的兴趣，需要花很多苦工夫，或者，你喜欢的工作中有很多枯燥的部分。这时，你需要修改的不是你的兴趣，而是你的态度。

大多数工作都是由无数简单的重复劳动组成的。比如，在微软做软件工程师，至少有一半的时间都是在维护别人的代码，在调试和除错。很多年轻人觉得计算机很酷，但他们只想编程创新，不想做维护、调试和除错工作。这些想法都是不切实际的。拿我自己来说，在我现在从事的工作中，也有相当大一部分是枯燥的，我自己不太感兴趣的事。你必须把这些枯燥的事情当作追寻兴趣必须付出的代价，要有同样的热忱和激情把这些枯燥的工作做好，这样，才有权利也有机会做你感兴趣的事情。

10.4.5 找到最佳结合点

虽然兴趣非常重要，但在选择时，必须综合考虑四个因素：理想、兴趣、天赋和就业。大多数时候，这四个因素所指示的发展方向并不会完全一致，必须善于找到四者的最佳结合点，并以此为依据确定自己的工作类型和人生方向。

如果用图形来表示，在这四个因素中寻找最佳结合点类似于寻找四个相互交叉的领域的交集（如图 10－1 所示）：

不幸的是有很多年轻人不但没有找到四个因素的交集，还一心想在四个因素之外挑选自己的人生方向。例如，那些把“考上最有名的学校”当作选择依据的人，他们的关注点根本不在这四个因素之内，结果，他们往往选择了一个既不好就业，自己又没有太多兴趣和天赋的专业。

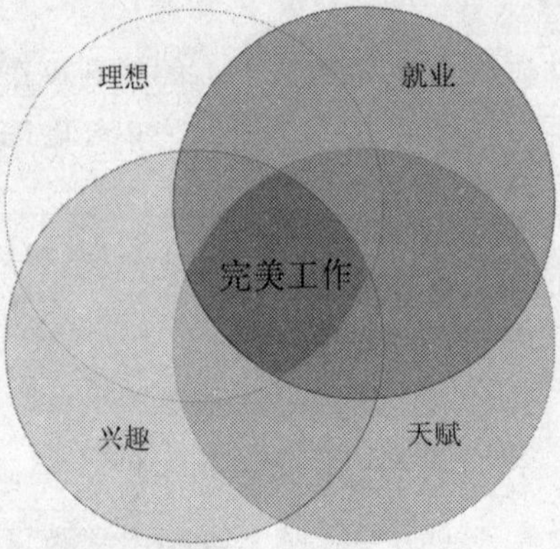

图 10-1 找到交集

如果四个因素的交集太小，或四者存在比较严重的冲突，就需要找到解决冲突的办法，大家可以按照以下方法处理：

解决兴趣与天赋的矛盾

兴趣与天赋无法重合的情况比较少见，因为有天赋的事通常会带给你自信和信心。如果真有这样的矛盾，建议你寻找两者的交集。例如，你对数学有天赋但是喜欢计算机，那你可以研究计算机的理论。或者，你可以用天赋来赚钱谋生，然后把所有多余时间放在自己的兴趣上。如果实在有冲突，必须两者选一的话，你应当把兴趣和才华分开，以兴趣为主。

解决兴趣与就业的矛盾

兴趣的目的不是要符合实际就业情况，而是要带给自己快乐和满足；但另一方面，一个人总要生存，要有衣食住行的保障。最理想的状态是能将兴趣和实际环境相结合，找一份你最爱的工作。但做不到时，你可以有三种选择：

* 追逐兴趣和理想：只要能得到温饱，从兴趣和理想中得到的享受将超过物质上的享受。
* 先从实际出发，做不太喜爱的工作，把不喜爱的工作做到足够好，然后

用业余时间追逐自己的兴趣和理想。

* 先从实际出发，做不太喜爱的工作，等赚够了钱，解决了吃饭的问题后，再去做最爱的工作。

比如说，你的理想是做一个诗人，但为了温饱，可以这样选择：

* 在文学杂志社工作。虽然待遇不高，但可得到温饱，也可做你爱做的工作。
* 到报社工作。待遇也许较好，然后你可以把每一秒多余的时间用到你想做的事情上。
* 做待遇最好的写作工作（如公关、市场、技术、小说等），甚至做和写作无关的工作（做生意等等），拼命赚钱，等赚够了钱再做你最爱的工作。

你的阶段性目标在上面三种情况里会有显著的不同：在前两种情况下，你的阶段目标可能和写作、文学造诣相关，而在第三种情况下可能仅仅和金钱相关。

从咨询到写作

我有一个好朋友，他也是非常有才气的作家。他在 25 岁时决定先赚够钱，再继续他的最爱。于是，他开了一家咨询公司，在做咨询时，他也尽力寻找写作的机会。十年后，他的公司运作得很出色，并被另一家公司高价收购。现在，他正准备全身心投入他最喜欢的事情——写作。这说明，兴趣与客观现实是可以兼顾的，但你必须善于计划、付出和坚持。

解决兴趣和理想的矛盾

如果兴趣和理想有冲突可以这样考虑：人生的路很长，每个人都可以有很多不同的兴趣爱好。兴趣固然紧要，但人生目标更为重要。

例如，我的人生目标是“使影响力最大化”。多年以来，我有许多兴趣和爱好，如语音识别、对弈软件、多媒体、研究到开发的转换、管理学、满足用户的需求、演讲和写作、教育、帮助中国学生等等。这些兴趣和爱好可以改变，但我的人生目标是始终不变的。

因此，不必把某种兴趣当作自己最后的目标，也不必把任何一种兴趣的发展道路完全切断。在人生目标的指引下，不同的兴趣完全可以平行发展，直到面临非此即彼的取舍时再做出最佳的抉择。总之，

人生目标就像罗盘，兴趣就像风帆，两者相辅相成、缺一不可。它们可以让你驶向成功的港湾。

本章要义

- **激情是成功的原动力，而激情源自兴趣。听从你的内心才能找到兴趣，才能最大程度的激发热情和你所有的潜力，从而让艰辛的过程变为一种享受。**
- **追寻兴趣的误区：兴趣领域过于泛化；寄希望于别人帮你找到兴趣所在；大学时，在对某一领域还不完全了解的情况下，匆忙决定转系；选择专业过于功利，只知追求热门，其实并非兴趣所在。即便有所收获，也不会在过程中得到享受和快乐。**

兴趣选择的建议：

选你所爱——不要太在意别人或社会是否看重，并亲身实践、体验，以确定自己的选择。当尚处迷茫时，惟有尝试才能找到自己的最爱。

爱你所选——当你没有选择或不容易改变现状时，“爱你所选”的尝试加上积极乐观的态度，你会找到光明之路。

把握选择的机会——高考填志愿尽量避免选择自己没兴趣的专业；花些时间做相关专业和就业情况的调查很必要；没有发现兴趣所在时尽量选择领域较广的专业。为了实现兴趣是选择留学或考研的最好理由。

忠于自己的兴趣——勇敢执著的精神才是成功的根本。把做好枯燥的事情当作追寻兴趣必须付出的代价，才有权利和有机会做感兴趣的事情。

找到最佳结合点——大多数时候，理想、兴趣、天赋和就业这四个因素所指示的发展方向并不完全一致，找到四者的最佳结合点，并以此为依据确定工作类型和人生方向。

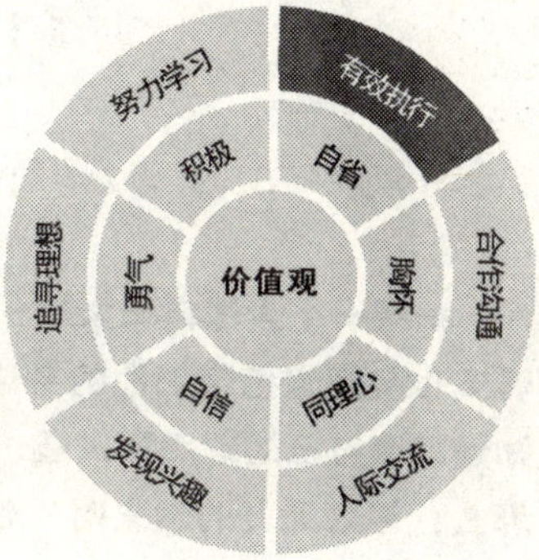

第11章 有效执行

——迈向成功的阶梯

我是如何实现既定目标的

几年前，我决心扩大自己在公司里的人际关系网。为了达到这一目标，我为自己制定了周密的计划，并努力付诸实施。

首先，“多认识人”或“增加影响力”这样笼统的目标是无法衡量和实施的，我将它转换成具体的、可实施的目标，即“要求自己每周和一位有影响力的人吃饭，在吃饭过程中，请对方再给自己介绍一位有影响的人”。

随后，我又针对这个具体目标制定了相应的评估标准，即根据“每周与一人进餐、餐后再认识一人”这样的标准来衡量目标的完成情况。当然，在执行过程中，我不会满足于这些最基本的“指标”。扩大人际关系网的目的是使工作更加顺利、更加成功，所以，我还会考察自己在“每周一餐”中获得了多少有用的信息，以及在我雇用的员工中有多少是从这样的人际网中认识的。

这样坚持执行了一年以后，我的确从上述评估标准中，看到自己的关系网有了显著的扩大，自己的工作也更容易开展了。

11.1 关键在于执行

开复论坛上的一位学生会员说：

如果一个人像参天大树一样挺拔、坚强，那么，即便他不去憧憬温暖的春天，春天也会把绿色带到他的身边；反之，如果一棵稚嫩的树苗只知道展望未来，只知道歌颂自己的理想和兴趣，而不知道锻炼自己的身躯和意志以迎接寒冬的考验，那么，等春天真的到来时，他恐怕也无福消受了。

这位同学说得没错。如果不能做好计划、做好准备，再好的理想也只是幻想或空想；如果不能有效地执行，再多的兴趣也只能算是爱好；如果没有坚持不懈的毅力和意志，再诱人的成功也只是南柯一梦。

俗话说，罗马不是一天建成的。我们每个人都要做好持之以恒的思想准备，将远大的人生目标分解成一个又一个阶段性的目标，为每个阶段性目标做好周密的计划并按计划落实——只有这样，才能真正迈上成功的阶梯。

散文家斯好写道：“给梦一把梯子，现实与梦想之间的距离即可取消，不可跨越的迢迢银河举步便可迈过。”对于每个渴望成功的年轻人来说，圆梦的梯子就是这一章要讲的“计划”和“执行”。

11.2 执行力

如果知道自己的理想或兴趣，那么需要周密地计划和有效地执行，这样才能达到既定的目标；如果不知道自己的理想和兴趣，那么，也需要制定一个计划，找到自己的理想和兴趣——也就是把寻找目标当作现阶段的目标。所以无论怎样，都需要计划的能力、追求的毅力和执行的魄力。

* 计划的能力：就是能够设定明确目标，分析差距，把总体目标简化为阶段目标，以循环方式反复修正，使用合理的时间管理方法，最终达到自己的目的地。
* 追求的毅力：就是能够坚定方向、锲而不舍，有耐力、负责任，执着而不退缩，也不怕挫折。毅力是一种每个人都需要的良好习惯。
* 执行的魄力：就是能把事情做起来，并努力争取完成它。常有一些同学感叹

“这些道理我都懂，但做起来就不一样了”，有执行魄力的人，就是能把事情真正做起来的人。

计划的能力、追求的毅力和执行的魄力，具备了这三个要素的人才是有执行力的人。他们在向着目标迈进的过程中，大多会采用如图 11-1 所示的阶梯法则：

下面将分别探讨这八个要素对有效执行的作用与价值。

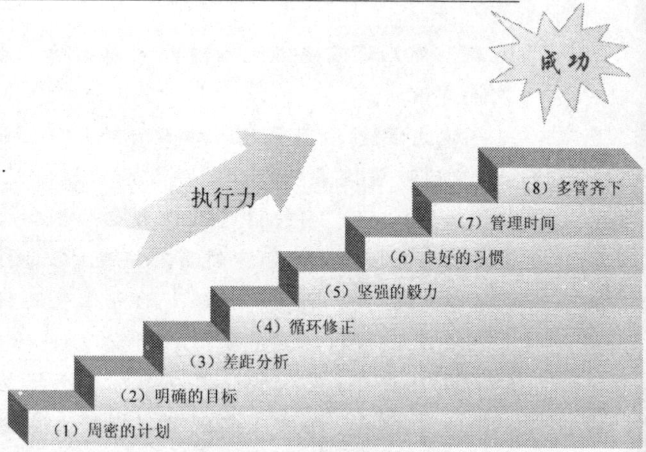

图 11-1 执行力的八个阶梯

11.2.1 周密的计划

理想和兴趣都是比较广、比较远的目标。追逐这些目标的第一步是将长期目标分解为阶段目标，其中，每一个较大的阶段目标还可以进一步分解为若干个较小的阶段目标。进行了类似的目标分解之后，你就拥有了一份周密的、可实施的行动计划——周密的计划是一切成功的前提。

阿波罗登月计划

1961年，美国总统肯尼迪在一次著名的演讲中提出了令全美国人振奋的理想：“美国要在1970年以前将宇航员送上月球，然后再把他安全地带回地球。”但是，当时很少有人知道该如何实现这个理想。为此，科学家们把登月的长期目标分解为若干个阶段目标。例如，为了将一个人送上月球，我们必须先达到载人绕月的阶段目标；而在那之前，我们必须知道如何让宇航员环绕地球飞行；当然，我们必须拥有大推力的运载火箭，以便将人员和设备送离大气层……

按照这样的思路，美国太空总署制定了周密的登月计划，该计划的主要阶段目标包括：（1）发射火箭到大气层；（2）环绕地球；（3）发射火箭，环绕月球；（4）月球着陆器从火箭中分离，在月球表面降落；（5）月球着陆器离开月球，与轨道舱会合；（6）返回地球；（7）进入大气层；（8）返回舱安全坠入大海。

接下来，太空总署将每一个阶段目标更进一步地分解为更小的目标。例如，为了在月球着陆，必须先对月球表面进行勘查，并从拍摄的照片中找到最佳着陆地点；然后还需要做无人着陆登月实验；最后才由宇航员驾驶登陆器在月球表面着陆。

就这样，在所有参与者的不懈努力下，上述周密而完善的计划被一步一步地变成现实，美国果然在1970年之前实现肯尼迪总统提出的伟大理想：

★ 1961年，宇航员进入外太空；

★ 1962~1963年，宇航员环绕地球三圈；

★ 1964年，拍摄了近距离的月球表面照片；

★ 1965年，美国宇航员在太空漫步；

★ 1966年，无人登陆器在月球表面降落；

★ 1966年，两艘飞船成功实现外太空会合；

★ 1968年，成功绕月球飞行一周；

★ 1969年，人类首次登陆月球。

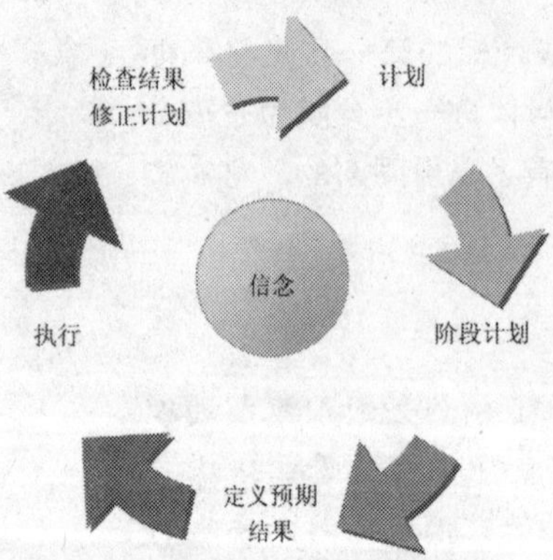

图 11-2 计划、执行和反馈组成的循环

由此可见，周密的、有效的计划首先必须拥有一套明确的远期、中期和近期目标；其次，该计划应当拥有一个稳定的、鼓舞人心的价值观或信念；第三，应当根据最终目标制定长期计划和短期计划，然后进一步将其分解为年计划、月计划、周计划、日计划等等；第四，还要为每一个阶段定义可检查、可衡量的预期结果，如日结果、月结果、年结果等等，并在每个阶段完成后及时检查结果、获得反馈，以便对计划进行修正——这实际上是一个循环往复的过程（如图11-2 所示）。

在生活、学习和工作中，也应像美国太空总署一样，为自己的理想和目标制定具体的计划，并由此一步步向着成功迈进。大家可以把自己的目标想像为一座金字塔，塔顶代表成功，而为了实现某个阶段目标所做的每一件事都必须指向塔顶。

11.2.2 明确的目标

为了保证计划能顺利执行，要把近于抽象的、宏伟的、不可衡量的大目标分解成为实际的、可衡量的小目标。如果目标不具体、不明确或无法衡量，就不可能知道自己是否取得了进步，那会严重挫伤你的积极性。事实上，太宏伟的远期目标无法提供足够的动力，甚至可能因为它的距离太远而让执行者感到无比的气馁。

马拉松冠军的目标分解法

山田本一是日本的马拉松选手，1984年和1986年，他分别获得了两个国际马拉松邀请赛的冠军。两次比赛结束后都有记者请他谈谈成功的经验。山田本一两次说的都是同一句话："用智慧战胜对手"。这让当时的记者觉得迷惑不解。若干年后，山田本一在自己的自传中这样解释了当年的回答："每次比赛之前，我都要乘车把比赛的线路仔细地看一遍，并把沿途比较醒目的标志画下来，比如第一个标志是银行；第二个标志是一棵大树；第三个标志是一座红房子……这样一直画到赛程的终点。比赛开始后，我就奋力地向第一个目标冲去，等到达第一个目标后，我又以同样的速度向第二个目标冲去。40多公里的赛程，就被我分解成这么几个小目标轻松地跑完了。起初，我并不懂这样的道理，我把我的目标定在40多公里外终点线上的那面旗帜上，结果我跑到十几公里时就疲惫不堪了，我被前面那段遥远的路程给吓倒了。"

可见，实际的、明确的目标能提供足够的动力，帮助执行者获得成功。如果目标不明确，无论执行得多么好，执行者都难以坚持到成功的终点。

那么，到底什么样的目标才是具体的目标呢？我认为，每个阶段目标都要像学习一门功课或读一本书那样具体。

例如，一个职员为自己制定了"让老板更满意"的目标，但这并不是一个可度量的、具体的目标，他并不知道该在多长时间内让老板满意，在什么地方让老板满意，以及要做出什么结果老板才能满意，等等。如果将这个目标改为"计划在一个月内使自己的工作业绩比上个月提高20%，以便让老板满意"，目标就是可执行的、明确的目标了。

有关目标的SMART法则

美国许多高科技公司要求每个部门、每个员工都要有自己明确的目标，同时，这些目标必须是"SMART"的——这里的"SMART"是指：

★ S——明确（Specific）：即目标的范围是明确的，而不是宽泛的。举例来说，学生不要泛泛地说自己要“学好某门功课”，而是要明确，自己在学习时必须记住多少个方程式，做多少道题，或者背多少单词，这些都要有一个明确的标准。

★ M——可度量（Measurable）：目标，不能只是停留在思想上的口号或空话。制定目标是为了取得进步，必须把抽象的、无法实施的、不可衡量的大目标简化成为实际的、可衡量的小目标。一个可衡量的目标应该可以很容易地回答如下问题：如何确认该目标已完成？如何知道自己取得了进步？进步的程度是多少？

★ A——可实现（Attainable）：目标应当是可实现的，而不是理想化的。虽然我们都倾向于选择有挑战性的、能鼓舞自己士气的目标，但是，如果目标无法实现，那么，它不但没有指导意义，还会起到反作用。因此，考察一个目标是否可实现的方法是：问问自己能否实现该目标？自己是否有足够的资源、技能和知识？是否需要他人的帮助？

★ R——结果导向（Result-based）：目标应该基于结果而非基于行动或过程。很多人习惯于把“行动（action）”与“结果（result）”混淆起来。例如，为了达到减肥的目标，“行动”是“开始减肥”，而“结果”是“三个月内减五斤”——显然，真正的目标应该是后者而非前者。如果经常陷入“是否已经达到目标”的困惑，这个目标就一定是没有选择好。

★ T——时效性（Time-based）：目标应当有时间限制。时效性的要求可以让你明确这个目标是短期、中期还是长期的目标。有些目标在“可实现”方面看起来似乎有问题，但只要改变其时间限制，该目标就会变得非常现实。例如，“10天内减肥10斤”在短期内可能无法实现，但“10个月内减肥10斤”可能就是一个容易实现的目标了。制定有时间限制的目标时，不妨问问自己：“为了完成目标，每隔多长时间就需要评估一次进度？”

制定具体目标时，必须了解自己的实际能力。目标设定过高固然不切实际，但目标也不可定得太低。在执行的时候，还要对目标做及时的调整：如果执行结果超出自己的期望，可以把期望值适当提高；如果未达到自己的期望，可以把期望值调低一些。完成了一个目标后，可以再制定更有挑战性的目标。当然，失败时也要坦然接受，认真总结教训。

11.2.3 差距分析

要想制定精确的目标，就应客观地评估自己距离目标还有哪些差距？如果十五年后可以成为最好的自己，那么，“今天的自己”和“十五年后的自己”之间有什么差别？找到差距以后，你应尽力提高自己，弥补差距，使自己距离目标越来越近。

从“开复剧场”到演讲高手

拿我自己来说，当我决定我一生的目标是要让我的影响力最大化时，我发现，我最欠缺的是演讲和沟通能力。以前，我是一个和人交谈都会脸红、每逢上台演讲都会拘谨或退缩的学生。我做助教时，在课堂上的表现特别差，学生甚至给我取了个“开复剧场”的绰号。

为了实现理想，我认真分析了自己的演讲水平与理想水平之间的差距，并由此给自己设定了多个提高演讲和沟通技巧、弥补自身差距的具体目标。通过逐一实现这些目标，我自身的相关技能不断增强，与理想水平之间的差距也不断缩小。终于，我的演讲和沟通能力有了质的飞跃，无论是在大学校园里还是在商业会议上，无论面对什么样的听众，我都可以用引人入胜的演讲将自己的影响力充分展现出来了。

如果你还不能很好地认识自己和目标之间的差距，那么建议你试着为自己草拟一份毕业简历，或者试着填写一份知名企业或研究机构的应聘申请表。写完之后，请你的朋友为你打分，评价一下你到底有多少含金量。如果将你毕业时的最理想状态作为参照，你可能会很容易地找出目前迫切需要改进的地方——是学习成绩还是实践经验，是研究水平还是组织能力？

在这样的差距分析里，首先挑出自己离目标差距最大的地方，将弥补这些差距作为自己的长期或中期计划。当然，做这件事时，需要确保你找到的差距都是合理的、有限的、可弥补的。为一个巨大的、几乎无法弥补的差距制定遥不可及的目标，对于自己的自信心来说一定会是个重大的打击。

最后，目标是属于你自己的，只有你知道自己需要什么。制定最合适的目标，主动提升自己，并在提升过程中客观地衡量、评估，这样才能获得成功，才能成为更好的自己。

11.2.4 循环修正

在计划的执行过程中，大家应当随时评估计划的完成情况，并根据评估结果，不断对计划进行修正，并提出新的计划。然后以新的计划为依据，再次执行、评估和修正——这往往是一个循环往复的过程。

从这种循环往复、不断修正的理念出发，学术界提出了很多有效计划和执行的方法或准则。例如，著名的PDCAR法则是一种风靡东西方管理界和思想界的计划流程，它不但可以指导公司、团队和项目的正常运行，也可以用于规划自己的工作和生活。

惟有计划，才有效率和成功

PDCAR法则中的“P”代表计划（PLAN），它包括以下几方面的要求：

* 制定计划时，应尽力考虑到可能发生的一切问题，并相应地制定应对措施——也就是将风险因素纳入计划当中。
* 计划实施完毕后，将整个计划执行的过程回顾一遍，仔细考察每个细节，确认哪些部分成功了，哪些部分是失败的。记下每一个失败的地方，争取在执行下一个计划时不犯同样的错误。通过这种实践，你的思想会变得深邃、细致、客观和冷静。
* 一定要“实事求是”，要冷静、客观、自主，站在局外人的角度通盘考虑自己的计划。
* 给计划增加一些压力，以便督促自己执行。一般说来，最有效的增压方法就是适当缩短预期的执行时间。

关键在于行动

PDCAR法则中的“D”代表行动（DO IT）。

失败者往往在彷徨中丧失千载难逢的机遇，而成功者则善于抓住机遇、果断行动；失败者往往因为半途而废丢掉大好的前程，而成功者总是在坚持不懈中得到幸运之神的眷顾。因此，对计划的执行来说，最重要的就是要果断行动、坚持不懈。不要轻易改变自己的目标，不要因为困惑和犹豫与一个又一个成功的机会失之交臂！

反复检验，及时调整

PDCAR 法则中的“C”代表检验和调整（CHECK IT）。

如果在检验中发现了偏差，则需要查缺补漏、及时调整，以免犯更大的、不可挽回的错误；如果在检验中证实了计划的有效性和正确性，就可以加大投入、将计划执行到底。

阿波罗计划中的挫折和调整

1967年1月27日，在肯尼迪航天中心34号发射台上，一枚土星－1B运载火箭上方安装着阿波罗012号实验飞船（后来，该飞船被命名为具有象征意义的阿波罗1号），飞船中搭乘了三名宇航员。这本来是一次例行的宇航员训练，宇航员们在密闭的指令舱内模拟飞船的各种操作。下午6时31分，飞船突然起火。因为飞船的指令舱舱门无法轻易开启，三位宇航员在火灾中丧生。

虽然这个意外事故使整个阿波罗计划推迟了将近一年的时间，但科学家们从中吸取了足够多的教训，并对阿波罗计划的相关技术环节进行了必要的修正（包括改装指令舱舱门、在训练时降低舱内氧气含量、增加自动灭火系统、重新布置舱内管线等等）。

在周密、严谨的事故调查、经验总结和计划修正后，阿波罗计划才得以顺利执行下去，没有让类似的灾难重演。

吸取教训，重头再来

PDCAR 法则中的“A”代表重新开始（ACTION AGAIN）。

在计划执行过程中，遇到失败和挫折是难免的事，必须学会从失败中汲取经验或教训，不被挫折击垮，勇敢地重新开始。重新开始的勇气和决心是每个成功者必备的基本素质，也是通向成功的决定性力量。

这一点是极其重要的，所以，我们把“自省”作为指导“执行”的主要态度。

认真总结，详细记录

PDCAR 法则中的“R”代表记录和备案（RECORD）。

好的执行者总会在计划执行完毕后，认真总结计划执行过程中的经验、得失，并将计划执行的详细情况记录、备案。无论计划的执行是否成功，有关该计划的详细信息总能为自己和团队中的后来者提供可资借鉴的宝贵财富。

这个过程就像在第六章“自省”中谈到的系统化的“事后自我批评”机制。

11.2.5 坚强的毅力

简单地说，毅力就是坚持正确方向、矢志不移地完成既定目标的态度和决心。那些经常将“这些道理我都懂，但做起来就是另一回事了”挂在嘴边的年轻人最缺的就是毅力。而“梦想加毅力”几乎是每一个著名企业永恒的成功之道。

微软公司的梦想和毅力

在技术研发领域，微软始终坚持“乐于迎接重大挑战，从长远出发，不轻易放弃”的精神。微软坚持研发Windows NT操作系统的例子就很能说明问题 。

微软在研发Windows NT产品的最初几年中，并没有从该产品身上赚到多少钱。但即便在Windows 95操作系统取得了巨大的成功之后，比尔·盖茨仍坚信，微软需要一个比Windows 3.1、Windows 95更为稳定和安全的操作系统，以进军企业计算机市场。

在这一信念的支持下，微软公司的技术人员通过不懈的努力，经过几年的发展，微软公司的企业级操作系统终于在原本被UNIX统治的市场上取得了成功，终于使包括个人操作系统在内的所有Windows产品都已经构建在了更加安全、可靠的Windows NT及其后续版本Windows 2000的架构之上。

如果没有坚持“从长远出发”的原则，微软今天在全球服务器市场上就不会有任何收获。正是“梦想加毅力”铸就了微软今天的辉煌。

对个人来说，毅力同样是不可或缺的成功要素。没有毅力的支持，一个人恐怕连最小、最简单的目标也无法实现。

我坚持练习演讲的例子

为了成为出色的演说家，我要求自己每个月做两次演讲，而且，每次都要我的同学或朋友去旁听，为我提出反馈意见；我对自己承诺，不事先排练三次，绝不上台演讲；我要求自己每个月去听演讲，并向优秀的演说家求教。

有一位演说家教会了我克服恐惧的几种方法，他说，如果你因为与观众对视而感到紧张，那你可以看观众的头顶，此外，你的手中最好不要拿纸而要握起拳来，那样，颤抖的手就不会引起观众的注意。

当我反复练习演讲技巧后，我自己又发现了许多秘诀。比如，不用讲稿，通过讲故事的方式来表达时，我会表现得更好，于是，我仍准备讲稿但只在排练时使用；我发现我回答问题的能力超过了我演讲的能力，于是，我一般要求多留些时间回答问题；我发现自己不感兴趣的东西就无法讲好，于是，对那些我没有兴趣的演讲题目，我不再接受邀请。

几年后，周围的人都夸我演讲得好，甚至有人认为我是个天生的演说家，其实，我只是实践了中国人勤奋、向上和毅力等传统美德而已。

从某种意义上说，毅力也体现在为了实现自己的理想而愿意做那些自己不感兴趣的事情。

才华和敬业

有一次，有两个人到我的部门申请同一份工作。

这两个人都很有才华。但是，我记得第一个人在做他自己不喜欢做的琐碎事情时常会犯些小错误。例如，他帮我写演讲稿时，总会拼错一些单词。

至于第二个人，我记得，他有一次答应我做一件十分琐碎，要花很多时间和精力的工作。结果，在三个月里，他不厌其烦地核对、整合、确认了大量数据，把这份工作完成得非常好。

第二个人的敬业给我留下了深刻的印象，最后，这份工作当然非他莫属。

毅力是一种对自己兴趣的负责和执着，一种完成艰难任务的持久力。有毅力的人绝不因一时的困难而放弃。很多人在失败过一次、在付出很多努力却看不到进步时，开始怀疑努力和成功的关系，开始麻木和放弃自己。然而成功就藏在下一个拐角，如果不靠着毅力走过去，你永远也看不到它。

暂时的挫折会给人极大的困扰和打击。但是，几乎每个行业、每件事情都有大大小小的困难和挫折。如果因此转移兴趣，那么你永远也找不到自己的兴趣。相反，如果能够克服困难，取得进步。那么你就会使兴趣升华，让兴趣不仅包含好奇，也同时包含足够的成就感。

真正的成功离不开机遇，但机遇又往往是自己创造的。很多失败者并不是找不到自己的兴趣，而是担负不起责任，缺乏毅力去坚持。

五十岁开始学英语的父亲

我的父亲有着坚强的意志力和丰沛的生命力，是我们全家最用功的人，他学习时的认真和执着无人能及。我们七个兄弟姐妹一直暗中敬佩他对语言的好奇以及敢于尝试的精神。他在五十多岁时，有机会到斯坦福大学胡佛研究所进修一年。但是因为幼年留学日本，不谙英语。为了好好利用这难得的学习机会，他开始勤学英语。听、说、读、写，无不全力以赴。凡是有出席国际会议或与外籍友人沟通的机会，他从不退缩，总是用带着浓浓四川口音的英语主动与对方交谈。如果我们代他表述，他反而会面露不悦。虽然他常感叹自己起步太晚，但他记背的英文词汇之多还是令我惊讶。看英文电影时，他甚至能为我们讲解主角说出的生僻词汇。

现在，有许多同学问我，二十多岁学英语会不会太晚，我总是把我父亲的故事讲给他们听。

毅力是一种心理忍耐力，是不怕挫折、愈战愈勇的精神。

林肯总统在人生道路上碰到过多数人都不可能忍受的艰难和挫折，但是他坚信自己肩负的历史使命，一直勇往直前。在他当选总统之前的三十年里，他经历过失业、经商失败、爱人死亡、精神失常、发表演说失败、角逐国会议员失败、当选后未能被再次提名、竞选地方官失败、竞选参议员失败、角逐副总统失败等等难以数计的挫折，但他仍在1860年当选美国总统。类似的例子不胜枚举。

这些成功的人依靠的就是坚韧的毅力。所以，毅力就是坚持方向、锲而不舍的品质，毅力就是在理想与兴趣的指引下，负责任、执着、不退缩、不怕挫折的精神。

11.2.6 良好的习惯

有人说："成功是一种习惯，失败也是一种习惯。"人是有习性的，所以习惯一旦形成，就很难改变。正如马克·吐温所说："习惯是很难打破的，谁也不能把它从窗户里抛出去，只能一步一步地哄着他从楼梯走下来。"

都说性格决定命运，其实，还不如说习惯决定命运。因为习惯经过日积月累，会逐渐形成独特的性格，而性格往往决定了你的命运。因此，为了更好地排除成功之路上的障碍，你必须从现在开始，培养好的习惯，摒除坏的习惯。

大学四年是最容易迷失方向和染上不良习惯的时期。大学生要有自控的能力，让自己交好朋友，养好习惯，不要沉迷于对自己无益的习惯（如玩网络游戏等）。

怎样才能培养出好的习惯呢？

我向大家推荐一种方法：把自己当作"别人"，向自己做一个承诺，要求自己做到一个可衡量的目标，最好是具体的、可执行的承诺。对待这个承诺，你要像对"别人"做的承诺一样地认真。做到了之后，设法鼓励自己一下，然后再做出新的承诺……这样，通过一点一滴的积累，你的荣誉感就会不断增长，自控能力和自信心也会大大增强。对自己许诺与实践诺言，是积极主动精神的最高表现。

当"好习惯"真正成为自己生活和工作中不可分割的一部分时，一切都将改变，你会在不经意间感受到一种好习惯所拥有的神奇力量。

11.2.7 管理时间

时间管理与目标设定、目标执行有相辅相成的关系，是目标管理的重要组成部分。

有些大学生认为："大学和高中相比似乎没有什么太大的区别，每天依旧是学习，每次考试后依旧是担心考试成绩……不同的只是大学里上网的时间和睡觉的时间多了很多，压力也小了很多。"

这位同学并不明白，"时间多了很多"正是大学与高中之间最大的差别。时间多了，就需要自己安排时间、计划时间和管理时间。如果不能有效地利用时间，自己的学业乃至自己的理想都只能化为泡影。

建议大家按照下面三点来有效地管理时间：

第一、事分轻重缓急

每天管理时间的一种好方法是，早上确定今天要做的紧急事和重要事，睡前回顾一下，这一天有没有做到两者的平衡。

有位学生问我："时间不够用怎么办？我想学两个专业，但是时间不够，该怎么办呢？"

我的回答是："这是时间管理方面的问题，我建议：每天对该做的事排好优先次序，并按照这个次序来做。"

在《高效能人士的七个习惯》一书中，作者史蒂芬·柯维提出，"重要事"和"紧急事"的差别是人们浪费时间的最大理由之一。因为人的惯性是先做最紧急的事，但这么做会导致一些重要的事被荒废掉。例如，学习管理时间是"重要的"，但这不见得是老师布置的必修课业，同学们依然会因为考试、交作业等紧急的事情而荒废了打好基础、学习做人、学习管理时间等重要的事情。

每个人都有许多"紧急事"和"重要事"，想把每件事都做到最好是不切实际的。建议大家把"必须做的事"和"尽量做的事"分开。必须做的事要做到最好，但尽量做的事尽力而为即可。懂得用良好的态度和宽广的胸怀接受那些暂时不能改变的事情，多关注那些你能够改变的事情。此外，还要注意生物钟的运行规律，按时作息，劳逸结合，这样才能在学习时有最好的状态。

要保护自己的时间，尤其需要有足够的时间做那些"重要事"。

"保护我的时间"

潘正磊是微软总部产品部门中以效率和执行能力著称的总经理。她大学毕业后就加入微软，是晋升最快的经理之一。这是她讲的自己刚进入微软时学习"保护时间"的故事：

"我刚加入微软时，职位是软件开发工程师。我所在的小组开发的产品成长很快，几个月内就生成了三个版本，每个版本又需要支持六种语言。这18个组合的要求都略有不同，而且我还需要和很多其他不同的组打交道。每天，我办公室里总是人来人往，每个人都带来不同的问题。他们一来，我总是停下我正在做的事，先解决他们的问题。我每天忙得不可开交，却做得十分不开心。我觉得每天工作时间很长，却没有学到更多的知识，也没有提高。在与我的老板沟通后，我清楚地意识到我的时间是最宝贵的，我需要提高效率。

"在老板的指导和支持下，我先设置了'回答问题时间'，其他人只有这时才能来找我，其余时间我则可以专心编程。这样一来，我就拥有整块时间来有计划地完成我想做和需要做的事。

"另外，我们设立了一个目标，就是要让其他组能自力更生，不能事事都来找我们。经过一段时间'授人以渔'的训练，我终于能够腾出时间去学习新的技术和管理经验了。"

如果不是有这个经验，潘正磊不但不会有现在的成就，而且可能还在同一间办公室里每天回答着各种问题直到精疲力尽为止。

第二、利用高效时间

在时间管理中，必须学会运用 80：20 法则，即让 20% 的投入产生 80% 的效益。

也就是说，要把握一天中 20% 的精华时间（对有些人来说是早晨，对另一些人来说是下午或夜里），将它们用于最为关键的思考、学习和工作。

每天的时间不可能安排得满满当当，其中一定会有许多空闲的时间碎片。无论是等车的时间、两个会议之间多出的时间还是等电话的时间，都不可轻易浪费。你可以随身带一本你想读的书，或者带一张"To Do List（工作备忘）"或"To Think List（思考备忘）"，有时间时，就把它们拿出来。每天如果能挤出 20 分钟，一年就有 7300 分钟的多余时间呀！

第三、给自己一个合理的最后期限

如果一个任务规定一个月完成，人们通常会等到月末才加班加点。如果一个任务没有期限，人们往往会无限期地拖延，直到有一天这个任务确定了完成期限为止。因此，在管理时间的时候，最好能给自己设定一个合理的、略微紧迫的、可以刺激自己不断努力的时间期限。

期限决定成败的例子

苹果公司开发 Mac OS 8 操作系统时，本来计划两年内完成，但每次认为还差半年就可以完成时，总会有人发现新的问题，以至于这个项目看上去永远都是半年以后的事情，结果，苹果公司花了十年时间才真正完成该系统的开发。

在微软，Windows 2000 操作系统的研发起初也拖延了两年多，直到微软请布莱恩·瓦伦汀（Brian Valentine）来拯救项目为止。布莱恩·瓦伦汀一上任就制定了一个合理的最后期限，根据这个期限，Windows 2000 的开发团队砍掉了将近一半的功能特性（包括比尔·盖茨最在乎的结合 Windows 95 和 Windows NT 的源代码的计划），然而产品却及时推出了。

11.2.8 多管齐下

很多人在学习了如何计划、如何执行以后，就一丝不苟地去做。但是，你的梦可能是很高、很困难的目标，单个的计划或方案并不能确保 100% 的成功，如果把每个计划都比做一架可能损坏、跌倒的梯子，为什么不多准备几架梯子呢?

阿波罗计划中的多种候选方案

美国太空总署实施登月计划时,科学家们对三种可能的登月方法进行了并行的研究和实验:（1）用一艘飞船直接登月;（2）发射两艘飞船，一艘装燃料，另一艘搭载宇航员，在大气层外会合后登月;（3）使用环绕月球的轨道舱和月球着陆器——经过实验，科学家们最终选择了第三种方案。

这种并行研究和实验多种可选方案,直到获得足够信息后才做出最终决定的方法在人工智能领域里叫做“最小化承诺原则（Principle of Least Commitment）”。这个“连电脑都懂的道理”可以有效地指导计划和执行的过程，我们应该好好掌握。

许多大一、大二的同学问我“该考研、留学、还是找工作”，我觉得他们首先要更深入地了解每一个选择，了解自己的理想和兴趣，并且不需要这么早就做出决定，应当让三个选择同时存在，在有计划地考察、评估和筛选后，等到大三、大四时再做出最后的决定。有时候，甚至可以同时申请留学和考研，等有了结果，再做最后的决定也不迟。

从 90% 到 99%

记得我在苹果电脑公司任职的时候,公司CEO史考利和我得到美国当时最红的早间电视节目“早安美国”的邀请，演示我们新发明的语音识别系统。

上节目前，史考利问我:“开复，你对演示成功的把握有多大？”那时，我们的系统刚刚搭建,碰到宕机的可能性不小,因此我回答说;“大概90%吧。”史考利说 :“你能想办法让这个几率达到 99% 吗？”我马上回答说:“可以！”

第二天，我们上了节目，一切都很成功，甚至公司的股票都因此涨了两块钱。节目结束后，史考利对我说：“辛苦你了，你昨天一定改程序改到很晚吧？”这时我只好把真相告诉他：“其实，今天的系统和昨天没有任何差别，你高估了我的编程和测试效率。”他惊讶地说：“你不是答应我说成功率可以提高到99%吗？你该不是冒着这么大的风险上节目吧？”我说：“没错，成功率保证在99%以上——因为我今天带了两台电脑，而且把它们连接起来，如果一台出了问题，我们可以马上切换到另外一台。根据概率原理，一台电脑失败的可能性是10%，两台独立的机器都失败的可能性就是10%×10%＝1%，成功率自然是99%了！”

所以，如果有两架梯子，你可以把失败率降低到原来的十分之一，要是有三架梯子，你就可以把失败率降到原来的百分之一了。

多给自己一些机会，多尝试一些不同的方法。除了增加成功的几率以外，你也可以学到更多新知识、获取更多的新经验。

本 章 要 义

- **迈向成功的关键在于执行。**

执行力八要素：

周密的计划——需要拥有一套明确的远期、中期和近期目标，并为每一个阶段定义可检查，可衡量的预期结果，以便不断修正。

明确的目标——把抽象、宏大的目标分解成实际的、可衡量的小目标。目标明确才能有足够动力获得成功。

差距分析——选出自己离目标差距最大的地方，将弥补这些差距作为自己的长期或中期计划。

循环修正——反复检验，及时调整，吸取教训，认真总结。关键在于行动。

坚强的毅力——毅力是一种对自己兴趣的负责和执着，一种完成艰难任务的持久力，是我们坚持正确方向，矢志不移完成目标的态度和决心。

良好的习惯——习惯会逐渐形成独特的性格，性格决定命运，让好的习惯成为你工作生活中不可分割的部分。

管理时间——事情要分轻重缓急，高效利用时间，并给自己一个合理的最后期限。

多管齐下——在计划中多给自己准备几架梯子，以增加成功的几率，而且还可学到更多的知识和经验。

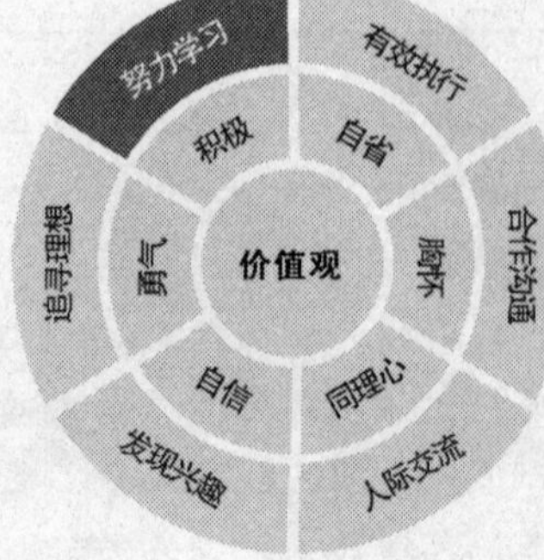

第 12 章　努力学习

——终生受益的过程

为了“考研”而学习？

有位同学来信问我：“我该怎么办？我现在是某大学的大一新生。上高中时，我的惟一目标就是拿到清华大学的学位，但高考时发挥失常，没有考上清华。从上大学的第一天起，我就决定要在四年后考取清华大学的研究生。我也一直在为此努力着！可是，我听大二大三的同学说，我们这所大学的师资力量不强，也不会给学生任何考研方面的辅导。我知道，考研主要靠自己，但老师的指导毕竟也很重要。我真的很怕四年下来，我和清华的本科生差距很大，考研根本就没有希望。我现在真的很迷茫，不知道前面的路该怎么走！”

在回信中，我首先对他积极进取的态度表示了鼓励，然后不无忧虑地对他说：

“我想提醒你，不要为了考研而考研。考研是方法，而不是目标。你的最终目标是什么？你的兴趣在哪里？你想做什么工作？进什么公司？读什么专业？不必马上想清楚，但一定要想清楚。

“有了目标，你的学习就不会白费；有了兴趣，你就会事半功倍。

“只为了考研而考研，如果考不上，你会觉得人生失败；如果考上了，你一旦取得学位就会发现不知道何去何从，甚至厌恶你的专业。

“所以，不要为了考研而学习，而要为了学习、理想和目标而理性地选择是否考研。”

12.1　学习的目的

很多学生都错误地认为，学习的目的就是获取某个特定的文凭，因为父母和社会都十分看重一个人的学历和学位。

但是，如果纯粹为了获取文凭而学习，很可能会与某些最值得学习的东西，例如那些足以受益终生的思想、方法、经验乃至学习本身的快乐等等，失之交臂；如果在学习中一心想着学历、学位以及由此得到的好工作、好收入、好名声等世俗的目标，很可能会离自己内心深处的兴趣、理想以及真正属于自己的那条成功之路越来越远。

仔细想想，文凭不过是一张薄纸，它无法全面说明一个人的学识和经验，也无法最终决定一个人的前途和命运。为了文凭而学习的做法无法让人全身心投入，无法给人带来足够的激情和动力，它只会让你陷入深深的迷茫和困惑——曾经有许多学生对我说："读书有什么用？不如休学算了。"曾经有许多同学在拿到文凭后就一下子失去了目标，再也不知道该向何处去……凡此种种，不都是因为这一纸薄薄的文凭吗？

所以，学习之重要，不在于它可以获取文凭，而在于它是实现理想、追随兴趣的必由之路。

只有持续学习，才可以不断提高自己，让自己逐渐接近真正的成功。学习不是为了文凭，不是为了父母，也不是为了光宗耀祖。学习是为了自己，是为了让自己的一生有意义，是为了让自己获得最大的满足和快乐。

今天，社会发展日新月异，知识更新换代的速度越来越快。如果不懂得终身学习的道理，如果不掌握真正有效的学习方法，就无法在工作中跟上时代的节拍。也就是说，只为了文凭而学习，只知道在大学期间学习的人，即便获取了文凭，也一定会在今后的工作中成为"陈旧"的落伍者。

所以，学习的另一个目的是在整个人生过程中不间断地更新自己，以便与时代发展保持同步。

人生不能被截然分为接受教育和从事工作两个互不相关的阶段，每个人都要

坚持不懈地学习新的知识和新的方法。同样的，在学校读书的学生也不能把学校学习和步入社会后的工作截然分开，因为学校学习的目的是要为步入社会打下坚实的基础。作为学生，要寻找自己的人生目标和兴趣所在，多想想如何把自己的学习和将来的事业、兴趣、理想顺利地衔接起来，不要总是把一个又一个学位当作自己的下一个目标，并因此浪费了人生中应该大胆尝试、追逐理想、寻找兴趣的黄金年华。

世界的发展日新月异，大学必须培养出最适合在现代社会里工作的学生。企业最需要的：

* 不是听话的好学生，而是具备中国和西方的人才特点、有判断力的学生；
* 不是得高分的学生，而是德、体、智全面发展，拥有高情商的学生；
* 不是追逐热门专业的学生，而是有理想且热爱学习的学生；
* 不是只知道答案的学生，而是知道“怎么做”和“为什么”的学生；
* 不是只满足课本的学生，而是会思考、能举一反三、融会贯通的学生。

12.2 学习的四种境界

学习的境界有高下之分。在相同的学习时间里，不同人的学习效果可能有天壤之别，这主要是因为，不同的人在学习方法、学习习惯等方面存在差异——只懂得背课本和背答案的学生，显然无法在学习效果上与那些懂得活学活用、举一反三的学生相比。

概括起来，学习的境界大致可以分为四种：

* 境界一、熟能生巧：在老师指导下学习，掌握课本上的内容，知道问题的答案；
* 境界二、举一反三：具备思考的能力，掌握学习的方法，能够举一反三，知其然，也知其所以然；
* 境界三、无师自通：掌握自学、自修的方法，在没有老师辅导的情况下主动自学；
* 境界四、融会贯通：将学到的知识灵活运用于生活和工作实践，懂得做事与做人的道理。

这四种境界对于任何专业或领域的学习来说都是适用的。以学习计算机和程序设计为例，第一个境界就是看懂了教科书，记熟了计算机操作的基本理论和编写程序的基本规则；第二个境界是能够自己寻找方法，编程解决问题，并懂得不同方法的利弊；第三个境界是自己可以学习新的技术（如新的编程语言、新的网络协议等等），懂得从整体架构的角度出发考察问题；第四个境界则是可以根据用户的实际需求，在一个开发团队里研发出一个帮助用户解决问题的软件系统来。

12.2.1　境界一、熟能生巧

虽然人人都会在指导下学习，但是因为这种学习比较枯燥（不像我读博士时对自己喜欢的题目一天做 14 小时也不觉得累），很可能学习一段时间后就忘了所学的知识，或者学习时间很长但效率很低。例如，有位同学曾写信给我说："我每天苦读 14 小时，但一天下来收获很少，有时一小时只能记两三个英文单词。我该如何高效学习呢？"

要想提高学习效率，首先就要理解，虽然学习需要下苦功，但一天到晚伏案苦读的做法也未必有效。人的大脑就像一台机器，如果不间断地工作，它的效率也会越来越低。因此，在学习时要努力做到：

* 学习时要精神饱满、全神贯注、心无杂念，能一个小时学完绝不拖到两个小时，学会把精力最充沛的时间用在最需要心力的课程中。
* 留出放松的时间。"痛快地玩，认真地学"是我大学期间学习的秘诀。也许大家很难相信，我大学时每个星期打 20 小时桥牌，还能够把书读好。其实秘诀很简单：事先对自己做一个承诺，只要达到了某个学习目标，就可以尽情地玩。这样可以大幅提高学习效率。
* 注意身体健康。要保证睡眠充足，以免读书时打瞌睡。体育运动可以使你在学习时更有精神；如果不坚持锻炼，把身体搞垮了，就更不要想读书了。
* 给自己一些读书的压力，不要在松弛、散漫的环境里读书。例如，不要在听音乐、看电视或聊天的同学旁边读书。相比之下，教室或图书馆里学习气氛更好一些。此外，可以给自己一些时间限制，把该做的功课分成若干部分，为每一部分限定时间。
* 不要用太长的时间复习同一门功课。一门功课看多了容易感觉枯燥和疲劳，效率就会下降。每天可以轮流安排学习几门功课。不同的科目可能锻炼大脑不同的区域，经常在大脑制造一种新的冲击和刺激，帮助大脑均匀发展。

不要在没有准备的情况下走进教室。上课前做简短的预习。如果是特别难的课程，在预习的时候，可以先把不懂的地方勾出来，准备上课时问老师。

听讲时难免会有无法集中精力的情况，要尽量控制自己，在老师讲到重点问题时专心倾听。而讲到自己非常熟悉的地方时，可以稍微放松一会儿。

听课一定要记笔记，但不用每个字都记下来。笔记做得太多了反而会妨碍课堂听讲的效率。每份笔记都应在课后24小时内再整理一次，以帮助自己复习，补充资料，或和同学讨论、共享。

为了加强理解，要多做题，多做才能让自己更熟练。除了课本里的题目，也可以看看参考书里的题目。如果只是一遍又一遍地读课文，而不知道练习和实践，学习效率一定很低。多做题目既可以提高综合解题的能力，也可以开拓思路。

12.2.2 境界二、举一反三

有很多同学问我："如何学习思考的能力？"

第一次碰到这个问题时，我感觉无从回答，因为思考好像是与生俱来的能力。经过反复思考，我才慢慢明白：

* 第一，中国的基础教育给中国学生打下了相对扎实的理论基础，但往往忽略了思考能力的培养；所以学生们大多希望我能用"教学"的方式来教会大家"如何思考"；
* 第二，我所接受的美国式教育，使"思考的能力"已经成为我的第二天性。这种能力是锻炼出来的，而不是靠"学习某种方法"得到的。所以，只能靠积累和锻炼来培养自己的思考能力，而不可能通过传统的"教学"方法获取。

那么，该如何锻炼自己的思考能力呢？

所谓思考能力，就是能够掌握原则和方法，能够举一反三，其中最重要的一点就是要"理解为什么"。所以，培养思考能力的最好方法就是"多问为什么"。

学习时，不要仅仅因为能够做出习题就自认为学会了、过关了，而要多问几个"为什么要这样做？"俗话说："只学不问，不是学问。"在学习的每个环节，在阐述自己见解时，在倾听别人的过程中，不仅可以学到"死"的知识，还可以悟出"活"的道理，甚至想出更高明的解决方案。孔子所说的"学而不思则罔，思而不学则殆"就是这个意思。

当你不确定"为什么"的时候，可以去网上找答案，也可以多问问你的老师或同学。你也可以多想想以前有没有学过类似的问题？能不能用已有的思考、实践的方式来解答新的问题？

会思考的人大多有总结归纳的习惯。想有更深入的思考和理解，就要学会把看似分散的知识点连成线、结成网，使学到的知识系统化、规律化、结构化。这样，用起来才不会断章取义。

学会用逻辑的方法来思考和判断问题也非常重要。如果仅凭感觉而不经过严格的、科学的推理，我们在接受知识的过程中就很容易做出错误的判断。

学会用逻辑的方法看问题

我发现，不少网友很容易相信一些明显不合逻辑的网上谣传。例如，有网友对我说："甲骨文公司总裁告诉大学毕业生，因为他和比尔·盖茨都是在大学没有毕业的情况下取得了成功，所以，大学的学习是没有任何用处的。"

这样的谣传显然是不合逻辑的。甲骨文公司总裁不会说出如此幼稚的话，也不能仅从两个人的例子就得出大学无用的结论。人的成功有很多因素，大学绝对是其中的一种重要因素——二者之间也许没有100%的因果性，但一定存在某种概率学方面的紧密关联。

当时，我给那位网友的答复是："我们应该客观、科学地看问题，不能从一两个例子做结论。读大学的人绝对有更大的机会取得成功。《隔壁的百万富翁》一书中的数据告诉我，在美国有25%的人大学毕业，而美国最成功的人里有90%是大学毕业的，所以读过大学的25%的人在成功者中占有90%的比例，而没有读大学的75%的人反而要去竞争那10%的成功几率——难道这样的数字还不能说明问题吗？"

为了避免轻信这种不合逻辑的推论，建议大家多学一些逻辑学、概率论的知识。除了课程之外，我相信有些强调逻辑思维的游戏也可以有所帮助，例如桥牌、象棋、围棋甚至猜谜游戏等。

此外，我们也应当随时提醒自己，每一个问题都有很多可能的答案，不要总是简单地认为非此即彼、非对即错。举例来说，微软在面试应聘者的时候，就总会问应聘者一些稀奇古怪的问题，例如：

* 为什么下水道的盖子是圆的？
* 请评价您刚才使用的电梯的人机界面。
* 请估计北京共有多少加油站？

许多人以为这些都是智力题。其实，这些问题的真正目的是测试应聘者独立思考的能力。这些问题可能有很多答案。

之所以问这些看似稀奇古怪的问题，其实是想测试一个人思维的独立性和灵活性。如果一个应聘者说出好几种答案，那更加证明他是一个思想活跃的人。如果一个人的回答没有道理，或者答不上来，或者回答后一口咬定只有一个答案，就算他有优秀的成绩，我们也会怀疑：他是不是一个只会考试和背书、但思路却比较狭窄的人？

有时候，只要能跳出某个既定的框框，善于从不同角度、用发散思维的方法思考问题，就能获得意外的惊喜。例如，你能用一笔画的方式，只画四条首尾相连的直线，就把图 12 – 1 中的九个点连接起来吗？（答案在本章结尾处）

如果你看到答案后惊叫道：“我怎么没想到呢？”我想，你也许就已经开始体会发散思维的妙处了。回答完这道题后，还可以再想想：能不能用一条直线穿过所有九个点呢？（答案在本章结尾处）

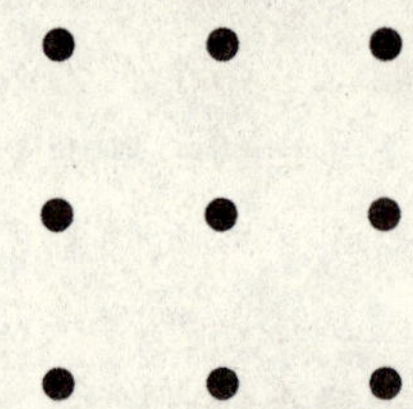

图 12–1 一笔画问题

不会思考的人很容易被人误导，很容易放弃那些不容易理解的问题，很容易全盘接受某种理论或思想。因此，一定要学会思考，学会质疑，掌握调查事实、逻辑分析和科学决策的原则与方法。

12.2.3 境界三：无师自通

我在哥伦比亚大学任助教时，曾有位中国学生的家长向我抱怨说：“你们大学里到底在教些什么？我孩子读完了大二计算机系，居然连 VisiCalc[1] 都不会用。”

我当时回答道：“电脑的发展日新月异。我们不能保证大学里所教的任何一项技术在五年以后仍然管用，也不能保证学生可以学会每一种技术和工具。我们能保证的是，你的孩子将学会思考并掌握学习的方法。这样，无论五年以后出现怎样的新技术或新工具，你的孩子都能游刃有余。”

她接着问：“学最新的软件不是教育，那教育的本质究竟是什么呢？”

我回答说：“如果我们将学过的知识忘得一干二净，最后剩下来的东西就是教育的本质了。”

---

[1] VisiCalc 是当时最热门的计算机应用软件，但它在二十年前就被淘汰了（这件事又一次证明了科技的发展是日新月异的）。而且，VisiCalc 的使用方法也不是计算机系的学生应该学的。

我当时说的这句话来自教育家斯金纳（B. F. Skinner）的名言。所谓“剩下来的东西”，其实就是自学的能力，也就是举一反三或无师自通的能力。大学不是“职业培训班”，而是一个让学生适应社会、适应不同工作岗位的平台。在大学期间，学习专业知识固然重要，但更重要的还是要学习思考的方法，培养举一反三的能力，只有这样，大学毕业生才能适应瞬息万变的未来世界，才会有竞争力。

上中学时，老师会一次又一次重复每一课里的关键内容。但进了大学以后，老师只会充当引路人的角色，学生必须自主地学习、探索和实践。走上工作岗位后，自学能力就显得更为重要了。微软公司曾做过一个统计：在每一名微软员工所掌握的知识内容里，只有大约10%是员工在过去的学习和工作中积累得到的，其他知识都是在加入微软后自学得到的。这一数据充分表明，一个缺乏自学能力的人是难以在现代企业中立足的。

自学能力应该在大学期间开始培养。许多同学总是抱怨老师教得不好、懂得不多，学校的课程安排也不合理。我通常会劝这些学生说：“与其诅咒黑暗，不如点亮蜡烛”。大学生不应该只会跟在老师的身后亦步亦趋，而应当主动走在老师的前面。例如，大学老师在一个课时里通常要涵盖课本中几十页的信息内容，仅仅通过课堂听讲是无法把所有知识学通、学透的。最好的学习方法是在老师讲课之前就把课本中的相关问题琢磨清楚，然后在课堂上对照老师的讲解弥补自己在理解和认识上的不足之处。

中学生在学习知识时更多地是追求“记住”知识，而大学生就应当要求自己“理解”知识并善于提出问题。一旦真正理解了理论或方法的来龙去脉，大家就能举一反三地学习其他知识，解决其他问题，直至达到无师自通的境界。

事实上，很多问题都有不同的思路或观察角度。在学习知识或解决问题时，不能总是死守一种思维模式，让自己成为课本或经验的奴隶。只有在学习中敢于创新，善于从全新的角度出发思考问题，潜在的思考能力、创造能力和学习能力才能被真正激发出来。

大学生在自学时应充分利用学校里的资源，从各种渠道吸收知识。如果遇到好的老师，可以主动向他们请教，或者请他们推荐一些课外的参考读物。除了资深的教授以外，大学中的青年教师、博士生、硕士生乃至自己的同班同学都是最好的知识来源和学习伙伴。每个人对问题的理解和认识都不尽相同，只有互帮互学，大家才能共同进步。

我的自学之道

有些同学曾告诉我说，他们很羡慕我在读书时能有一位获得过图灵奖的大师传道授业。其实，虽然我非常推崇我的老师，但他在大学期间并没有教给我多少具体的专业知识。他只是给我指明了大方向，让我分享他的经验，给我提供研究的资源，并教我做人的方法。他没有时间也没有必要指导我学习具体的专业知识。

我在大学期间积累的专业知识都是通过自学获得的。刚入门时，我曾多次红着脸向我的师兄请教最基本的知识内容，开会讨论时我曾问过不少肤浅的问题，课余时间我还主动与同学探讨、切磋。

其实，大学生的周围到处是良师益友。只要珍惜这些难得的机会，主动思考、大胆发问、经常切磋，我们就能学到最有用的知识和方法。

大学生应该充分利用图书馆和互联网等各种媒体和资源（除了迅速出版的书刊以外，录像带、广播、电视、函授、参观、活动、网络或光盘数据库等等，都是大家学习的媒介与渠道），培养独立学习和研究的本领。

首先，除了学习老师规定的课程以外，还要学会查找书籍和文献，以便接触更广泛的知识和研究成果。例如，当我们在一门课上发现了自己感兴趣的课题，就应当积极去图书馆查阅相关文献，了解这个课题的来龙去脉和目前的研究动态。熟练和充分地使用图书馆资源，这是大学生特别是那些有志于科学研究的大学生的必备技能之一。

其次，在书本之外，互联网也是一个巨大的资源库，可以借助搜索引擎在网上查找各类信息。“开复学生网”开通半年以来，我发现很多同学其实并没有很好地掌握互联网的搜索技巧，有时他们提出的问题只要在搜索引擎中简单检索一下，就能轻易找到答案；还有些同学很容易相信网上的谣言，而不会利用搜索引擎自己查考、求证。除了搜索引擎以外，网上还有许多网站和社区也是很好的学习园地。选择单一渠道学习的人，容易闭塞与孤寂；熟悉多元学习渠道的人，则比较开放与快乐。

自学时，不要因为达到了学校的要求就沾沾自喜，也不要认为自己在大学里功课好就足够了。在二十一世纪的今天，人才已经变成了一个国际化的概念。当你对自己的成绩感到满意时，建议你开始自学一些国际一流大学的课程。例如，美国麻省理工学院（MIT）的开放式课程已经在网上无偿发布，大家不妨去看看MIT的网上课程，做做MIT的网上试题。当你可以自如地掌握MIT课程时，你就可以更加自信地面对国际化的各种挑战了。

善于自学的朱元晨

朱元晨是2004年英特尔基金青少年科学精英奖（该奖项仅有三个名额）的获得者。作为一个高中生，他在计算机图形学方面已经有很深的积累，其研究成果曾在IEEE的期刊中发表。在上海读完高中后，朱元晨带着科学精英奖五万美元的奖学金，进入哈佛大学读书。但谈到自己的学习经历，朱元晨却总是将自己的成功归结为一点——那就是“自学”。

朱元晨说，自己的成功可以复制，因为他不认为自己是个天才。研究计算机图形学时，他遇到了许多想像不到的困难。学校没有开设这一课程，周围也没有几个人懂，父母更帮不上忙，朱元晨完全要靠自学。在研究过程中，朱元晨能熟练地运用网络查找自己所需的资料,或利用网络到国外专业网站和专业论坛上了解该领域的最新进展。

当朱元晨感到自己的英语不够好时，就从网上下载文章，利用电子词典学习英语。他初一上网，到初二的时候已经可以无障碍地浏览英文网站了。

出于研究的需要，他需要学习一些大学数学、物理等课程。为此，他到美国麻省理工学院的网站上下载了很多数学、物理教材和参考资料，自学与计算机图形学相关的大学课程。

因此,朱元晨的成功是和他自身强烈的学习欲望以及出色的自学能力分不开的。

12.2.4 境界四：融会贯通

看了我《给中国学生的第四封信》中关于学习基础数学的建议后，有位中国同学问我：“怎么样学习知识，才能真正记住呢？我每年学完、考完后，好像就把所有知识还给老师了。您从小学到大学再到现在，所学过的数学知识都还没有忘记吗？”

我给这位同学的答案是：“我学懂的知识以及知道如何实践的知识，我现在都还记得；在工作中常用的知识，我全部记得；我自己感兴趣的知识，记忆更加清晰、准确，就算有不记得的，也可以快速推算出来；相反，那些靠死记硬背学到的知识，或者自己不感兴趣的知识，我已经全忘掉了——不只是数学，每一个学科都有这样的规律。”

也就是说，凭借死记硬背只能考试过关，而不能获取受益终生的知识。所以，学习时，不要只靠背诵，而要深入理解如何使用知识的方法、原理，将知识放在实际环境中，用融会贯通的思路加以考察，并在实践中培养自己对该领域知识的兴趣。

美国华盛顿儿童博物馆的墙上写有一句格言：

我听到的会忘掉，我看到的能记住，我做过的才真正明白。

这句话的道理再明白不过，无论学习何种专业、何种课程，如果能在学习中努力实践，做到融会贯通，就可以更深入地理解知识体系，牢牢地记住学过的知识。因此，建议同学们多选些与实践相关的专业课。就像希腊剧作家索福克勒斯曾经说过的：“人必须通过实践来学习；你自以为懂得是不够的，只有尝试以后才可以确定。”

实践可以培养兴趣。只看课本或只听老师的讲述总是比较枯燥，一些同学可能感觉到学习这些知识很没有意思，或者感觉对一些偏理论、较抽象的东西缺乏感性的认识。但是，一旦运用理论解决了实际问题，你不但会对实践有兴趣，也会随之对指导实践的理论产生浓厚的兴趣。比如，有的同学学化学，如果每天只是机械地背一些反应式，肯定会觉得枯燥无味；但如果掌握了每个反应式的内在规律，并能和现实中的化学现象联系起来，就会感觉到化学这门学科的意义所在，自然就会对这门学科产生兴趣。

在学习中实践，在实践中学习

如果你问清华大学谁是数学最好的学生，很多教授都会想到那个基础科学班的王文翰，那个总是在想问题的聪明学生，那个在中学时就得遍了所有大奖的未来科学之星。

王文翰的入门秘诀是：“在学习中实践，在实践中学习。”

他说：“学习的最终目的是为了能培养出创新和实践的能力，而不是学习本身。

“在我刚上大一时，教微积分的教授就向我们提出了在实践中学习的要求。虽然书本上讲述的是偏理论的内容，但教授引导我们从习题中推广，再结合自己的思考进行比较深入的研究实践，由此，我们写出了数十篇小论文。

“在这一过程中，我知道了许多自己从未接触过的知识、从未用到的方法和技巧。解决这些难题促使我自己在研究的过程中又进行了深入的学习。我开始阅读近代和现代的数学书籍，从因特网上查阅了许多资料。我认为学习和基于研究的实践是相辅相成的。我在研究的同时增长了不少知识和能力，这些又有助于我进一步研究下去。比起周围大部分同学只学书本知识、只做习题、只以学分为目的的学习模式来说，这种学习方法使我受益匪浅。

“通过这种学习模式，我的数学水平特别是研究能力有了突飞猛进的提高。但我认为，我这两年获得的最大成功不在于那些论文，也不在于知识和研究水平的提高，而在于掌握了这种‘在学习中实践，在实践中学习’的方法。”

实践时最好是几个同学合作，这样，既可通过实践理解专业知识，也可以学会如何与人合作，培养团队精神。如果有机会在老师手下做些实际的项目，或者走出校门打工，只要不影响课业，这些做法都是值得鼓励的。外出打工或做项目时，不要只看重薪酬待遇（除非生活上确实有困难），有时候，即便待遇不满意，但有许多培训和实践的机会时，也值得尝试一下。

以计算机专业为例，实践经验对于软件开发来说是必不可少的。微软公司希望应聘程序员的大学毕业生最好有十万行的编程经验。理由很简单：实践性的技术要在实践中提高。计算机归根结底是一门实践的学问，不动手是永远也学不会的。

凌小宁的建议

微软公司的一位资深开发和项目经理凌小宁曾经撰文告诉中国计算机专业的同学说，如果他能够回到过去，重新开始大学四年，他会：

1. 确立一个相对明确的目标；
2. 根据这一目标，确定要掌握的专业/课程/技能/知识；
3. 选做大量的相关实践项目；
4. 对每一个实践项目都要做到：a.确立一个模拟实际工作的用户场景（scenario）；b.尽量以实际工作中的方法和标准做每件事；c.碰到没学过的东西，就主动去问、去学。在用中学，带着目的学，学会最有效解决问题的手段和方法。

因此，最重要的不是在笔试中考高分，而是实践能力。但在与中国学生的交流过程中，我很惊讶地发现，某些学校计算机系的学生到了大三还不会编程。

这说明这些大学的教学方法和课程的确需要更新。如果你不巧是在这样的学校中就读，那你就要主动从打工、自学或上网的过程中寻求学习和实践的机会，甚至只是多做编程习题都可以对提高实践能力有所帮助。

此外，在网上可以找到许多实践项目，例如，有一批爱好编程的学生建立了一个讨论软件技术的网站（www.diyinside.com），在网站上共享他们的知识和实践经验，并成功举办了很多次活动（如在各大高校举办校园技术会议），还出版了帮助学生提高技术、解答疑难方面的图书，该网站有多位成员获得了“微软最有价值的专家”的称号。

“读书听课”已不再是获取知识最重要的途径，“争取好分数”也不能保证你学会了有用的知识。“获取知识”绝不能脱离实际操作，从这个意义上说，融会贯通、从实践中学习（Learning by doing）的时代已经来临。

12.3 基础学习

我曾经说过，中国学生的一大优势是扎实的基础知识，如数学、物理等等。但最近几年，同学们在目睹了很多速成的例子（如丁磊、陈天桥等）之后，也迫切希望能驶上成功的快车道。这渐渐形成了一种追求速成的浮躁风气。有许多大学生梦想在毕业后就立即能做“经理”、“老板”，还有许多大学生入学时直接选择了“管理”专业。因为，他们认为从这样的专业毕业后马上就可以成为企业的管理者。

可不少学生进入了管理专业后，才发现自己对本专业的学习毫无兴趣。其实，管理专业和其他专业一样，都是传授基础知识和基本方法的地方，没有哪个专业可以保证学生在毕业时就能走上领导岗位。无论同学们所学的是哪个专业，大学毕业才是个人事业的真正开始。想做企业领导或想做管理工作的同学也必须从基层做起，必须首先在人品方面学会做人，在学业方面打好基础。

如果说大学是一个学习和进步的平台，那么，这个平台的地基就是大学里的基础课程。在大学期间，一定要学好基础知识（数学、英语、计算机和互联网的使用，以及本专业要求的基础课程，如商学院的财务、经济等课程）。因为在科技发展日新月异的今天，应用领域里很多看似高深的技术在几年后就会被新的技术或工具取代，只有对基础知识的掌握才可以受用终身。另一方面，如果没有打下好的基础，也很难真正理解更复杂或高深的应用技术。

12.3.1 数学

数学是理工科学生必备的基础。

很多学生在高中时认为数学是最难学的，到了大学里，一旦发现本专业对数学的要求不高，就会彻底放松对数学知识的学习，而且他们看不出数学知识有什么现实的应用或就业前景。

但是，大家不要忘记，绝大多数理工科专业的知识体系都建立在数学的基石之上。例如，要想学好计算机工程专业，那至少要把离散数学（包括集合论、图论、数理逻辑等）、线性代数、概率统计和数学分析学好；要想进一步攻读计算机科学专业的硕士或博士学位，可能还需要更高的数学素养。

同时，数学也是人类几千年积累的智慧结晶，学习数学知识可以培养和训练人的思维能力。通过对几何的学习，我们可以学会用演绎、推理来求证和思考的方法；通过学习概率统计，我们可以知道该如何避免钻进思维的死胡同，该如何让自己面前的机会最大化。

所以，大家一定要用心把数学学好，不能敷衍了事。学习数学也不能仅仅局限于选修多门数学课程，而是要知道自己为什么学习数学，要从学习数学的过程中掌握认知和思考的方法。

12.3.2 英语

二十一世纪里最重要的沟通工具就是英语。

在未来的几十年里，世界上最全面的新闻内容，最先进的思想和最高深的技术，以及大多数知识分子间的相互交流都将用英语进行。因此，英语学习是至关重要的，除非你想做一个与国际脱节的人。

那么，该如何学好英语呢？既然是最重要的沟通工具，那么，最重要的学习方法就是尽量与实践结合，不能只“学”不“用”，更不能只靠背诵的方式学习英语。

读书时，应尽量阅读原版的专业教材（如果英语不够好，可以先从中英对照的教材看起），并适当地阅读一些自己感兴趣的专业论文，这可以同时提高英语和相关专业的知识水平。

提高英语听说能力的最好方法是直接与那些以英语为母语的外国人对话。现在有很多在中国学习和工作的外国人，他们中的不少人为了学中文，很愿意与中国学生对话、交流，这是很好的学习机会。

此外，不要把学英语当作一件苦差事，完全可以用有趣的方法学习英语。例如，可以多看一些名人的对话或演讲，多看一些小说、戏剧甚至漫画。初学者可以找英文原版的教学节目和录像来学习；有一定基础的则应该看英文电视或电影。看英文电影时，最好先在有字幕的时候看一遍，同时查考生词、熟悉句式，然后在不加字幕的情况下再看一遍，仅靠耳朵去听。听英文广播也是很好的练习英文听力的方法，大家每天最好能抽出半小时到一小时的时间收听广播并尽量理解其中的内容，有必要的话还可以录下来反复收听。

在互联网时代，利用网络和PC学习英语更可以事半功倍。在互联网上也有许多互动式的英语学习网站，大家可以在网站上用游戏、自我测试、双语阅读等方式提升英语水平。

学习英语没有“速成”的方法，必须花大量的时间，花苦功夫。语言的学习需要经过从入门到实际应用这个长期训练的过程。在学校里，除了考试以外，实际用到英语的场合不多，学校毕业可能只标志着英语学习完成了一半。另一方面，语言和其他很多学科不同，不接触就很容易遗忘。即使你在大学毕业的时候英语学得很好，如果日后不用，你的英语水平也会逐渐退步。所以，要多找机会练习听、说、读、写。

总之，勇于实践、持之以恒才是学习英语的必经之路。

12.3.3 信息技术

随着信息时代的到来，在信息科学与信息技术方面的素养也已成为进入社会的必备基础之一。

虽然不是每个大学生都需要懂得计算机原理和编程知识，但所有大学生都应能熟练地使用计算机、互联网、办公软件和搜索引擎，都应能熟练地在网上浏览信息和查找专业知识。在二十一世纪里，使用计算机和网络就像使用纸和笔一样，是人人必备的基本功。不学好计算机，就无法快速全面地获得自己所需要的知识或信息。

12.3.4 专业基础课

最后，每个特定的专业都有它自己的基础课程。以计算机专业为例，许多大学生只热衷于学习最新的语言、技术、平台、标准和工具，因为很多公司在招聘时都会要求这些方面的基础或经验。这些新技术虽然应该学习，但计算机基础课程的学习更为重要，因为语言和平台的发展日新月异，但只要学好基础课程（如数据结构、算法、编译原理、计算机原理、数据库原理等）就能以不变应万变。

有位同学曾生动地把这些基础课程比拟为计算机专业的内功，而把新的语言、技术、平台、标准和工具比拟为外功。那些只懂得追求时髦的学生最终只知道些招式的皮毛，而没有内功的积累，他们是不可能成为真正的高手的。

12.3.5 基础学习不能怕枯燥

虽然我一向鼓励大家追寻自己的兴趣，但在这里仍想告诉大家，生活中有些事情即便不感兴趣也是必须要做的。

例如，打好基础，学好数学、英语和计算机的使用就是必须要做的事情。如果你对数学、英语和计算机有兴趣，那你是幸运儿，可以享受学习的乐趣；但如果没有兴趣，也必须掌握好这些基础知识。

学习任何一种东西，如果想持久，都是一生的事情，是一个细水长流、水到渠成的过程。所以，大家在学习基础知识时，要有一个长期的打算，不要期望掌握一门学识或技艺能够一蹴而就。

12.4 大学学习

在我的记忆里，大学是最美好、最重要的时光。但是，在和一些大学生的交流中，总觉得有不少同学没有充分地发挥大学四年的潜力。有一封学生来信总是萦绕在我的脑海，挥之不去：

> 开复老师：
>
> 就要毕业了。
>
> 回头看自己所谓的大学生活，
>
> 我想哭，不是因为离别，而是因为什么都没学到。
>
> 我不知，简历该怎么写，若是以往我会让它空白。
>
> 最大的收获也许是……对什么都没有忍耐和适应……

这封来信道出了不少大三、大四学生的心声。大学期间，有许多学生放任自己、虚度光阴，还有许多学生始终也找不到正确的学习方向。当他们被第一次补考通知唤醒时，当他们收到第一封来自应聘企业的婉拒信时，这些学生才惊讶地发现，自己的前途是那么渺茫，一切努力似乎都为时已晚……

大学是人生的关键阶段。这是因为，进入大学是你一生中第一次放下高考的重担，开始追逐自己的理想、兴趣；这是你第一次离开家庭生活，独立参与团体和社会生活；这是你第一次不再单纯地学习或背诵书本上的理论知识，而是有机会在学习理论的同时亲身实践；这是你第一次不再由父母安排生活和学习中的一切，而是有足够的自由处置生活和学习中遇到的各类问题，支配所有属于自己的时间。

大学是人生的关键阶段还因为，这也是你一生中的许多“最后一次”：最后一次有机会系统性地接受教育；最后一次能够全心建立你的知识基础；最后一次可以将大段时间用于学习；最后一次可以拥有较高的可塑性、可以不断修正自我；最后一次能在相对宽容的、可以置身其中学习为人处世之道的理想环境。

我们可以用图 12-2 来描述大学四年在人一生中的地位和价值：

从图 12-2 中我们可以看出，大学是一生中学习能力转变最大的时候，是把“基础学习”和“进入社会”这两个阶段衔接起来的重要时期。因此，在大学四年中，要努力培养自己的学习能力，提高自己的学习境界，让自己成为一个擅长终身学习的人。

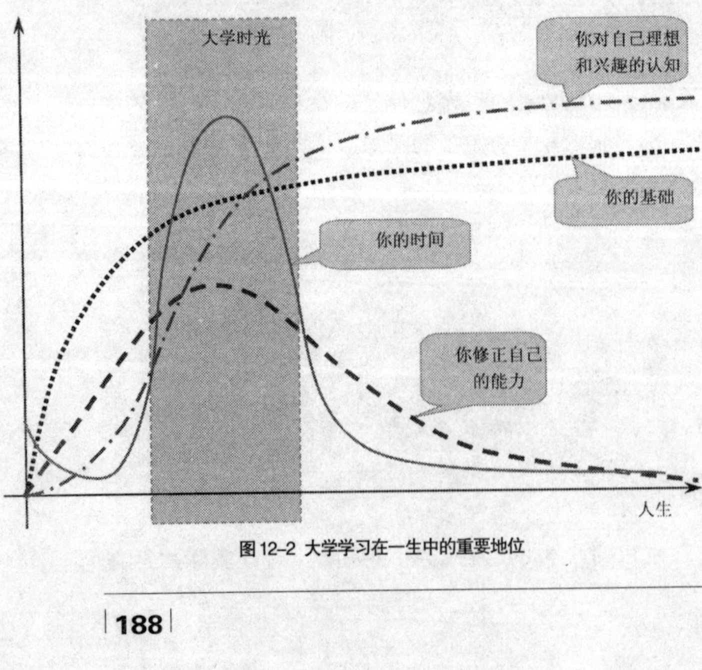

图 12-2 大学学习在一生中的重要地位

在这个阶段里，所有大学生都要认真把握每一个“第一次”，让它们成为未来人生道路的基石；所有大学生也要珍惜每一个“最后一次”，不让自己在不远的将来追悔莫及。

在这个阶段，从入学的第一天起，就要对大学四年有一个正确的认识和规划。为了在学习中享受到最大的快乐，为了在毕业时找到自己最喜爱的工作，每一个刚进入大学校园的人都要立志达到学习的第四种境界，并通过学习，明确自己的发展方向，奠定未来成功的基础。

经过大学四年，你会从思考中确立自我、从学习中寻求真理、从独立中体验自主；从计划中把握时间、从表达中锻炼口才、从交友中品味成熟；从实践中赢得价值、从兴趣中攫取快乐、从追求中获得力量。

做好了这些，临到毕业时的最大收获就再不会是“对什么都没有的忍耐和适应”，而是“对什么都可以有的自信和渴望”。

12.5 终身学习

在今天这个日新月异的时代，每五年里发展出来的新技术可能就会淘汰过去五十年甚至一百年里积累的技术。所以，为了跟上时代的步伐，必须坚持终身学习，保持“活到老，学到老”的心态。这样才能在这个生理寿命逐渐延长、知识寿命日益缩短的社会里发挥自己的全部潜力。

很多人都会发现。大学毕业后的前两年，同学们聚到一起，大家的变化还不算很大。等到五年后再聚到一起时，每个人几乎都会有相当大的变化：善于学习新知识的人能够很好地适应工作、适应社会，而只会抱着学校里学来的知识，不思进取的人就会有落伍的感觉。

因此，一个人进入社会之后，必须在工作中不断学习新的知识和新的技能。此时，一个人学习效率的高低和投入的时间都会影响他的工作成绩，继而影响他的事业和前途。学习效率高的人会不断得到晋升的机会（例如，在微软总部就有一两位三十岁成为全球副总裁的青年才俊），相比之下，学习效率差的人或者无法在事业上更上一层楼，或者不被公司重视和认可，因为他们无法适

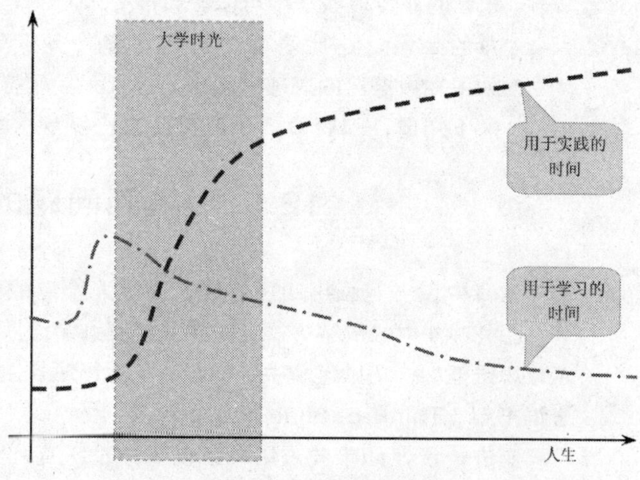

图 12-3 人生中可用于学习的时间

应变化和竞争的需要。

在这个竞争激烈的社会中，如果想永不落伍，就必须懂得终身学习的道理。

年纪越大，其他的负担越多，时间就越少，吸收知识的能力也逐渐下降，这是不可避免的。人一生中学习和实践时间的变化关系如图 12-3 所示。

所以，青年时代的学习时间是最可宝贵的。就算你已经大学毕业，你仍然应该分配相当多的时间来学习，尤其是当你工作在发展得特别快的领域时。

12.5.1 从终身学习的需要出发寻找第一份工作

如果你在寻找第一份工作，那么，建议你不要只看工作的“安稳”、“薪资”和“体面”等外表因素，更要重视的是这个工作能否为你提供一个继续学习、继续成长的环境。

我个人对于寻找第一份工作的建议是：

* 这个工作应当能帮助自己继续学习。那些可以提供良好的培训环境，不把员工当作赚钱机器的公司，以及那些拥有好的老板，或拥有值得学习的企业文化的公司是寻找第一份工作时的首选。
* 这个工作可以让自己在五年后有最好的发展机会：找一个可以学到很多新东西的职位，找一个可以教你很多东西的老板，找一个在五年后有发展潜力的公司，这比表面上的“薪资”多少重要得多。
* 如果知道自己的兴趣和理想，那就去找最符合自己兴趣和理想的工作；如果不知道，那就找一个能帮助自己发现兴趣和理想的工作。

12.6 一笔画问题的答案

本章中，一笔画出四条直线，穿过九个点的问题答案如图 12-4 所示：

图 12-4 中的解答方式突破了只能在九个点所在的矩形范围内画线的心理暗示或思维框架，巧妙地解决了问题——这道题目测试的就是你能不能突破传统的思维框架（Think outside the box）。

更进一步，如果要求用一条直线穿过所有九个点，那么，我们还可以突破另一个思维框架，即，直线的粗细不一定小于每个点的直径，当直线非常粗

时，一条直线实际上可以覆盖任意多个点（如图 12–5 所示）:

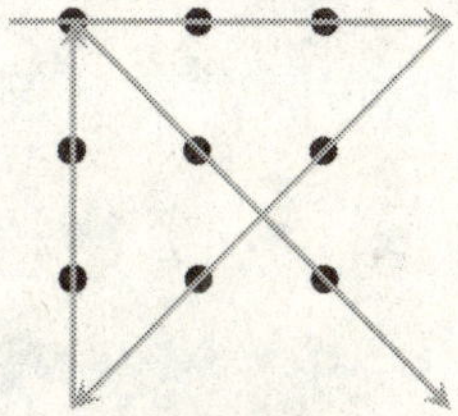

图12-4 答案一

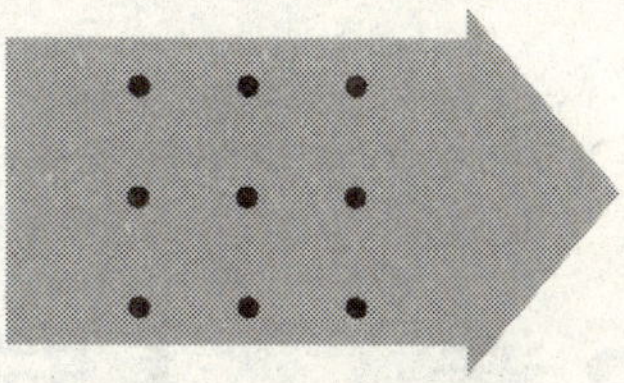

图12-5 答案二

本 章 要 义

- **学习的目的不在于获取文凭，而在于它是实现理想、追随兴趣的必由之路，是在整个人生过程中不断更新自己，以便与时代发展保持同步。**
- **最值得学习的是那些足以受益终生的思想、方法、经验乃至学习本身的快乐。**
- **企业最需要的学生——具备中西人才特点、有判断力的学生；德智体全面发展、拥有高情商的学生；有理想且热爱学习、知道“怎么做”和“为什么”的学生；善于思考、能举一反三、融会贯通的学生。**
- **学习的四种境界：熟能生巧、举一反三、无师自通、融会贯通。**
- **应用领域里很多看似高深的技术在几年后就会被新的技术或工具取代，只有对基础知识的掌握才可以受用终身。因此，大学期间，一定要学好基础知识。它们是：数学、英语、计算机和互联网的使用、专业基础课程。**

Q：如何学好英语？

A：　尽量阅读原版专业教材，或先从中英文对照的教材看起；直接与以英语为母语的外国人对话；初学者可看原版的教学和录像节目，有基础的可看原版电影或电视，最好每天听半小时到一小时英文广播；充分利用网络和计算机，在互动式英语网站上学习；没有捷径，必须下苦工夫、花大量时间，以用促学。

- **大学四年要学会：从思考中确立自我，从学习中寻求真理，从独立中体验自主，从计划中把握时间，从表达中锻炼口才，从交友中品味成熟，从实践中赢得价值，从兴趣中攫取快乐，从追求中获得力量。**
- **大学毕业的第一份工作应该是这样一份工作：能帮助自己继续学习；让自己在五年后有好的发展机会；最符合自己的兴趣和理想，或者能帮助自己发现兴趣和理想。**

第13章　人际交流
——现代人的必修课

20年后的感慨

2005年3月，一群武汉大学物理系81级同学在加州硅谷相聚。20年后的聚会带给他们无限的快乐和幸福。20年前，每个人都怀着美好的理想和远大的抱负走出校门；20年过去了，在物理系接近140位毕业生中，约三分之一的人生活和工作在北美地区，其中大部分都不再从事与物理直接相关的工作——他们有的在硅谷做软、硬件工程师，有的在华尔街从事金融证券方面的工作，有的成为了现代企业的管理者，有的则在大学任教，甚至还有人成为了时装设计师。

聚会时，一位在华尔街工作的同学当场做了一个小调查，调查的内容是：如果上帝把你送回武大，重新度过大学时光，那么，你最想做好哪件事情，以弥补20年前的缺憾？

① 用功学习理工科；

② 努力学好英文；

③ 学习人际交流的艺术；

④ 将更多的时间花在恋爱和感情问题上；

⑤ 辞职开公司，尽早走上创业的道路。

令人惊讶的是，有90%的人选择了③——尽管他们目前居住在不同的城市、身处不同的工作岗位，但他们的选择足以说明，人际交流是所有年轻人都应该重视的一门必修课。

13.1 与人相处，合作共赢

简单地说，人际关系包括处理冲突的能力、建立关系的能力、说服与影响他人的能力、团队合作与协调的能力、倾听与沟通的能力等等。如果把与人相处、合作共赢的全部能力与技巧比喻为一座辉煌的圣殿，就不难发现，这座圣殿的基础是同理心以及由此带来的人与人之间的信任关系（由同理心得到信任，由信任发展人际关系，由人际关系获得成功的道理，此前已经在 "同理心" 一章中做过重点讨论），而这座圣殿的支柱就是与人的社会属性关系最为密切的三个要素——人际交流、沟通和团队合作（图 13-1）。

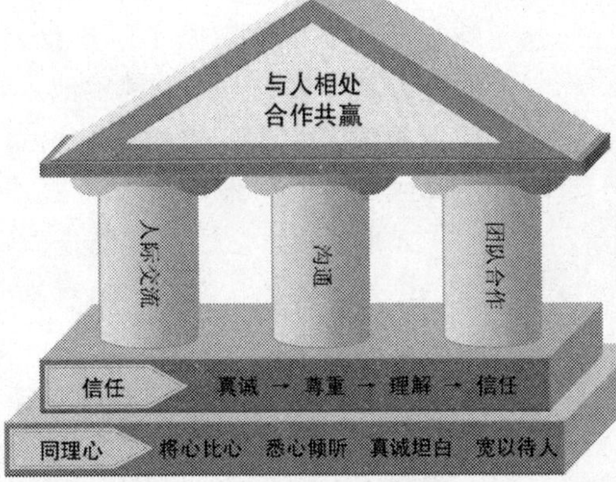

图 13-1 与人相处、合作共赢

本章将重点探讨人际交流的艺术，有关合作与沟通的论述将在下一章中展开。

13.2 青年一代面临的三大挑战

戴尔·卡耐基（Dale Carnegie）说："一个人事业的成功只有 15% 取决于他的专业技能，另外的 85% 要依靠人际关系和处世技巧。"

这说明，一个人的智慧和能力是有限的。在现代社会中，单靠一己之力几乎不可能成就任何宏伟、壮丽的事业，也几乎不可能实现任何足以让自己满意的奋斗目标。因此，青年一代必须懂得，团结他人、大家的智慧，才是现代人取得成功的先决条件。

那么，中国青年能否把握时代的机遇，成为处理人际关系的专家呢?

客观地说，当代大学生与上几代人相比有着不容置疑的优点。例如，他们拥有更多的见识、勇气和魄力，更善于表现和自我张扬，也崇尚自主、自由的精神，等等。但与此同时，他们也有不可忽视的缺点，其中最让人担心的就是他们普遍缺乏处理人际关系的能力与技巧。

也就是说，虽然当代大学生享有上一代人无法企及的生活与教育环境，但他们在人际交流方面却实实在在地面临着三大挑战：

挑战一：惟我独尊 vs 谦恭忍让

七十年代末到八十年代初出生的人，大多数是独生子女。由于没有兄弟姐妹，他们从小就习惯了以自我为中心和“万事我为先”的思维方式，对于与他人分享、关心他人、尊重他人等概念缺乏最基本的认识。这样的年轻人从小就拥有过于强烈的自信心和自尊心，缺少容忍、谦让、合作的态度。在一个集体内工作时，他们最容易与其他人产生矛盾。

大学阶段本应该是逐渐走向独立的年纪，许多人却仍然生活在事事依赖父母、依赖老师的状态下。这种学生即使走上工作岗位，也只知道有问题找别人解决，解决不了也是别人的错。这甚至导致了某些企业的管理者不愿意接纳应届毕业生，因为在他们看来，不少大学生有等、靠、要的思想，刚到公司时工作能力不强、工作效率不高，还非常注重薪水待遇。

挑战二：零和竞争 vs 共同进步

在当代大学生的成长过程中，父母和老师从小就在他们的脑海里灌输竞争的意识。在家庭中，很多父母将考试名次放到教育孩子的核心地位，提醒自己的孩子要在名次的竞争中努力靠前。在学校里，名次更是衡量一名学生优劣的重要指标，名列前茅的学生往往是学校和老师的宠儿，名次不好的学生则经常会受到冷落……

脱离全面、均衡的标准而片面强调竞争意识会给孩子带来非常不好的影响：一方面，学生会渐渐形成一种错误的认识，以为竞争是人际关系中最重要的主题，为了取得竞争中的优胜地位，其他一切都是可以忽略的，甚至可以不择手段——这也是恶意竞争者最为典型的思考方式；另一方面，即便是那些在学习成绩的竞争中处于优势地位的孩子，也不会从这种片面强调竞争的教育方式中获益，因为在学习过程中，他们作为天之骄子处处受到褒奖，这很容易让他们产生异乎寻常的优越感，并因此忽视了在人际交流方面的锻炼。

挑战三：自身素质 vs 企业需要

现代企业需要的是复合型人才，这对大学生的自身素质特别是在人际交流方面的能力提出了严峻的挑战。很多大学生在人际交流方面缺乏必要的能力和技巧，与企业需求有着极大的偏差，这种偏差通常都是大学生在学习期间的不良习惯造成的。

例如，在学生时代如果总是错误地认为，自己能以考第一名的事实说明自己出类拔萃，而其他同学不过是陪衬。那么，一旦进入了现代企业，你的思维习惯就会与企业的要求大相径庭。因为任何现代企业、现代团队需要的都是合作、共赢的结局，一个人风光无限而其他人消极怠工的团体是无法取得任何成功的。

因此，为了能够在今后的事业中获得充分发挥自己潜能和特长的机会，现阶段的中国学生有必要认真审视自己在人际交流方面的弱点，体会同理心的真谛，坚持以诚待人、平等交往的原则，努力塑造自己的个人魅力，建设自己的人际关系网，培养终身的友谊，同时也要善于从朋友身上学习。惟此，才能在不远的将来成为真正意义上的、能适应现代企业需要的国际化人才。

13.3 以诚待人，平等交往

“善大，莫过于诚”，人际交流的第一步就是要以诚待人，平等交往。

热诚的赞许与诚恳的批评，都能增进彼此的信任，因此，要像在“同理心”和“胸怀”两章中谈到的那样，做个诚恳的、受人尊重和信任的人。

如果想广交益友，自己就要首先成为别人眼中的益友。在与人交往的过程中，要学会悉心倾听、将心比心，严于律己、宽以待人，要坚持真诚的原则，真心帮助他人而不求回报，对朋友的不足能诚恳地提出批评意见，对不同的观点能直陈己见，既不当面奉承别人，也不在背后诋毁别人。这就是“同理心”态度的升华。

在和中国学生的交流过程中，我还发现，有些大学生十分自卑和压抑，不能和同学们打成一片。特别是某些学生因为家境贫困，看到周围的同学来自大城市的富裕家庭，再加上社会上的拜金风气，就会觉得自己在穿着打扮、业余活动甚至闲聊话题上都和其他同学格格不入。一些同学甚至会因此而变得抑郁寡欢。一位来自山村的同学说：

“我为了省钱，每顿只吃两个馒头，菜都没有，可是有的同学天天吃小炒，还嚷嚷难吃，我们之间的差距太大了——这种差距不仅是经济上的，也是人生经历、思想情趣和兴趣爱好上的，是全方位的差距。找工作时，看到那些有良好‘背景’的同学不花什么气力就可以找到令人羡慕的工作，我实在忍不住了。这个世界公平吗？寻求上进真的值得吗？”

此外，也有些同学因为学习成绩落后，就觉得自己低人一等，并逐渐自卑起来。他们常常慨叹：“自己付出的不少，结果却相差如此之大！”

其实，人人皆平等，但人与人之间存在差别却是不争的事实。这些差别，有些是天生的，有些则是后天带来的。但是，对一个人来说，最重要的是你总会面对机遇和选择。如果你只是埋怨和感叹世界的不公平，那就会失去更多的东西。如果你的起点比别人低，你就必须加快速度；如果你只是一味抱怨，那就会被别人越抛越远；如果你认为这个世界不公平，并因此放弃了自己的机遇和选择，那么，真正应该对你的失败负责的，恰恰是你自己的放弃，而不是这个世界的不公平——相反，在不公平面前，如果你能振作自己的精神，拥有乐观、豁达的心胸和良好的态度，并下定决心克服障碍、继续前行，说不定你还会取得别人意想不到的成功和收获呢。

黄美廉的故事

有一位叫黄美廉的女士，她自小就患上了小儿麻痹症。因为肢体失去了平衡感，她的手足经常乱动，她总是眯着眼、仰着头、张着嘴巴，口里念叨着模糊不清的词语，模样十分怪异。其实她已经失去了语言表达能力。

但是，黄美廉硬是靠她顽强的意志以及乐观、积极的精神，考上了美国加州大学，并获得了艺术博士的学位。她靠出色的听力理解他人，并用手中的画笔抒发自己的情感。

在一次讲演的现场，一个不懂世故的中学生问黄美廉：“黄博士，你从小就长成这个样子，请问你怎么看你自己？”在场的人都在责怪这个学生的不敬，但黄美廉却十分坦然地在黑板上写下了这么几行字：“一、我好可爱；二、我的腿很长很美；三、爸爸妈妈那么爱我；四、我会画画，我会写稿；五、……”最后，她再以一句话作为结束语：“我只看我所拥有的，而不看我所没有的！”

黄美廉的成功说明，任何先天的缺陷或贫穷都不值得自卑，每个人都有权利去进行正常的人际交流。尤其在大学生所处的环境里，大家是完全平等的，不需要在交往过程中有任何顾虑或掩饰。所以，年轻人之间的交往更应该建立在平等、诚信的基础上。在交往过程中，绝对不能因为出身、相貌、经历等理由而对别人“另眼相看”。

13.4 做个有人际魅力的人

许多青年不知道如何“结交朋友”，不知道“怎么让自己更有人缘”。大家总是感觉，有些人非常有魅力，更容易受到他人的欢迎，“和这些有魅力的人在一起，自己的心情就十分愉快，也可以听到许多有趣的事情，可以学到很多东西”。

无疑，有魅力的人总是那些善于和人相处、善于处理人际关系的人。但许多年轻人错误地认为：“魅力是与生俱来的。看着那些有魅力的人，除了羡慕和赞叹以外，我们实在不知道该如何做才能达到他们的高度。”其实，魅力、人缘都可以培养，只要做到了以下三点，任何人都可以成为有魅力的人。

13.4.1 努力建立良好的第一印象

怎样表现才能给人留下良好的第一印象呢？戴尔·卡耐基在其著作《人性的弱点：如何赢得朋友和影响他人》中指出，给人留下良好第一印象的六种途径是：

* 真诚，对别人感兴趣；
* 报以微笑；
* 多提别人的名字；
* 做一个耐心的倾听者，鼓励别人谈他们自己；
* 谈符合别人兴趣的话题；
* 以真诚的方式让别人感到他们自己很重要。

只要在生活和工作中多练习上述六点，给人留下的第一印象一定是良好而深刻的。

13.4.2 活泼主动，展示真我

为了具备良好的人际交流能力，很多内向的同学迫切地想改变自己的性格。一位同学问我：

“我是一个极端内向、不善言谈的人。平时很少和身边的人交流。其实我也不想这样，只是不知道该说些什么。结果，身边的人以为我很难相处，使我感觉越来越孤单，学习时也不能集中精力。我该怎么办才能成为外向活泼的人呢？”

首先，内向并不是缺点。著名的瑞士心理学家荣格（Jung）在其心理学理论中指出：“人可以从不同的事物中汲取能量——外向的人可以从和他人的相处中得到能量，而内向的人可以从独自的思考中得到能量。”内向的人不应该彻底改变自己，而应当庆幸自己拥有这样的个性，并通过最适合自己的方法获得能量。 让一个很外向的人整天独自思考，他会觉得压力很大；同样的，让一个内向的人去参加大派对或面对数千人发表演讲，他也会觉得压力很大。因此，善于发挥自己的特长，以自己擅长的方法获得成功，才是最重要的。

其次，内向和外向之间并不是非此即彼的关系，而是有一个可以动态调整的范围。比方说，假如用 1 到 10 共十个数字来标记人的性格，1 为极端内向，10 为极端外向，那么，要一个人从内向的 2 跳到外向的 9 显然是不现实的，但要让他从 2 跳到 4，就不会很困难了。事实上，每一个人都有一个属于自己的动态范围。例如，我做过两次“Myers Briggs 测试”（一种性格自测问卷）。在我做经理之前，我的“内向外向”指数是 4，在做了十多年经理后，我的“内向外向”指数是 6。也就是说，我可以在较为内向和较为外向的范围内，根据需要调整自己的性格。所以，每一个内向的人都可以在不给自己太大压力的前提下，尽量往外向的方向发展。

因此，对于上面那位内向而又渴望转变为外向型的同学，我的建议是：

* 接受并庆幸你拥有内向的性格，从中获取能量。外向者喜欢从执行中学习，而内向者喜欢从思考中学习；外向者更喜欢经过讨论碰撞出思想的火花，而内向者希望经过静思找到问题的关键；外向者善于组织人和事，而内向者善于组织思想；外向者善于表达，而内向者善于感悟。
* 尽量找机会，给自己一些“较外向但又不带来太大压力”的改变。例如，要求自己开会时发言，或一个月主动交一个朋友等等。这些计划最好有“可衡量的目标”，以督促自己执行。
* 主动、开朗一点。想结识有趣的人，就要先成为有趣的人。想成为有趣的人，就要主动和别人谈有趣的事。不要老是听别人讲话。总是喜欢和人分享有趣事物的人，他的身旁必定有许多愿意倾听的朋友。
* 待人真诚、主动而热心。改变自己的最终目标是要更好地与人相处，但这并不代表你必须改变自己的性格。只要以诚待人、将心比心、多听少讲，就容易被人接受和信任。
* 针对一些你想认识的人，找一些共同的话题。与人交流时，专注于对方讲话，让对方知道你在听；在适当的时候表达自己的意见 。
* 主动找人讲话时，不要那么在乎“面子”。如果一个人不理睬你，那就找下一个朋友，你不会有任何的损失。

* 参加一些社团，经过社团活动认识更多的人。
* 让自己更平易近人，学会微笑。

13.4.3 培养兴趣和爱好

有些人为了建立良好的人际关系，干脆抛下自己分内的工作不做，去结识朋友或刻意经营。殊不知，真正希望结交益友的人，自己只有首先成为别人眼中的益友，人们才会因为你的个人魅力而接近你。因此，人际交流中最重要的就是，先改变别人对你的看法，让人觉得“和他在一起可以学到知识”、“他是一个开心果”、“他是一个经常有奇思妙想的人”等等，这样，不用特别经营也能找到一群好朋友。

所以，如果觉得“没有特长和爱好可能会成为自己提高人际交流能力的一个障碍”的话，你可以有意识地去选择和培养一些兴趣爱好。共同的兴趣、爱好也是与朋友建立深厚感情的途径之一。很多在事业上有所建树的人都不是只会闭门苦读的书呆子，他们大多都有自己的兴趣和爱好。我在微软亚洲研究院的同事中就有绘画、桥牌和体育运动方面的高手。

业余爱好不仅是改进人际交流的一种方式，还可以发掘出自己在读书以外的潜能。例如，体育锻炼既可以发挥运动潜能，也可以培养团队合作精神。如果真的没有什么兴趣爱好，那么，多读些好书，丰富自己的知识也可以改进自己的人际交流能力，因为没有什么比智慧和渊博更能体现一个人的个人魅力了。

13.5 广建高素质的人际网

人际网就是与每个人发生联系的人际关系的网络。

“书到用时方恨少”，人际网也一样。对每个人来说，人际网的建立都是要花时间和精力的。而且，建立人际网之初，未必能发现它对自己有多大帮助，可一旦建立起来，你就会懂得，无论是在生活还是在工作中，人际网的力量是无穷的。

建立人际网需要出色的人际交流能力。有些人在人际交流中的影响力是与生俱来的，他们在参加酒会或庆典的时候，只要很短的时间就能和所有人交上朋友。但也有些人并不具备这样的天赋，他们在社交活动中常常比较内向，宁愿一个人躲在角落里也不愿主动与人交谈。但无论每个人的天性如何，只要勤于思考和联系，都能建立起满足自己需要的人际网。

例如，我个人就曾经有疏于人际交流的倾向。以前，我并不认为这有什么不妥，直到我雇用了一位非常具有个人影响力的经理凯利为止。凯利没有超人的智慧，但他告诉我，他认识整个公司中几乎每一个有能力的人。我以为他一定是在吹牛，决定好好考考他。于是，我每次在公司内部招聘员工时，就用电子邮件征询他的意见。我很惊讶地发现，他每次都能很精辟地分析出该人的优点和缺陷，指出他最适合什么样的工作。显然，他的意见对公司来说是非常有价值的。

从那时起，我意识到，处理人际关系的能力对于一个领导者来说异常重要。于是我开始特别注意培养自己在人际关系方面的影响力。我为自己设立的目标之一就是扩大我在公司里的人际关系网，多认识有能力的人，以便扩大自己的影响力。为此，我特别求教于这位“最具有影响力的经理”。他告诉我说，扩大人际网的秘诀其实很简单：

* 与人合作时，不要只知道就事论事，建立人际网和具体工作之间没有必然的联系。人在一起总会有话可谈，而多谈话、多认识些人总是好的。
* 与人交谈时要悉心聆听，用同理心理解别人的意见。另外，还要请每一个你认识的人帮助你扩大人际网。
* 当你想了解某一个人的时候，你可以尝试各种渠道，例如看那个人的履历，找以前和他共事的人聊天等等。只要你的人际网足够大，经过直接或间接的探询，你总可以打听到任何一个人的消息。
* 人际网的素质和网中人的素质是成正比的。如果人际网里的人普遍缺乏判断力，那么，你从这个网里得到的信息也不会是可靠的。

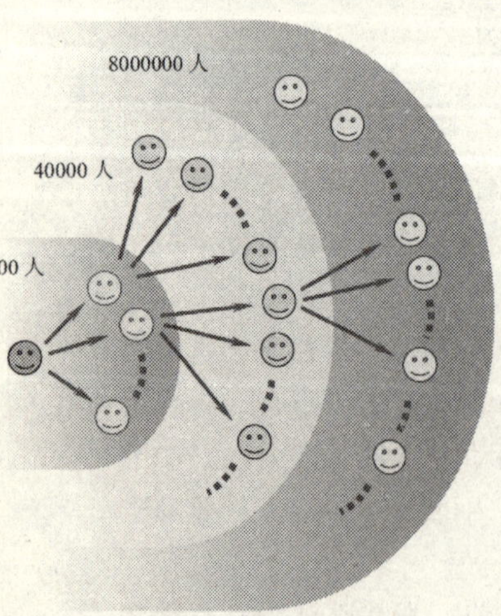

图 13–2 人际网

经他这么一解释，我才明白他当初说自己“认识所有的能人”其实并不都是直接认识，许多是经过人际网间接认识的。试想一下，如果一个人认识 200 个可以信赖的人，而在这 200 个人中，每个人又认识 200 个可以信赖的人，那么，这个人只需要两次信息传递，就可以获得 40000 个人中任何一个人的信息；更进一步地，如果信息可以传递三次，这个人就可以获得 8000000 个人中任何一个人的信息了（如图 13–2 所示）——这些让人惊奇的数字不正显示出人际网的强大之处吗？

现代企业的发展需要那些善于与人合作、与人交流的人，所以，要利用各种机会和渠道，尽早建立并扩大自己的人际网，并在这中间培养自己与人相处的能力。

13.6 学习高效生动的交流技巧

掌握高效、生动的交流技巧，诸如演讲技巧、谈话技巧以及非语言技巧等等，对于人际交流来说是至关重要的。

“在会见某人之前，”哈佛商业学校的唐哈姆院长说，“我宁愿在他办公室前的人行道上多走两个小时，而不愿贸然走进他的办公室，因为如果我的脑海中没有清晰的概念，不知道该说些什么，也不知道他——根据我对他的兴趣及动机的认识来判断——大概会怎么回答，我就无法保证交流的效率。”

唐哈姆院长对交流效率和交流细节的重视值得我们钦佩。他的话说明，只有自己多花时间准备、注意改进人际交流技巧，才能不浪费宝贵的交流时间，确保交流的高效进行。

13.6.1 谈话技巧

微软的副总裁训练

有一次，我参加了微软公司主办的一次副总裁训练。这个训练有很多项目，其中一项很有启发意义：教练要求十位副总裁坐在一起，“随便聊什么，但是不要谈公司的事。”一个小时后，教练要求我们每个人都对另外九个人进行评估和排序，从最优秀的领导排到最差的领导，并且要求我们不考虑过去的经验，只根据这一个小时的交流来做出判断。

结果，在这一个小时中不大说话的人总被排在最后——这又一次证明了“沉默不是金”的道理。而排在倒数第二位的总是那个老抢着说话、但所说的话又没有太多意义的人——这说明，虽然积极但说话缺乏针对性和目的性，其效果和不说话也差不了多少，也就是常说的“言多必失”。

这个案例表明，有效的交流不只在于打破沉默，还在于说什么以及怎样说。

说话时使用的称呼要得体，这样可以使人获得一种心理上的满足。例如，同事见到我的时候都称呼我“丌复”，学生见到我的时候则喜欢叫我“开复老师”，这些称谓都会让我感到亲切和温暖。

在使用语言交流时，要避免含糊和不流利的话语。说话的速度要把握好，不必太快，中间有停顿也没有关系。要学会利用语调、停顿、声调来增加自己语言的感染力。

电梯演讲训练法

在很多大企业里，每一个销售和市场人员都经历过一种名叫“电梯演讲”的练习。

该练习假定：如果你在电梯里遇到了一位大客户，他想了解某一件产品，而你的任务是想办法在电梯到达目的楼层之前，把这个产品推销给客户。

在这个练习里，你只有30秒钟的时间，你必须在这段时间里把你的想法表达清楚，还要想办法让客户认可你的产品。

“电梯演讲训练法”可以帮助区分，在自己要表达的内容里，哪些是最重要的、哪些是可以省略的。正如英文俗语所说的那样，人们要学会“糠中分谷”(Separate the wheat from the chaff)。而且，针对每一个客户，表述内容可能不尽相同，因为除了要把产品的优点讲出来以外，还要理解客户的心理，要告诉客户这个产品将如何帮他解决实际问题。此外，在短暂的时间里，还要对竞争对手的产品进行分析和比较，这样才能让客户下定决心购买你的产品。

13.6.2 非语言交流技巧

高效的人际交流不仅需要语言的说服力，还需要形体语言、表情和自信心等非语言表达方式的配合。

学生给教授打分的实验

哈佛大学的阿姆巴迪教授最近做过一个非常有趣的实验，他让两组学生分别评估几位教授的授课质量。其中一组学生是经常听这些教授讲课的学生，而另一组学生从未听过这些教授讲课。阿姆巴迪教授让前一组学生根据听课经验为这些教授打分，让后一组学生观看这些教授讲课的录像短片，播放短片时还特意关掉了录像的声音。

结果，两个小组的评估结果竟然惊人地相似。这表明，在表达自己思想的过程中，形体语言、表情等非语言表达方式与语言本身同样重要，有时甚至更重要一些。

这里所说的非语言表达方式是指人的仪表、举止、语气、声调和表情等等。它在人际交流技巧中占有重要地位，因为从这些方面，人们可以更直观、更形象地判断你为人处世的能力，看出你的自信和热情，从而获得十分重要的“第一印象”。

在使用非语言交流时要记住，面部表情是内心情绪的表现。讲话时与他人眼睛的接触最好把握在 3~6 秒左右；每讲几句话后，要给对方留下发言的机会；在讲话时要善于使用适当的手势，但不要太过分（不要接触对方身体，不要给人“手舞足蹈”的感觉）。

13.6.3 演讲技巧

“演讲”是最有效率的交流方式之一，也是人人都需要学会的交流方法。许多中国人都对演讲有无比的恐惧，一上讲台就紧张，怕说错话。下面是几个有关改进演讲技巧的建议：

调整好自己的心态

* 只要有信心，只要经过反复的练习，人人都可以成为优秀的演说家；
* 不要害怕观众，要知道，你的观众都希望你成功，他们来听你的演讲就是希望能听到有趣的、有意义的、能激发他们思想的演讲；
* 慎重选择演讲题目，对自己没有把握或没有兴趣的演讲题目，最好推掉不讲。

多准备，多练习

* 多做练习就是最好的准备：练习越多，你的自信心越强，表现也会越好；
* 练习时，请亲人或朋友作为观众，以便给你提出反馈意见。如果没有别人的帮助，一面镜子甚至自己的宠物都可以是听众；
* 练习时，尽量想像自己是在无数观众面前正式发表演讲；
* 用录音或录像的方法记录自己的演讲过程，然后自我批评、自我改进；
* 每一次演讲至少练习两次；

* 练习时，要确定自己能够在规定的时限之内讲完所有内容；
* 如果在讲台上有可能出现脑筋一片空白的情况，就准备一份讲稿，在演讲前反复记诵——如果你仍然担心，那就把讲稿带进现场，以防万一。

演讲前要做的事

* 如果可能，在上台前先和前面几排的观众聊聊天——这一方面可以缓和气氛，另一方面也可以帮助自己减压；
* 如果你担心自己缺乏激情，演讲前多喝几杯咖啡也是个好主意；
* 在上台前做几次深呼吸，这可以降低血压，清醒头脑；
* 放松脸上的肌肉，张大再闭紧你的眼睛和嘴，但千万别让人看到！

演讲时的技巧

* 如果讲到一半忘了词，不要紧张，直接跳到下面的题目，很可能根本就没有人注意到；
* 停顿不是问题，不要总是想让自己的声音填满每一秒钟，最优秀的演讲者会利用停顿把他的重点更清晰地表达出来；
* 如果看观众的眼睛会紧张，那就看观众的头顶——观众不会发现的；
* 演讲最好用接近谈话的方式，用简单的语句表达清晰的思路，不要太咬文嚼字；
* 最好适当使用形体语言，不要让演讲太死板；
* 因为紧张而发抖，可以试着攥紧拳头，或扶着讲台，但手上不要拿讲稿，否则纸会将你身体的抖动放大出来；
* 演讲时千万不要提到自己的紧张，或对自己的表现道歉。那只会让你失去自信；
* 如果能用有趣的开场白吸引观众的注意，整场演讲就会生动不少。

13.7 建立终身友谊，从家人和朋友身上学习

在自己的人际网中，需要一些彼此高度信任的、一辈子的知己。在寻求成

功的道路上，这样的友谊弥足珍贵。

孔子曾说："益者三友，……友直，友谅，友多闻；益矣。"直的朋友可以做镜子，帮助你通过自省而成长。"谅"的朋友能够分享快乐，减轻痛苦。在人生的道路上，快乐和痛苦并存，有人分享则快乐加倍，有人分担则痛苦减半。"多闻"的朋友能够以他们的知识滋润你的成长，以他们的行动成为你的榜样。

结交直、谅、多闻的益友和最知心的朋友，需要幽默、乐观的情绪和有效的交流技巧。乐观、向上的力量是无穷的。近年来，忧郁症已成为全世界最普遍的心理疾病之一，而忧郁症本身又总是和消极、悲观联系在一起。有些人习惯钻牛角尖，总是往悲观无助的方向想，其实，如果能换个角度，也许就可以看到一片崭新的天地。现在的不如意，并不代表你将一事无成，而是代表你有更大的成长和进步的空间。

无论是驱逐悲伤或是获取快乐，都需要从倾诉和交流中得到正面的激励。最自然的交流对象可能是亲人，特别是父母。我相信，所有的父母都愿意听孩子的倾诉。

缺乏倾诉渠道的后果

2004年杀害同学的马加爵总是把话闷在心里，即使倾诉也只是在日记里。他很苦闷，却不知该对谁讲。他说："我在学校里一个朋友也没有，我在学校那么落魄……在各种孤独中间，人最怕精神上的孤独。"

马加爵在人际交往中碰到了很多障碍，这些障碍带给他苦闷，而这些苦闷又没有渠道宣泄，进而造成更大的苦闷。这个恶性循环最终导致了悲剧的发生。其实，马加爵的内心独白证明，他是一个有自觉的人，他能看清自己的困境，可惜他将自己锁在自我封闭的牢笼里，让仇恨把自己带向毁灭。

"在家靠父母，出外靠朋友"。除了家人以外，还需要和知心朋友交流、倾诉。

交朋友时不要只看对方的爱好和个性，更重要的是，你需要一些善于鼓励人的、乐观而幽默的、诚恳且有同理心的、乐于助人并愿意听人诉说的朋友。也许你会说："我没有这样的朋友，也不敢去乱找朋友，如果别人拒绝怎么办？"但即使别人拒绝了你，你也没有失去任何东西，可如果别人接受了你，你就可能因此找到知己。

同时，在寻找好友的过程中，也应让自己成为这样一个会鼓励人的、乐观而幽默的、诚恳且有同理心的、乐于助人并愿意听人诉说的人，并尽力去帮助周围

的亲人和朋友。惟有更多人的自愿付出，快乐才能更迅速地通过人际网扩散。

一首小诗——席慕容的《分享》

……

欣赏你的人可以使你充满自信
批评你的人可以使你愈挫愈勇
伤害你的人可以使你更加坚强
疼惜你的人可以使你知道感恩
依赖你的人可以让你拥有能力
想依靠的对象可以让你歇歇脚

……

三人行必有我师。每一个朋友都可以成为你的良师。观察你的每一个朋友，看看他们值得学习的地方。尽量结交不同类型的朋友，不要只去找和你相像的人或附和你的人做朋友，俗话说得好："结交须胜己，似我不如无。"

学习别人的经验和自己亲自积累同等重要。所以，要多在朋友中发掘值得欣赏的特质，如热心、幽默、机智、博学、正直、沟通、礼貌、尊重他人等等。在班级、公司、社团中，多观察周围的人，特别是那些你觉得人际交流能力特别强的人，看他们是如何与人相处的。比如，看他们如何处理交往中的冲突、如何说服他人和影响他人、如何发挥自己的合作和协调能力、如何表达对他人的尊重和真诚、如何表示赞许或反对，如何在不冒犯他人的情况下充分展示个性等等。有的方法可以直接借鉴，有的方法可以间接模仿，有的地方可以比他们做得更好。通过观察和模仿，你逐渐地会发现，自己的人际交流能力有了意想不到的改进。

不一定只有在现实世界里才能学习，在虚拟的世界里，照样可以交友和学习。例如，我开办的"开复学生网"就是一个很好的交流平台。在网络上，主动发问当然是很好的交流方法，不过，你也可以做个有心人，看看以前的帖子，留心观察那些善于表达的网友与人交流的方法；看见你喜欢的帖子时，可以分析一下，它好在哪里？是思路新颖别致？还是列举的事例贴切有趣？或者是语气诚恳而委婉？有了这种分析的眼光，你就会透过"人缘好"这个表象，看出善于交流的人是如何修炼"内功"的。

有一句名言说得好："人生惟一的失败就是不参与。"在学习、生活和工作的过程中，有许多机会可以提高人际交流能力。建议大家好好把握每一个机会，因为人际交流是每一个现代人的必修课。

本章要义

- **"一个人事业的成功只有15%取决于他的专业技能，另外的85%要依靠人际关系和处世技巧。"**
  ——戴尔·卡耐基
- **人际关系包括处理冲突的能力，建立关系的能力，说服与影响他人的能力，团队合作与协调的能力，倾听与沟通的能力等等。**
- **在与人交往的过程中，要学会悉心倾听、将心比心，严于律己、宽以待人，要坚持真诚的原则，真心帮助他人而不求回报，对朋友的不足能诚恳地提出批评意见，对不同的观点能直陈己见，既不当面奉承别人，也不在背后诋毁别人。这就是"同理心"态度的升华。**

Q：如何让自己更有人缘？

A： 通过"真诚，对别人感兴趣；抱以微笑；多提别人的名字；做一个耐心的倾听者，鼓励别人谈他们自己；谈符合别人兴趣的话题；以真诚的方式让别人感到他们自己很重要"等六种方式，努力建立良好的第一印象；主动和别人谈有趣的事，活泼开朗一点，展示真我；改变别人对自己的看法，有意识地培养一些兴趣爱好，用智慧和渊博体现个人魅力。

扩大人际网的秘诀

与人合作时，不要就事论事，要多谈话、多认识人；

与人交谈时悉心聆听，用同理心理解别人，同时请每一个你认识的人帮助你扩大你的人际网；

了解某一个人的时候，可以尝试各种渠道，经过直接或间接的探询获得信息。人际网的素质和网中的人的素质是成正比的。如果人际网里的人普遍缺乏判断力，那么，从这个网里得到的信息也不会是可靠的。

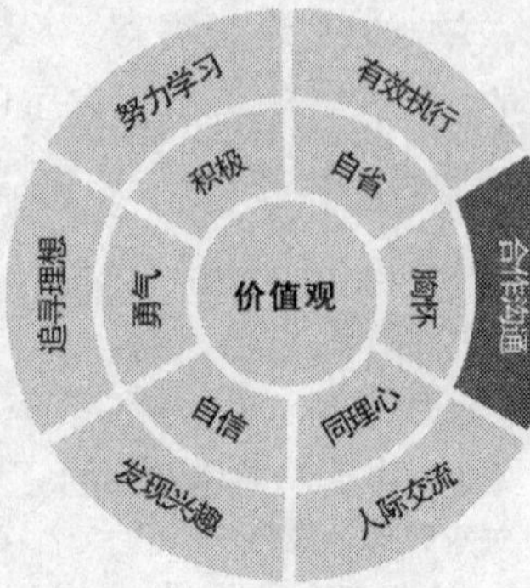

第 14 章　合作沟通

——信息时代的成功之道

开会时，你说话吗？

许多中国人在微软工作得很努力，却无法得到升迁机会。微软 Windows 检测技术组总监周克在谈到此问题时强调，当我们为升迁而困惑时，应当首先问自己："开会时，我会大胆说出自己的想法吗？"

周克说，他自己刚加入微软的时候，也总是感觉怀才不遇。他和大多数中国学生一样，开会时总是一声不吭。直到有一天，老板问他："你是不是不开窍呀？"

周克说："我没有不开窍啊！"

老板说："那为什么你在开会时不发表意见呢？"

周克说："我刚来，觉得自己应当谦虚、谨慎。"

老板说："我不需要你的谦虚，我需要你的想法。"

从那以后，周克努力培养自己的表达和沟通能力，赢得了老板的青睐。现在，每逢有来自中国的工程师问他类似的问题时，他就会反问他们："开会时，你说话吗？"

14.1 团队合作

团队合作指的是一群有能力、有信念的人在特定的团队中，为了一个共同的目标相互支持、合力奋斗的过程。

一个优秀的团队会有一个良好的合作环境，能够不断鼓励和发挥团队成员潜在的才能和技巧。在这样的环境中，为了实现共同的目标，所有团队成员必须自觉地认同自己承担的责任，并愿意为此奉献自己的力量，同时，每一个团队成员都可以分享团队的业绩。也就是说，团队成员不是为了个人的业绩而努力，他们在工作中的每一次付出都是从整个团队的集体利益和共同目标出发的。因此，团队合作要求所有团队成员可以相互分享信息和资源、积极合作、取长补短、形成最大的合力。

14.1.1 有关团队合作的四种不良现象

现象一：竞争心理作祟

面对激烈的竞争，许多学生认为彼此“互为对手”。相关的问卷调查显示，虽然有 53% 的同学认为现在大学生的关系应是“互相帮助、共同进步”，但是，由于在学习、就业等各方面的竞争，46% 的同学感受到了实际存在的“互为对手”的关系。还有相当一部分学生认为同学之间是“互不相干”甚至是“互相提防”的关系。很显然，片面强调竞争的心理，阻碍了年轻人的团队合作意识。

现象二：“负面”默契

一项任务布置下来，因为缺乏团队合作精神，大家明明知道该任务不切实际、无法完成，但为了逃避责任，都心照不宣地选择“沉默是金”，谁都不愿将实际情况告知上级领导——这是典型的“负面”默契。

苹果公司的“负面”默契

苹果公司本来每隔一年左右发布一次新的操作系统版本，从1984年到1991年从未间断。但在 1991 年到 1996 年的五年中，在一种“不合作，也不说实话”的环境影

响下，公司内的研发、市场、销售乃至管理人员相互推诿，只知道追究他人责任，软件研发工作一拖再拖，始终没能推出新版的操作系统，结果在市场上贻误了战机。直到1996年乔布斯重返苹果，并将他在NEXT研发的操作系统移植到苹果后，苹果公司才于1998年推出了新的操作系统，重新确立了自己在市场上的形象和地位。

这个例子说明，当一个团队陷入“负面”竞争时，就会陷入拖延、内耗的泥潭；但当有魄力的领导带来成功的希望，并营造出相互支持和鼓励的工作氛围时，团队成员就可以很好地团结在一起，显示出无穷的力量。

现象三：个人英雄主义

个人英雄主义对团队合作的危害是不言而喻的。这是一个真实的故事。

明星员工的故事

有位朋友告诉我，当他第一次成为经理时，他的部门里有一位明星员工，做事情比谁都快。但是，这位明星员工自大、自私，看不起同事，总是向老板抱怨其他员工。他的作风造成整个队伍士气低落，员工之间没有信任，缺乏默契，效率极差。我的朋友起初没有察觉到这一现象的危害性，反而认为那名明星员工是个英雄，他一个人的效率拯救了团队。于是，他每年重用并提拔明星员工。后来，别的员工都慢慢离开了他的部门，最后整个项目失败了。

我的朋友说：“经过这次教训，我终于懂得，团队合作比个人表现更重要。”

我问他：“之后你解雇了那个傲慢的明星员工吗？”

他说：“不，我的老板先解雇了我，然后他又解雇了那个傲慢的员工。”

看来，只有摒弃个人英雄主义，才能培育出整体表现出色的团队。优秀但不懂得团队精神的人，在团队中只会起到负面作用。

现象四：因小失大

在团队合作中，集体利益和共同目标是团队成员工作的前提和原则，有时，为保证共同目标的实现，需要对以往的团队和工作进行调整，这可能就会与团队成员的个人利益或目标发生冲突，有团队合作意识的人会坦然面对，以大局为重，也有人会“因小失大”。

“因小失大”的高管

在微软公司，有一次，鲍尔默总裁要求我对两位高级副总裁管理的两个研发队伍进行重组。从技术角度看，这两个队伍应该合并起来。但在这两位副总裁看来，如果放弃了对团队的控制权，自己在公司中的地位就会动摇。因此，他们互不信任，不愿交出自己的研发队伍。最后双方都摆出了宁为玉碎、不为瓦全的架势——说实在的，这种只看重自己的“虚名”而不顾整个公司利益的做法是不折不扣的“因小失大”。没办法，我只好建议同时解除这两个副总裁对研发队伍的控制权，然后再着手合并团队，也只有这样才能最大限度地确保公司的利益。

在信息如此发达的今天，靠个人努力、单打独斗取得成功的可能性越来越小，团队合作越来越重要。因此，必须时刻警惕上述四种现象的出现，同时悉心学习团队合作的原则和技巧，只有这样，才能够真正融入以合作共赢为主题的现代社会。

14.2 团队合作的四个准则

根据我的总结和归纳，团队合作有四个最重要的准则：

* 团队至上、互信互助
* 共同的目标
* 个人品质
* 团队领导

14.2.1 团队至上、互信互助

在现代社会中，只有团队整体的成功才意味着个人的成功。因此，永远不能将个人利益凌驾于团队利益之上。

很多知名的跨国企业都将团队至上的精神摆在了企业文化的显著位置。其根本原因是，具有团队至上意识的企业可以让员工感觉到，自己真正置身于一个彼

此相互尊敬、相互信任、坦诚不设防的团体之中，这可以显著提高员工的工作热情和工作效率。

相互信任是团队精神中最重要的一点。如果没有了信任，每一个成员就无法知道自己的努力能否转变为团队的成功。在一个良好的团队里，每个成员都愿意与其他成员坦诚地分享自己的忧虑、弱点、风险、目标和动机。

团队既需要个人责任感，也需要相互负责。在实际生活中，人们总是希望别人"少管闲事"，但是，如果大家都"不管闲事"，那么"团队第一"也就只能停留在空想阶段了。

"各扫门前雪"的危害

有一次，我的部门开会时，负责市场的经理说："市场是我的工作，你们不要插手，就像我不会插手你们部门的事务一样。"这种"各扫门前雪"的做法在不少大公司里都能见到，但这是很不好的做法。当时，另一位曾做过篮球队教练的经理不同意市场经理的想法，他站起来说："这怎么行？我们是一个队伍，市场部门不是一个独立的部门，这就像打篮球时后卫不能脱离球队独来独往一样。市场部门要帮助产品部门寻找产品的合适定位，要为销售部门提供潜在的客户信息。老板就是我们的教练，到了半场时，老板会把我们叫到一起，让我们一起商讨整个队伍如何获取胜利。你能想像，教练只是一对一地与我们每个人分别讨论战略和战术吗？如果是那样，前锋不知道后卫在想什么，后卫不知道前锋打算怎么办，这样的球队能赢才怪呢！"

14.2.2 共同的目标

决定"共同的目标"的最好方法是让团队成员一起参与目标的选择和确定过程。

重新制定的部门目标

记得多年前，当我接管一个部门时，为了提高效率，我在一个星期内定下了团队的工作目标，并召开会议宣布这个目标。没想到，会议开得很糟糕。有些员工吹毛求疵，有些员工没精打采，有些员工一片茫然。看到他们的反映，我终于明白，我选择目标时过于武断和草率了。我对他们说："很显然，我对未来太天真了。现在，让我们重新来过，一起制定出大多数人认可的团队目标。"

我当场把我的计划撕掉，然后宣布成立三个员工小组，分别解决部门面临的三大问题。一个月后，这三个小组各自呈上他们的报告，然后我和三个组长一起定下最后的目标。这次，全体员工欣然地接受了新的目标。

有趣的是，新的目标与旧的目标之间，除了存在措辞方面的差异外，几乎一模一样。我的助理向我抱怨说："我们浪费了一个月的时间，又回到了原地。"但我对他说："不是的，此前我是靠直觉选择了目标，没有调查数据的支持，无法令员工信服；现在，经过一个月的工作，大家都有了信心。更重要的是，旧的目标因为没有经过员工参与，即使实施起来，他们也很难全身心投入。"

但是，参与并不代表每个人都要同意最后的决定，也不一定要投票表决。成功的团队能为每一个人提供发表意见的机会，能够认真考虑每一个意见。但即便如此，最终的决定也很少是没有异议的。这时，团队领导必须负起责任，做出最合理的抉择。一旦达成一致的目标，团队的每个成员就必须接受并支持它，无论自己是否还有保留意见。

有了一致的目标后，一定要有清晰的执行方式以及明确的负责机制。也就是说，整个团队都要知道，每个人负责什么部分、如何衡量他的工作。在一个健康、互信的团队中，如果有人感到自己可能无法完成相关工作，他就会马上承认，并从其他团队成员那里寻求帮助；同样，如果看到有人无法完成工作时，团队成员也会马上把问题提出来——只有这样才能避免前面提到的"负面默契"问题。

14.2.3 个人品质

为了实现团队的目标，一个团队的每一个成员都要有良好的品质与态度。对每个年轻人来说，为了培养自己的团队合作意识，在个人品质方面应当注意以下三点：

* 做坦诚的人：不设防地和其他成员沟通。愿意充满激情地（同时也是有建设性地）辩论重要的事情；愿意指出彼此的问题以达到团队的目标；愿意承认错误，坦白自己的弱点；愿意倾听别人对自己的意见，重视彼此的信任和默契。
* 深信团队至上的道理：坚定信念，相信团队合作的力量是取得成功的关键。

* 有海纳百川的胸怀：千万不要把好的思路、想法封存在自己心里，应当拿出来与团队成员分享。担心别人超过自己的想法既不利于团队合作，也无助于自己的成功。在团队之中，要勇于承认他人的贡献。这点尤其重要，所以在“成功同心圆”里面，指导“合作沟通”的主要态度是“胸怀”。

14.2.4 团队领导

团队领导是一个团队的灵魂、教练和啦啦队。

最好的团队领导总是与团队成员一起构筑团队的愿景、目标、运作规则和团队文化，并与团队成员共同培养团队意识；他们会用服务者、合作者的心态，帮助团队成员完成他的个人目标。领导要关心团队成员所关心的一切事情，包括他们在事业上的进步和成长、对项目过程的想法乃至个人报酬等等。

比尔·盖茨谈团队精神

比尔·盖茨曾针对微软公司的团队意识做过很好的总结：“这种共创卓越的团队意识营造了一种向上的氛围。在这种氛围中，开拓性思维不断涌现，员工的潜能得以充分发挥。对每个员工来说，你不但拥有整个公司的全部资源，同时还拥有一个能使自己大显身手、发挥重要作用的班组或部门。每一个人都有自己的主见，而能使这些主见变成现实的则是微软这个团体。我们的策略一向是，聘用有活力、有创新精神的顶尖人才，然后把权力和责任连同资源（人、财、物），一并委托给他们，以便他们出色地完成任务。”

领导者应当想方设法寻求最优秀的、最符合团队需要的成员加入到团队中来，同时应当不断激励团队成员学习和进步，如果发现有的员工无论怎样努力都无法满足团队需要，或对团队有负面影响，就应当果断地请他离开。

最后，团队领导必须以身作则。这个道理听起来很简单，但在实际工作中，很多领导习惯于用表面的权威隐藏自己的弱点，这样的领导是无法获得员工信赖的。员工更愿意追随的是坦白真诚而不是高高在上的领导。

14.3 在大学中培养团队精神

大学是你最后一次可以在低风险的情况下，学习、培养、练习与人相处的机会。而且，步入社会后，如果团队合作问题处理得不好，你的前途、快乐都会受到负面的影响。所以，建议同学们在读书之余积极参加各种与团队相关的工作。只有在与他人分工合作、分享成果、互助互惠的过程中，才能够体会到团队合作的重要性。

社团是微观的社会，参与社团是步入社会前最好的磨炼。在社团中你可以学到很多知识，也可以发挥你的专业特长，更重要的是，你可以培养自己的团队合作精神以及领导才能。在社团内，你要做一个诚心诚意的服务者和志愿者，或在担任学生会工作时，主动扮演同学和老师之间的沟通角色，并以此锻炼自己的沟通能力，为同学和老师服务。这样的学习过程不会很轻松，挫折是肯定会有的，但是不要灰心，大学社团里的人际交往是一种不用“付学费”的学习，犯了错误也可以重头来过。

当然，在学生阶段参加社会活动也不是多多益善。在“开复学生网”上有一位名叫 Crest 的论坛最有价值专家（MVP）建议说：

“参加社团活动有四个准绳：力所能及、锻炼提高、志愿服务、兴趣所在。如果一个社团活动会影响你的学习，那么一定要做出调整，这就是力所能及。如果社团活动对锻炼提高帮助不大，那么要考虑这种活动是否对他人有帮助，自己对帮助他人是否有兴趣。如果这种活动对他人没有帮助，或者自己对帮助别人力所不及，那么也可以考虑洗手不干。在学习过程中（比如在学业交流和课程实践项目里）也可以培养合作与沟通能力，所以，不要刻意要求自己当学生干部或参加自己不喜欢的社团活动。”

14.4 合作离不开沟通

在团队合作中，几乎每一件事都离不开有效的沟通。无论是为了给他人施加正面的影响，还是为了理解他人的处境和想法，或者想说服他人支持自己的建议或行动，抑或想邀请他人参与到自己的团队或计划中来，你都必须具备良好的沟通能力。

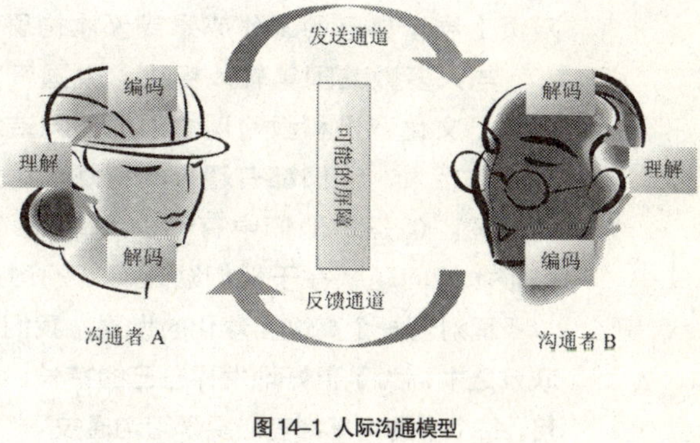

图 14-1 人际沟通模型

从本质上说，沟通是一个双向信

息传递的过程，参与沟通的双方在沟通过程中都既扮演发送者的角色，又扮演接收者的角色，二者之间的信息发送和接收是一个循环往复的过程，沟通的每一方都在不断重复着接收、解码、理解、编码、发送、再接收的动作（如图 14–1 所示）。

因此，对参与沟通的每一方来说，有效沟通都包含了两个最重要的因素——有效倾听和有效表达。也就是说：

有效沟通 = 有效倾听 + 有效表达

有些从事技术工作的人觉得：“只有那些从事销售和市场工作的人才需要注重沟通技巧；作为技术人员，我不需要说话，只要把事情做好就行了。”其实，即便在技术研发方面，有效沟通的能力依然十分重要。比如，当软件开发人员开发出了一项先进的技术，为了把它变成公司的产品，开发人员要做的第一件事就是要说服公司的决策层支持和采纳此项技术。为此，开发人员必须精心准备产品建议书，并通过精彩的演讲和现场展示让公司领导相信他们研究出的技术对公司来说大有裨益——这样的工作显然需要出色的沟通能力。此外，像需求调研、客户访谈、方案讨论、技术决策、项目管理等诸多技术工作，哪一样也离不了有效的沟通技能。

也有人觉得，“沟通只不过是在讲台上发表演讲，与自己的日常工作关系不大。”这种看法就更加片面了。虽然演讲是一种常用的沟通方式，但我们每天还要面对许多其他类型的沟通。例如，在微软这样的大公司里，员工们每周都有机会参加小组讨论、项目会议、部门会议或是与领导一对一的面谈，此外，工作间隙与同事的寒暄与闲谈，利用电子邮件和客户交换意见，在自己的网页上展示自己的工作成果或天才构思等等，这些都是极为重要的沟通类型。

与大多数美国年轻人相比，中国青年的表达和沟通能力普遍要差一些。这也许是文化背景和教育理念上的差异造成的。我在中国工作时，也看见不少优秀的年轻人，他们都有超人的智慧和勤劳刻苦的精神，可以在工作中取得骄人的成绩。但是，他们中有不少人的研究成果无法得到同行的认可。究其原因，最根本的问题就在于他们缺乏有效的沟通方法和沟通技巧。

面对着一个高度全球化的世界，我们每时每刻都生活在与他人、群体和社会的联系之中，为了更好地发挥自己的特长，为了让自己辛勤工作的结果得到社会的认可，每个中国青年都有必要学习沟通技巧、加强沟通意识、切实提高自己的沟通能力。

14.5 有效沟通的四个秘诀

总结起来，有效沟通的秘诀共有四个：悉心倾听、大方积极、直截了当、不同意的艺术（如图 14－2 所示）。

其中，“悉心倾听”需要利用你的同理心，“大方积极”、“直截了当”需要发挥你的积极性，而“不同意的艺术”则需要同理心和积极性的有机结合。

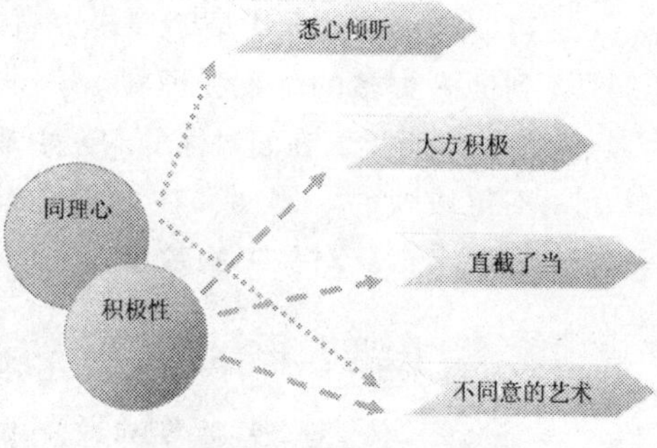

图 14–2 有效沟通的四个秘诀

14.5.1 悉心倾听

从同理心的原则出发，在沟通过程中，如果想让他人更好地理解你，你自己首先要听取并理解他人的意见。因此，沟通的第一秘诀就是“悉心倾听”。

所谓“悉心”，就是说不让要用耳朵来听，而是要全神贯注地用心来听。在倾听他人的过程里，你不让听到了他人的声音，你也在感觉着他人的思想，与此同时，你自己的内心也在积极地思考和判断——“悉心”倾听就是这样一个全身心投入以便接收外部信息的过程。

所谓“倾听”，就是说不让要去听对方说话的内容，还要去揣摩对方言语深处的含义。为了达到这样的目的，可以使用下面这些倾听的技巧：

* 倾听时，最好不要打断对方的谈话，除了对不懂的地方发问以外；
* 确认你真的听懂了对方的意思，尤其是对方讲话的重点，听完后，不妨用简单的话复述一下你听到的重点信息；
* 你的肢体语言和你的内心应当是协调一致的，要专注，有诚意；
* 使用表情、形体语言或简短的回答向对方传递反馈信息；

在倾听中要竭力避免以下现象的出现：

* 敷衍了事；
* 急迫地想打断对方；
* 机械式地回答；
* 只考虑自己的立场；
* 始终不给对方任何反馈信息；
* ……

人总是希望被理解，被支持，所以，“悉心倾听，多听少讲”的做法既可以让你在他人讲话时显得更有涵养，也可以让你在稍后表达自己意见时，得到他人更多的尊重和理解。

倾听不仅在面对面的沟通中非常重要，在大型企业或机构内部的沟通里也是不可或缺的。例如，在大企业里，领导如果不悉心倾听员工的心声，就无法体现出企业对员工的尊重，有时候还会导致灾难性的后果。

不善于倾听的领导

我在苹果公司工作时，公司一度面临经营上的困难，需要调整方向。当时，董事会新请来了一位以有战略眼光著称的首席执行官（CEO）。这位CEO刚来公司时，就告诉所有员工：“不必担心，这家公司的境况比我以前从鬼门关里救回的那些公司好多了。给我一百天，我会告诉你们公司的出路在哪里。”

但是，这一百天里，他只和自己带来的核心团队一起设计公司的“战略计划”，而从不倾听广大员工的心声。一百天后，他果然推出了新的战略计划，但是，公司员工对该计划既不理解也不支持，他自己的声望也开始走下坡路——因为员工觉得他虽然能干，但是很自大，不在乎员工的想法，所以员工们并不真正信服他，也没有动力去执行他提出的战略计划。

半年后，公司业绩继续下滑，这位CEO召开了一次全体员工大会。他不但不从自身找原因，反而在台上指着所有员工说：“你们让我很失望，大家没有努力执行我的计划，今后，我绝不允许你们再犯类似的错误。”结果，这次大会后，他失去了大多数员工的支持，不久就被董事会解雇了。

后来，有人这样评价他：“他以为他可以用智慧和经验改变公司的一切，他做了战略决定后就直接开始执行，却没有花时间寻求所有员工的支持。其实，他的战略方案不无道理，但他做事的方法是完全错误的——他不是一位懂得倾听、懂得理解的好领导。”

如果领导善于倾听员工的心声，善于取得员工的理解与支持，他的企业内部就可以营造出非常好的沟通氛围，而这种氛围正是许多企业的成功秘诀之一。

我的“午餐会”沟通法

我在2000年被调回微软总部出任全球副总裁，管理一个拥有600多名员工的部门。当时，作为一个从未在总部从事领导工作的人，我更需要倾听和理解员工的心声。为了达到这样的目标，我选择了独特的沟通方法——“午餐会”沟通法。

我每周选出十名员工，与他们共进午餐。在进餐时，我详细了解每一个人的姓名、履历、工作情况以及他们对部门工作的建议。为了让每位员工都能畅所欲言，我尽量避免与一个小组或一间办公室里的两个员工同时进餐。另外，我会要求每个人说出他在工作中遇到的一件最让他兴奋的事情和一件最让他苦恼的事情。

进餐时，我一般会先跟对方谈一谈自己最兴奋和最苦恼的事，鼓励对方发言。然后，我还会引导大家探讨一下所有部门员工近来普遍感到苦恼或普遍比较关心的事情是什么，一起寻找最好的解决方案。

午餐会后，我一般会立即发一封电子邮件给大家，总结一下“我听到了什么”、“哪些是我现在就可以解决的问题”、“何时可以看到成效”等等。

使用这样的方法，在不长的时间里，我就认识并了解了部门中的每一位员工。最重要的是，我可以在充分听取员工意见的基础上，尽量从员工的角度出发，合理地安排工作——只有这样才能使公司上下一心，才能更加顺利地开展工作。

14.5.2 大方积极

倾听时要多听少讲，但在表达的时候，千万不要相信“沉默是金”。

等别人花时间来发现自己的时代早已过去。二十一世纪属于那些拥有自我推销精神和积极主动意识的人。所以，要主动发表自己的思想和意见，让人们看到你的贡献和才华。

中国很多学生很勤奋、基础知识也很扎实，但是大多比较含蓄、害羞、不习惯做自我推销。很多中国学生到美国求学和生活以后才发现，自己在沟通能力和领导才能方面有很大的欠缺。有人说，在美国高科技公司工作的中国人很多，可是在这么多中国人中，能走上管理层的比例却很少。在本章开头的案例里，周克向员工提出的问题“开会时，你说话吗？”也为我们敲响了警钟。其实，无论是在生活还是在工作中，主动、大方地表达自我都是有效沟通的先决条件。因此，我们需要随时把握住转瞬即逝的表达机会，学会表达自我、说服他人的方法和技巧，勇于向别人推销自己，勇于表达自己的观点。

我参加过的一次沟通训练

我刚离开学校进入公司时，也不太习惯直来直去、主动沟通的企业文化。虽然我不会在开会时保持缄默，但总感觉自己没有融入这种“开放式沟通”的企业文化。直到我参加了一次独特的领导培训课程后，我才下定决心要提高自己的沟通能力。

在该课程的有关沟通训练的单元里，我尽了自己的全部努力，在其他员工面前做出种种出色的“表演”。但是，令我惊讶的是，虽然我已经足够尽力了，但很多与我素不相识的资深员工在观看了几个小时后，还是给了我下面这样的评语：

“眼神东张西望，给人一种没有自信的感觉；常用‘可能、也许、有没有、大概’等词，给人没有魄力的感觉；发言后如果没有人理睬，就轻易地放弃了自己的观点；发言时总是同意别人的看法，或是与人妥协；不同意别人的时候也不发言，甚至当别人的发言充满无稽之谈时也不愿纠正。”

我惊讶的是，在这么短的时间里，他们就准确地发现了我的问题所在。如果这些问题这么明显，那我确实应该纠正和改善自己的沟通技巧了。

那次沟通训练之后，我自己总结了若干条“大方积极沟通”的要诀。后来，我把这些要诀介绍给其他中国员工，他们也非常认可。我相信，这几条“大方积极沟通”的要诀也适用于中国的青年，尤其是那些希望进入一流的公司或外企工作，或者计划出国的学生。因此，我把它们罗列在这里：

* 目光接触——保持目光交流。眼睛是最富有表现力的器官，正视对方表明自己是具有自信、勇气和开放的，躲闪则意味着游移、胆怯与隐瞒。
* 选择词语——少用拖泥带水的词（如也许、可能、会不会、如果、听说、别人、我们等等），多用有魄力的词（我、我认为、我希望、我要求等等）。讲话要清晰，明确地表示你的意见和立场。
* 坚持真理——不要随意接受别人的看法，尤其是当他们的话明显无理时；你可以采取建设性或开放性的态度，表述并保留自己的意见；当然，别人的话确实有道理时，也要善于听取他人的意见。
* 自信表述——表述时不要让他人随意打断你，也不要默许他人不理会你的意见；如果你被他人打断，可以说“请让我说完”；如果听众不理会你，可以用重音重复刚才的话。
* 赢得尊重——不要太担心听众与自己的关系如何，不要担心听众不尊重自

己；如果你是一个值得尊重而且也尊重别人的人，没有哪位有修养的听众会因为你的意见与他不同而不尊重你。

* 拒绝沉默——沉默只代表你没有意见，甚至代表你没有主见或是没有想法，没有领导能力。

大方积极沟通的第一课

记得我刚进入苹果公司开始我的第一份工作时，公司里有一位经理叫西恩，大家都知道他是一个非常有才华的人，尤其在开会的时候，他得体的言辞完美地展现出他过人的才学、情商与口才，让在场的所有人钦佩不已。

有一天，我鼓足勇气去向西恩讨教有效沟通的秘诀。

西恩说："我的秘诀其实很简单：我并不总是抢着发言；当我不懂或不确定时，我的嘴闭得紧紧的；但是，当我有好的意见时，我绝不错过良机——如果不让我发言，我就不让会议结束。"

我问他："如果别人都抢着讲话，你怎么发言呢？"

西恩说："我会先用肢体语言告诉别人：下一个该轮到我发言啦！例如，我会举起手，发出特殊的声响，或者用目光要求主持人让我发言。但是，如果其他人的确霸占了所有的发言机会，我就等发言人调整呼吸时，迅速接上话头。"

我又问他："如果你懂得不多，但是别人向你咨询呢？"

西恩说："我会先看看有没有比我懂得更多的人帮我回答。如果有，我会巧妙地把回答的机会'让'给他；如果没有，我会说'我不知道，但是我会去查'，等会开完后，我一定去把问题查清楚。"

西恩这席话成为了我接触"大方积极沟通"的第一课。"我不知道，但是我会去查"在后来也成为了我自己的口头禅——而且，我还发现了一个西恩没有告诉我的好处：查了很多次后，自己的知识也在增长，以后需要说这句话的机会就越来越少了。

14.5.3 直截了当

不少人在沟通时有三个"不直截了当"的坏习惯，这三个坏习惯必须改掉。

坏习惯一：拐弯抹角，"打太极拳"

有些人说话时故意拐弯抹角，等着别人来猜。这不但会让人不知所云，也

会造成很多误会。另一方面，如果说话者直截了当，而听者却因此多心，以为说话者在“打太极拳”，也会造成非常大的误会。例如，我在微软研究院工作时，有一位研究人员要出差，负责行政事务的人告诉他：“你可以选择坐火车或者坐飞机。”他认为行政人员实际上是在暗示他坐火车，因为坐飞机太贵。其实，他的猜测纯粹是多余的、错误的。因为在微软，我们的沟通方式都是直截了当的，而他作为沟通中接受信息的一方，却在不知不觉间受到了“打太极拳”一类的世俗思想的迷惑。

这种不直接、互相试探的游戏危害极大，最后的结果只能是两败俱伤。相比之下，还是直来直去的沟通方式轻松一些。

坏习惯二：当面不说，背后批评

某些人有了意见，却不愿直截了当地表达，反而在背后指手画脚。比如，在开会讨论问题的时候，如果某个人因为考虑到某些其他因素（比如不愿反驳上级领导的意见）而在会议上不敢表达自己的观点，只知道唯唯诺诺，会后到了洗手间里再和别人说“其实我不同意他的观点”——这种戴着假面具工作的人不但不能坚持自己的观点，还会破坏公司内部的沟通和默契，对工作产生负面的影响。

坏习惯三：三角沟通

所谓“三角沟通”，就是两个当事人不直接讲，反而经过第三者来讲。比如，甲和乙吵架，第三者出于好意协调，告诉甲方“乙方承认错了”，又告诉乙方“甲方过意不去”，最后，双方的误会反而更深了。从这个例子我们可以看出，善意的“三角沟通”都有可能造成误会，更不要说恶意的传话了。比如，微软曾有一个无聊的员工去怂恿他的一个同事申请自己老板下面的空缺职位，然后又跑到老板那里说“绝对不能雇用这个人”，结果，三方因此结怨，再不来往。所以，三角沟通是最没有效率、最可能发生风险的沟通方式。

开诚布公的沟通是团队合作中最重要的环节。人与人之间遮遮掩掩、言不由衷甚至挑拨是非的做法都会严重破坏团队中的工作氛围，阻碍团队成员间的正常交流，并最终导致项目或企业经营的失败。那种“拙于谋事，工于谋人”的做法，是最没有效率的行事方式。

希望大家能够做到开诚布公，敢于说“不”，这才是尊重自己、尊重事实的沟通准则。当然，在表达不同意见时，自己的态度应该是建设性的、有高度诚意的，而不是为了批评而批评。

微软的“开放式沟通”

微软公司有一种企业文化叫做“开放式沟通（Open Communication）”，它要求所有员工在任何沟通场合里都能敞开心扉，完整地表达自己的观点。

在微软开会时，大家如果意见不统一，一定要表达出来，否则公司可能错过改进的良机。例如，当Internet产业刚起步时，很多微软的领导者，包括比尔·盖茨在内都没认识到它的价值而不打算投入太多精力来研究。但是，有两位刚加入微软的技术人员不断就此提出自己的意见和建议，虽然他们的上司并不理解和赞成他们的意见，但是仍然支持他们保留“开放式沟通”的权利，使他们的声音很快传到比尔·盖茨的耳朵里，最终促使比尔下决心改变公司方向，全面支持Internet技术。

从这个例子我们可以看出，这种开放的沟通环境对微软公司保持企业活力和创新能力是非常重要的。

14.5.4 不同意的艺术

“有建设性的不同意”是管理大师帕特里克·伦乔尼提出的有关团队进步的最好方法。该方法指出：一个团队如果建立在一个充满信任的基础之上，那么，这个团队就会很清楚，团队成员提出的任何“不同意”都不是为了刁难或阻挠，而是为了尽快找一个最好的解决方案，团队中任何“不同意”的说法都是建设性的，都是对团队的进步有帮助的——在这样的团队里，大家会理智地听取别人的意见。

“有建设性的不同意”可以尽早发现问题、达成共识。相反，“破坏性的不同意”就会伤害团队成员之间的信任和默契。

合理的“不同意”不仅要求我们勇敢地把自己的意见表达出来，也要求我们在表达时尊重别人，考虑到别人的立场。

有位同学来信提出：“在和同学讨论问题时，有时会变成‘辩论’或‘争吵’，甚至无法进行下去。本来讨论是为了让大家更好地理解某个问题，但最后却闹得很不愉快。”

这种现象在年轻气盛的大学生中是最多见的。很多大学生将讨论看成是决定双方胜负的过程，这样的心态导致你必定将他人放在自己的对立面上，最后的结果只能是：大家因意见相左就不尊重他人的意见，甚至发起人身攻击，却忽视了讨论的主题和初衷。

对于这位同学，我给出下面八点建议——我称它为“不同意的艺术”。

第一，先用同理心获得别人的尊重，使别人倾听你的想法

我在高中时，曾经学过卡耐基的沟通课程。当时，老师第一次上课就问学生：

“你想不想说出一个神奇的短句，可以阻止争执，赢得对方尊重，并使他注意倾听？如果你想，请这样开始：‘你有这种感觉，我一点也不奇怪。如果我是你，毫无疑问，我的想法也会跟你的一样。’”

这样一段话，会使脾气最坏的老顽固软化下来，可以使对方尊重自己，倾听自己的意见。只有先做到这一点，你才有机会表达自己的“不同意”。

第二，对事不对人

提出不同意见时，必须从大家关注的事情本身出发，而不能针对个人。只有双方受到必要的尊重时，才不会产生争执。称职的讨论者会用就事论事的方法发表意见，他们明白，即便对事情持有不同意见，也不要破坏人与人之间的感情。其次，不要总是想着攻击对方的弱点，讨论的目的是推动双方的认识和议题的进展，而不是互争输赢的辩论。

第三，保持自信

经验告诉我，当一个人办事最顺利的时候，也恰恰是他进步最小的时候；当一个人遇到不同意见最多的时候，也恰恰是他收获最多的时候。

因此，面对不同意见时，对自己讨论的问题要有充分了解并保持自信和清醒。不能因为看到自己的观点被推翻就产生自卑感，甚至出于绝望而拼命为自己的观点辩护。应当在讨论中时刻保持冷静的态度，积极思考自己的观点和他人观点的不同，不要一被反驳就乱了阵脚。

第四，保持建设性

微软公司总裁史蒂夫·鲍尔默去年在描述微软的核心价值观时，提出员工应把这种开放式沟通的文化改进成“开放并相互尊重（Open and respectful）”的文化，以避免由于过度开放引发争执。这种文化要求人们在相互沟通时充分尊重对方。当不同意对方的意见时，一定要用建设性的语言提出。

第五，提反对意见时不伤和气

富兰克林曾在他的自传里谈到：“当我在推动任何可能引起争论的事情时，我总是以最温和的方式表达自己的观点，从来不使用绝对确定或不容怀疑的字眼，而代之以下列说法：据我了解，事情是这样的；如果我没犯错，我想事情该是这样；我猜想事情是不是这样；就我看来，事情是不是该如此？像这样用温和的方法表达我的不同意，多年来使我可以顺利推动许多棘手问题的解决。”

富兰克林的话告诉我们，表达不同意见时，要尽量使用委婉的口气，不能伤了大家的和气。

“但是”和“而且”

卡耐基在他的人际交流课程中曾提过这样的一个例子：

如果要改变一个孩子读书不专心的态度，我们可能会这么说：“约翰，我们真以你为荣，你这学期成绩进步了。**‘但是’**假如你在代数上再努力点儿的话就更好了。”

在这个例子里，约翰可能在听到“但是”之前，感觉很高兴。但马上他就会怀疑这个赞许的可信度。对他而言，这个赞许只是要批评他失败的一条设计好的引线而已。可信度遭到曲解，也许就无法实现要改变他学习态度的目标了。

解决这个问题并不困难，只要把“但是”改成“**而且**”，就能实现目标了：“我们真以你为荣，约翰，你这学期成绩进步了，而且，只要你下

学期继续用功，你的代数成绩也会很出色。”

这样，约翰就会接受这种赞许，因为没有什么失败的推论跟在后面。这两句话都是以同意对方观点开头，然后给自己的观点另开一条路。

第六，循循善诱的提问

用提问的方式，让对方由浅入深地了解到你已经看清的事，这种方法在很多时候都是有效的。

有位员工认为他的老板总是不认可他的工作，每次他有什么想法时，老板就下意识地去否定那个想法。我就建议他说："你下次有什么想法，为什么不准备一套问题，慢慢引导老板，让他自己产生这个想法呢？"

在这里，教大家一招苏格拉底的辩论法：用提问引导对方时，应尽量促使对方连连说"是"，防止他说"不"。

使用苏格拉底辩论法的例子

运用这个"是，是"的方法，纽约一家银行的出纳员成功地说服了一位阔绰的储户。

这位出纳员说："这人到银行来存款，我按照我们银行规定，把存款申请表格交给他填写，有的他马上填写了，但有些他拒绝填写。

"我决定使用一点'苏格拉底辩论法'。我表示，自己的意见跟他完全一样，他不愿填写的内容，我也认为并不'十分'必要。

然后，我对那位顾客说：'若是你去世后，你有钱存在我们银行，你可愿意让银行把存款转交给你最亲密的人？'

那客人马上回答：'当然愿意'。

我接着说：'那么你就依照我们的办法去做如何？你把你最亲近的亲属的姓名、情况，填在这份表格上，假若你不幸去世，我们立即把这笔钱移交给他。'

那位顾客又说：'是，是的。'

那位顾客态度软化的原因，是他已知道填写这份表格完全是为他着想。他离开银行前，不但在表格中填上了所有信息，而且还接受了我的建议，用他母亲的名义另开了个信托账户。"

第七，当众论事，事后批评

尽量避免在有很多人的时候指出对方的谬误。这并不是说，在集体讨论的时候应当把问题捂着不说出来，而是说，如果有机会，可以在集体讨论以前或以后进行一对一的讨论，以便在私下沟通时更直接地指出对方的问题。在私下讨论中，用词可以更直率，也可以更有效率，对方可能更容易接受。

第八， 只在必要时展开争论

其实，大多数事情都是可以妥协的。但是，如果某件事触及了你的价值观，就必须坚持原则。该坚持的事就应该表现出你固执的一面；可以妥协的事就应当尽量理解他人的想法。因此，明白什么事是该执着的，什么事是该妥协的，才是一个懂得沟通的人应该持有的态度。

在微软所在的雷德蒙市史迪文森小学的教室里，贴着这样的沟通准则：

★ 我的批评针对的是人的想法，而不是人；
★ 我的目的是得到最好的和最有可能实现的结果，而不是赢得辩论的胜利；
★ 我鼓励每个同学参与讨论，并通过参与来学习；
★ 我认真倾听每个人的想法，即使是我不同意的想法；
★ 如果有人还未清晰地表达自己的想法，我会请他重新叙述，并且努力理解他；
★ 我在做出判断之前，会听取每一种观点；
★ 如果有证据证明我应改变自己的想法，那么我会做出改变。

每当我们与人争得面红耳赤时，不妨想想这些十岁的孩子都懂得的准则，我们是不是可以从中学到许多有效沟通以及表达不同意见的方法呢?

本章要义

- **团队合作指的是一群有能力、有信念的人在特定的团队中，为了一个共同的目标相互支持、合力奋斗的过程。**

团队合作四准则

团队至上、互信互助——愿意与其他成员坦诚地分享自己的忧虑、弱点、风险、目标和动机。团队整体的成功才意味着个人的成功；

共同目标——让团队成员一起参与目标的选择和确定过程。一旦达成一致就必须接受并支持它；

个人品质——做坦诚的人、深信团队至上的道理、有海纳百川的胸怀；

团队领导——与团队成员一起构筑团队的愿景、目标、运作规则和团队文化，培养团队意识。用服务者、合作者的心态，帮助团队成员完成其个人目标。

- **从本质上说，沟通是一个双向信息传递过程，参与沟通的双方在沟通过程中都既扮演发送者的角色，又扮演接收者的角色，二者之间的信息发送和接收是一个循环往复的过程。**
- **有效沟通＝有效倾听＋有效表达**

Q：如何做到有效沟通？

A：　首先要悉心倾听。所谓“悉心”，就是说不只要用耳朵来听，而是要全神贯注地用心来听；所谓“倾听”，就是说不只要去听对方说话的内容，还要去揣摩对方言语深处的含义。其次，要大方积极。要主动发表自己的思想和意见，让人们看到你的贡献和才华。因为等别人花时间来发现自己的时代早已过去。第三，要直截了当。开诚布公，敢于说“不”，尊重自己、尊重事实，态度应该是建设性的、有高度诚意的，而不是为了批评而批评。第四，讲究“不同意的艺术”。合理的“不同意”不仅要求勇敢地表达自己的意见，也要求在表达时尊重别人，考虑到别人的立场。

不同意的八大“艺术”

先用同理心获得别人的尊重，使别人倾听你的想法；针对事情本身而不对人；以冷静的态度积极思考他人观点并保持自信；尊重对方，保持建设性；以温和的方式表达自己的反对意见，不伤和气；提问时要循循善诱，让对方逐渐了解你已看清的事；当众论事，事后批评；只在必要时展开争论，原则问题要坚持己见。

第15章　完整与均衡

——用智慧选择成功

从追求完美到选择均衡

苹果公司在上世纪90年代初期的一段时间里，经营状况很不理想：电脑在市场上的占有率不断下降，公司屡次裁员和重组，大多数员工都在焦急和忧虑中观望……但即便如此，公司的领导者和工程师们仍坚持认为，苹果电脑是世界上最完美的产品，市场上的颓势只不过是机遇不好罢了。

现在看来，正是这种片面追求完美的思维方式害了苹果。道理其实很简单，从苹果公司的创始人史蒂夫·乔布斯到苹果公司的设计师们，只知道一心沉醉在对完美产品的追求中，却因此丧失了市场的先机。他们有足够的自信，却欠缺从竞争对手那里虚心学习的自省。他们对用户有高度的同理心，但却不知道用积极的态度降低用户的使用成本。的确，苹果电脑看上去很酷，用起来得心应手，但它在硬件和软件上都无法与其他公司的产品兼容，价格又居高不下。最终，苹果公司只能像他的创始人那样，尝到了失败的滋味。

史蒂夫·乔布斯在离开苹果后，经过十四年的学习和积累，终于成为了一位在思想和行为上更均衡、更完整的领导者。他从一次次的成功与失败中懂得了，一个成功的领导者既需要自信也需要自省，既需要勇气也需要胸怀，一个成功的企业既需要重视用户和技术，也需要重视成本和市场，既要有足够的自信，也要善于向竞争对手学习。

重回苹果后，乔布斯果断地对症下药。他一方面保持苹果在人机界面等领域的领先地位，另一方面针对用户的实际需要，用“均衡”而不是“完美”的思想对苹果产品进行全面改造。例如，苹果在新版的Mac OS X操作系统中大胆地使用了更为开放的UNIX内核，这一重大转变使苹果电脑在软件方面的兼容性一下子提升了若干倍；在市场上大获成功的iPod产品更是这种“均衡”思想的最佳体现。

主动选择“均衡”的苹果公司不但重新夺回了失去的市场份额，而且重新赢得了全球无数“Apple迷”的拥戴和支持。可以说，没有“均衡”的意识，就没有苹果公司的第二次辉煌。

15.1 “选择成功”的最大秘诀

在此前的章节里，我们已经逐一讨论了成功同心圆中的每一个要素。但在此前的讨论中，我们并没有把所有要素放在一起，考察它们之间的相互关系。爱动脑子的读者可能已经发现了其中的问题：

如果单纯追求其中某一种态度或行为方式，如果在其中某一个方向上走到极致，就很有可能在其他某一个或某几个方向上达不到成功同心圆的基本要求。

比如，成功同心圆要求在学习和事业上积极主动地追寻自己的理想，但如果只知道积极表现自己而不考虑他人的感受，就必然会像三国时的杨修那样陷入“恃才放旷”的窘境，并会在不知不觉中失掉人际交往的基础——同理心；再比如，成功同心圆要求用自省的态度时刻反思自己的缺点，修正自己的错误，但如果每天都沉浸在自我批评的氛围中无法自拔，就会逐渐产生一种自己浑身都是毛病、处处都不如别人的潜意识，久而久之，必然会失去最起码的自信，也就不会有勇气在成功的道路上继续前行。

这些事情看起来充满矛盾。大家可能会在阅读此前章节的过程中不时发问：开复博士既要我们寻找自己的兴趣爱好，又要我们有胸怀接受客观现实；既要我们在面对挑战时鼓足勇气，又要我们时刻拥有宽广的胸襟……这些要求看上去很难调和在一起。成功为什么这么难？成功对我们的要求为什么这么多？成功难道就是这样一个充满矛盾的过程？

如果你已经发现了成功同心圆中的内在矛盾和冲突，那么你距离真正的成功已经近在咫尺了。之所以用同心圆的图示来组织与成功有关的必备要素，就是因为，成功不仅仅是把某件事做到最好，而是多种因素综合作用的结果。圆形是最完整、最均衡的形状。如果想达到真正的成功，就必须完整、全面地考虑成功同心圆中的每一个要素，并设法使自己在各个要素的对立统一中达到最佳的均衡状态。也就是说：

离开了“完整”和“均衡”，任何单一的或片面的努力都无法将你送到成功的彼岸。

要理解完整和均衡并不困难。举例来说，假如我们要在自家的花园里培育一株可爱的紫罗兰，就必须综合考虑花草生长所需要的各种因素，并使这些因素达到最佳的均衡：花草虽然需要沐浴阳光，但过于强烈的阳光照射会让娇小的紫罗兰干枯而死；施肥固然重要，但过量的肥料也会让紫罗兰浑身焦黄；土壤中的间隙有利于养料的输送，但过多的间隙也会让水分快速流失……像种花这样简单的事情尚有如此多的因素需要综合权衡，更何况每个人的成功呢？

要达到完整和均衡的境界并不困难，关键在于如何选择。只有主动地选择才能让你做最好的自己。例如，当你大学毕业，面临考研、出国、工作等多种选择的时候，需要综合考量自身所具备的素质以及每一种选择背后的利弊。在这个时候，片面强调任何因素的做法都是不明智的：片面强调自己的兴趣也许会让你忽视了对自身素质的考察，以致于选择了自己无法胜任的工作；片面强调出国镀金也许会让你忘记了留学的真正目的，以致于在出国后才发现自己丧失了前进的动力……反之，如果能将各种因素的利弊综合起来，用最为理性的思考选择一条最适合自己的道路，你就会因为主动选择了“完整”、“均衡”的思维方式而获得更多的快乐。

用智慧在各种看似矛盾的因素之间主动选择“完整”和“均衡”，是“选择成功”并“做最好的自己”的最大秘诀。

15.2 “选择成功”的七种智慧

创办“开复学生网”以来，我已经在网上回答了两千多个问题。其中大部分问题都与如何处理成功同心圆中各要素之间的内在矛盾有关。许多年轻人缺乏权衡利弊、择善而从的经验，碰到类似的两难境地不知道该如何是好。他们常常在信中问到：

* 我被老师批评了，但我又有些无辜。我应该用自信的态度为自己辩解，还是用自省的态度坦然接受呢？
* 我想改变现状，但又有些力不从心。我应该鼓起勇气冲破险阻，还是应该放宽胸怀承认现实？
* 我遭受到了失败的打击。我应该用毅力坚持下去，还是应该用自省放弃它？
* 我想讲一些注定会遭到非议的话。我应该积极地表达自己的观点，还是应

该遵循同理心的原则多听少讲?

* 我的兴趣不符合我的理想，我的价值观不认可我的人际沟通方式，我的理想无法执行……

其实，这些问题都与完整和均衡地理解成功有关，也都与能否用智慧选择成功的过程有关。当我个人碰到这些问题的时候，我一直信奉以下的做事原则:

有勇气来改变可以改变的事情，有胸怀来接受不可改变的事情，有智慧来分辨两者的不同。

这句话是从基督教的祈祷词演变而来的，原文的第二句是希望人能够以信仰宁静地面对不可改变的事情，我将其中的关键词改为了胸怀。多少年来，这句话给了我无比巨大的支持和鼓励，帮助我度过了难以数计的人生关隘。

“有勇气来改变可以改变的事情”代表了积极和自信，也代表了用西方思维方式中积极进取的心态，培养自己的勇气，让自己坚强刚毅、发奋图强地去改变那些可以改变的事。这是人生中有为、进取的一面，它在最大的范围内体现了一个人的自主和自信。这句话倡导的是永不放弃、永不消沉的主动人生态度，鼓励人们靠自己的努力达到目的。

“有胸怀来接受不可改变的事情”代表了自省和同理心，也代表了用中国式的谦恭谨让的胸怀来培养自己的修养，让自己胸襟宽广、虚怀若谷地去接受那些不可改变的事。这是人生中包容、宁静的一面，它在最大的范围内体现了一个人的自觉和自省。这句话讲的是，要抛弃幼稚的理想主义或完美主义，学会承认和接受真实的、不完美甚至不公正的世界。

相比之下，“有智慧来分辨两者的不同”就不那么容易理解了。正如有位同学在悉心研究了这三句话后，写信告诉我说:“我充分理解了前两句话的含义。但是我不知道最后一句该如何理解。‘有智慧来分辨两者的不同，’可是，智慧从哪里来呢?”

其实，“有智慧来分辨两者的不同”就是指运用自己的智慧，主动发现并选择最完整、最均衡的状态，并通过这样的选择而获得成功。这里所说的“智慧”，既是甄别、判断的智慧，也是权衡、折中的智慧，但从根本上讲，它更是在选择中孕育、又在选择中升华的最高智慧——我也把它称作“选择成功”的智慧。

概括说来，“选择成功”的智慧用七句话来表达，它们中的每一句都可以为步入完整和均衡的境界提供帮助。这七句话是：

* 用中庸拒绝极端。
* 用理智反对片面。
* 用务实发挥影响。
* 用冷静掌控抉择。
* 用学习积累经验。
* 用自觉端正态度。
* 用真心追随智慧。

15.2.1 用中庸拒绝极端

“中庸”是儒家思想的精华，《中庸》也是千年国学的经典。

遗憾的是，现在有太多的人并不理解中庸的真正内涵，它们往往仅凭字面上的判断就误以为，中庸是“温吞水”，中庸是“和稀泥”。这些读者如果看到了我在这一章里提倡大家恪守中庸之道的文字，很可能会不以为然地说：“原来开复博士也不过如此，前面说了许多催人奋进的话，到头来还是要我们做个庸庸碌碌的‘老好人’嘛。”

误解比无知更可怕。如果你此前对中庸之道的全部理解都是道听途说，如果你曾因为思想上的叛逆而否定了包括《中庸》在内的所有传统文化，那么，我劝你好好读一下《中庸》的全文——你会惊讶地发现，原来中庸之道里蕴涵了那么丰富、那么强大的精神力量，原来《中庸》里还有让人精神振奋、踌躇满志的句子。

中庸强调的是至诚至善；
中庸推崇的是不偏不倚；
中庸鼓励养中气，行中道！

用这本书里的话来说，中庸就是要在复杂、多变的环境中，审慎而冷静地选择最好的解决方案；中庸就是要在诸多对立统一的因素中，敏锐而智慧地寻找最佳的均衡状态。

举例来说，本书介绍的成功同心圆里有六种基本态度，其中自信和自省，

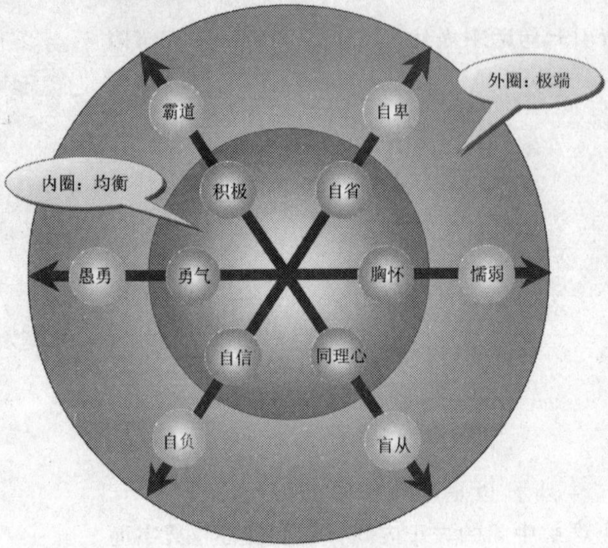

图 15-1 六种态度的均衡关系

勇气和胸怀，积极和同理心分别结成了三组对立统一的均衡关系（如图 15-1 所示）。

在图 15-1 中，内圈代表完整、均衡的状态，外圈代表极端、片面的行为。在内圈中，自信和自省，勇气和胸怀，积极和同理心这六种态度都是成功的必备要素，也都是成功者需要具备的优点。但是，一旦将其中某一种态度发展到极端，优点就会立刻演变为缺点：

* 极端的勇气就是愚勇——无论遇到什么事都会打得头破血流。
* 极端的胸怀就是懦弱——凡事都拱手相让，甚至惧怕别人，一辈子为别人而活。
* 极端的积极就是霸道——喜欢对别人颐指气使，飞扬跋扈。
* 极端的同理心就是盲从——失去了自己的选择，什么事都没有主见。
* 极端的自信就成了自负——自以为是、目中无人，从不认为自己会犯错。
* 极端的自省就会变成自卑——认为自己什么都不行，对自己极度失望。

也就是说，要用中庸的思想指导自己，把自己的态度限制在完整、均衡的范畴内，兼顾自信和自省、勇气和胸怀、积极和同理心等各方面因素，时刻防止在其中某一方面有过于偏激的表现。

15.2.2 用理智反对片面

中庸之道不但强调守诚中道，也包含择善而从。

仍以图 15-1 中六种态度的均衡关系为例：我们不仅要避免自己走向极端的陷阱，也要在六种态度构成的均衡范围内选择最适合自己的状态。也就是说，在图 15-1 的内圈中，不必强求自己的态度位于绝对的“中点”，完全可以根据自己的特点和兴趣选择最适合自己的平衡位置。从另一个角度说，这六种态度也不是非

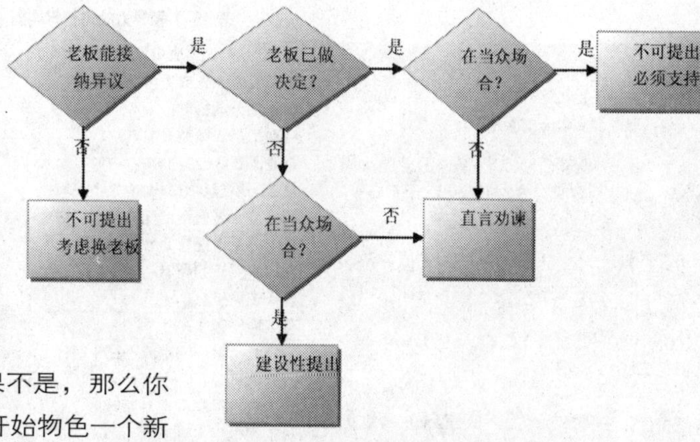

图 15-2 选择提出异议的最佳方式

此即彼的对立关系，所以既不用片面强调某一种态度，也不用片面强调两种态度之间的“中点”。

记得曾有一位青年问我：“我不同意我的老板，我该站起来发言吗？”

当时，我的回答是：“这要看情形而定。首先，你的老板是一个愿意接纳异议的人吗？如果不是，那么你千万不要乱发言，但是，你可以开始物色一个新工作和新老板了！如果他能够接受异议，那么，在老板还没做出最后的决定时，不要怕提出异议；但同时也要考虑到，如果是当众发言，自己的话就必须有一定的技巧，应当顾及到老板的面子。老板一旦做出了决定，无论有无异议，都必须支持和贯彻，有不同意的地方只可以私下与老板沟通。”

在这样一个具体的例子里，只有用智慧甄别各种复杂的情况，从不同候选方案中择善而从，才能找到提出异议的最佳途径。这个例子中的选择过程也可以用计算机流程图直观地表示出来（如图 15-2 所示）。

面对纷繁的世事，有些年轻人总是抱怨说：“我很苦恼，不知道该做一个爱憎分明的人，还是一个圆滑世故的人？”

其实，在为人处世的时候，需要具体问题具体分析。该坚持的，就毫不犹豫地选择坚持甚至是固执；可以妥协的，就用同理心去理解别人的想法，并做出相应的妥协甚至放弃自己的意见。

有效率的领导

领导艺术也需要择善而从。许多人误以为，好的领导都有完全相同的风格。在著名的管理学著作《有效率的领导（Leadership that Gets Results）》一书中，作者丹尼尔·戈德曼是这样定义“有效率的领导”的：有六种不同的领导力，而最好的领导能够完整地拥有这些看起来相互矛盾的六种领导力，并会有智慧地因具体情景不同而运用正确的一种。这种“完整＋均衡”的观点和本章论述的理念是完全一致的。

表15-1 领导力的完整与均衡

领导力	适用场合
指挥命令——直接控制和管理细节，拥有所有的决策权，要求最高程度的服从。	员工表现不佳或大多是新手时；碰到重大危机时；经理比员工懂得更多时。
宏观掌控——描述清晰并令人振奋的愿景，划分职权，让员工理解自己的职责以及如何帮助愿景成真。	企业需要改变方向时；员工因不理解方向而士气不高时；领导是一名值得信任的理想者时。
和谐合作——将团队融合得像家庭一般亲密，信任并支持员工，让员工感到被信任、被重视。	员工对工作能得心应手时；部门协调有问题时；工作较简单时。
民主自由——透明地让员工参与重要抉择，经由共识或投票决定。	员工懂得较多时；领导对结果不确定或不在乎时；没有危机时。
授权负责——授权给员工，但必须有明确的目标，奖罚分明，以结果为主导。	员工能力很高又是专家时；员工积极自主时；领导能够以身作则时。
指导培养——考虑员工的长期发展，安排有启发性的工作，慷慨地做员工的"教练"。	员工有动力但是能力和经验不足时；没有危机时；领导的能力和情商均高时。

丹尼尔·戈德曼在《有效率的领导》一书中提出的六种领导力及其适用场合(如表 15-1 所示)。

人生中的绝大多数选择都不是非黑即白、非此即彼的事情。在最合适的时候对最合适的人用最合适的方法，在做出决定前用理智全面衡量各种因素的利弊以及自己的能力和倾向，这些东西并不能靠简单的公式来决定。从这个意义上说，本书此前的章节里提到的那些概念并不是不可变通、必须按公式执行的——读者应该凭借自己的智慧，选择最适合自己的成功之路。

15.2.3 用务实发挥影响

选择完整与均衡时，首先要明白，你面临的事情是你能够影响到的，还是你根本无力改变的。

史蒂芬·柯维在其所著的《高效能人士的七个习惯》一书中，把所有值得关注的事情称为"关注圈"，把能够发挥影响的事情称为"影响圈"(如图 15-3 所示)。

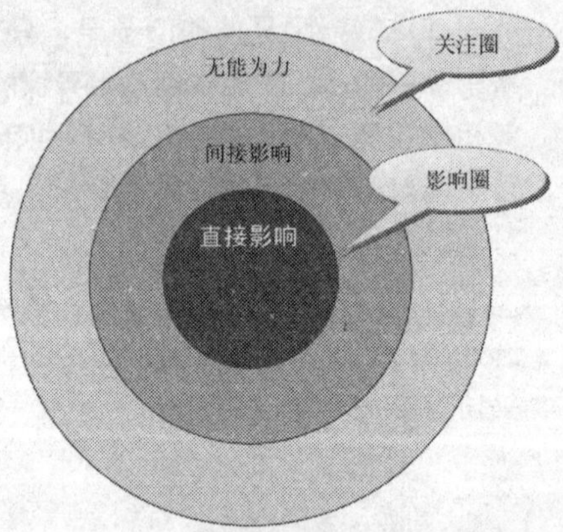

图15-3 关注圈和影响圈

在整个关注圈中，根据自主程度的高低，人生面临的问题可分为三类：

* 可直接影响的问题：对于这种问题，解决之道在于用正确的态度执行。这是绝对做得到的，也是最核心的"影响圈"。
* 可间接影响的问题：有赖改进发挥影响力的方法来加以解决，如借助人际关系、团队合作和沟通能力来解决。这是最值得我们努力争取的"影响圈"。

* 无能为力的问题：需要以平和的态度和胸怀，接纳这些问题。纵使有再多不满，也要泰然处之，如此才不至于让问题征服了我们。

无论碰到任何问题，如果你认为“外在环境是造成问题的症结所在”，或者总是在埋怨“我真的无能为力”，那么，这种想法不但无济于事，而且会造成你消极悲观的心理状态。

事实上，碰到问题时，要耐心地将它分解开，看看哪些部分是你可以影响的，哪些部分是你可以关注但却无法影响的。然后，去努力争取那些可以“间接影响”的问题，让它们变成可“直接影响”的，同时把全部心力投入自己的影响圈——你可以在这样的过程中不断获得进步，这反过来又可以让你进一步扩大自己的影响圈。

所以，不管一个问题属于上述三种中的哪一种，解决问题的第一步都要从自己的影响圈开始：先影响自己，再影响别人，最后才有可能影响环境。

这个方法为“有勇气来改变可以改变的事情，有胸怀来接受不可改变的事情，有智慧来分辨两者的不同”增加了足够的可操作性。

不公正的处分

有一位学生曾问我说：“开复老师，今年我刚刚上大一。我为学校做了许多事，也得到了老师的肯定。但最近我却很是烦恼。此前，因为我看不惯某某同学的做法，在背后说了一些气话。有一次，他竟利用身为学生会干部的职权，在领导面前捏造了我许多罪名。因为他和领导的关系很好，领导在没有调查落实的情况下就处分了我，把我入党积极分子的资格也取消了。我特别气愤，为什么领导连调查都不调查就处理我呢？我真的没有犯错误。难道真的应该这样吗？”

我的回答是：“这件事确实很不幸,但是既然已经发生了,你只有接受后果。我劝你少想想这件事有多么不公平，因为这些都是已经发生的事情，你无法影响，也不能改变。

“我劝你多想想，有什么事情是你可以影响和改变的。例如，你有没有想过，如果当初你没有在背后说他的坏话，是不是这一切都可以避免？我并不是说别人做的都是对的，但是，你只能修正自己，不能修正别人。你必须清楚要如何修正自己才能够避免这样的问题再次发生。

“如果时光能够倒流，你会做得更好一些吗？你是会控制自己的情绪，还是会改掉背后说人坏话的毛病？你有没有听过‘我怎样对待别人，别人就怎样对待我’这句话？如果你不在背后批评别人，很可能别人也不会在背后中伤你。

“有句谚语说：‘虽然我们不能改变风，但我们可以调整船帆。’希望你能在生活和工作中认清楚自己的船帆在哪里。

“人在挫折中学到的东西会远远多于在成功中学到的。希望你在经过这一次不幸后能够成为一个更成熟、更成功的人。”

15.2.4 用冷静掌控抉择

人生就是一场不断抉择的游戏，有风雨也有阳光。这其中最重要的是，要用冷静的态度掌控每一次抉择的全过程：

抉择前“重重”思考，抉择后“轻轻”放下

所谓“重重”思考，就是要培养客观的、精准的判断力。每一个重要的抉择可能都与你的前途密切相关，但你在抉择和判断时，要避免先入为主的思维定式，要避免自己的主观倾向影响判断的精准和客观。

那么，该如何做出客观、精准的抉择呢？我提供三个建议：

第一，把影响你抉择的因素罗列成一张“利弊对照表”

列一张利弊对照表并在表中写出每个因素的利和弊，然后借助此表客观地分析，哪些利益和弊端对你来说最为重要？哪些因素符合你的价值观和理想？当面前摆了这样一张客观而详尽的利弊对照表时，主观因素就不容易影响你的判断力了。

例如，1998 年时，我面前有两条道路可供选择：回中国建立研究院，在美国创业办公司。为了更客观地判断哪一条道路更符合我的价值观和理想，我列出了一张利弊对照表（如表 15-2 所示）。

回中国工作		在美国创业	
利	弊	利	弊
影响中国青年的机会	朋友不看好中国	拥有自己的公司	我没有“创业”欲望
实现父亲的遗愿	降低职位、薪水	不必听人指使	风险投资的压力
最好的研究环境	搬家的麻烦	可能获得大笔财富	有倒闭的风险
有长期承诺的公司	没有中国经验、关系	不必搬家	工作时间很长

表 15-2 我的利弊对照表

借助这样一份利弊对照表，我很快就做出了客观而明智的决定——回中国工作。因为综合考虑各种利弊因素后，回中国工作最能发挥我自身的特长，也最符合我个人的价值观和理想。

第二，学会用概率论的方法看问题

在大多数情况下，都没必要认为某种选择的成功概率一定是100%或0。但是要学会分析一件事情“可改变的概率”或“可能发生的概率”。对于发生概率小的事情，在做之前一定要有失败的心理准备。另一方面，也不要等到事情成功的概率达到100%时才去做，因为这时，即便做成了也没有什么值得骄傲的。

做概率分析时，可以列出“最好的可能”和“最坏的打算”，以帮助自己综合考量。例如，上面提到的“回中国建立研究院”的工作，我有100%的把握，可以把研究院办得与其他任何公司在中国建立的研究院一样好——这是最坏的打算；我有40%的把握，可以做出世界一流的研究机构来——这是最好的可能。用这样的方法考虑到两个极端后，我马上就会明白，即便出现最坏的情况，我和公司也可以坦然接受。因此，我选择回中国工作就成了一件顺理成章的事。

当然，许多抉择并没有这么好的“后路”，在这种时候，既要谨慎地评估风险因素，也要在适当的时候有勇气挑战自己。美国国务卿鲍威尔曾在阐述“领导力”时指出：“当你自估的成功概率达到40%~70%，你就该去做这件事了。也许你会失败，但拖延或等待的代价往往更大。”

第三，当自己不确定时，学会谋之于众

多征求别人的意见总是好的。那些更有经验的人可以用他们多年的积累为我们指引方向，那些聪明绝顶的人可以用他们的智商启发我们的思路，那些懂得人际关系的人可以用他们的情商帮助我们有效沟通……

当你询问他人意见时，可以随身携带上面提到的“利弊对照表”，与对方一起分析、讨论，这一方面可以节省他人的时间，另一方面也可以避免你的主观描述影响他人。当然，你也必须明白，最终的决定权在你自己，即便你采纳了别人的意见，也不可以就此将责任推卸给他人。

所谓“轻轻”放下，就是说在做出抉择后，应当坦然面对可能发生的任

何结果，既不要因为抉择正确而欣喜若狂，也不要因为抉择失误而悔恨终生。

例如，有的人因为对自己缺乏信心，每次刚做出决定就立即紧张起来，不知道自己的选择会导致怎样的结果；有的人非常喜欢吃“后悔药”，他们事先不通盘考虑，事后却追悔莫及；还有的人过于敏感，本来自己做出的是客观、公正的抉择，但事后听到别人的议论就摇摆不定起来……

其实，无论你的抉择正确与否，无论它的结果如何，已经做出的决定就无法收回了，只有坦然接受它，或者在今后想办法补救。对于已经发生的事情，或者自己已经无法控制的事情，任何担忧或悔恨都是多余的。与其把时间花在无谓的焦虑上，倒不如把这些东西“轻轻”放下，然后一身轻松地去做自己应该做的事。

我曾经“轻轻”放下

在微软公司的某个部门里，有一位霸道的经理J，他刚加入公司就拿下属开刀，总是找些莫须有的罪名，想遣散一些能干的职员，以便把队伍换成“自己人”。

当时，J部门里那些下属常常来向我求救。有一位名叫S的下属在收到J的处分后向我表明，他可以用证据证明自己没有做错任何事。于是，我帮S上诉到J的老板那里，在铁证之下，S得到了一个新的工作。

但另一个下属D的境遇就完全不同了，他的处境非常艰难，因为J在D的计算机里埋下了伪证，然后以受贿为理由解雇了他。我曾多次与D沟通，相信他是被冤枉的。但在证据之下，我无法为他申冤。尤其是，我当时也刚加入公司不久，还没有足够的职权和信誉来干涉别的部门的事情。经过“重重”的分析，我决定不向任何人提起D的事情，只是看着他一身委屈地离开公司。

事后，有朋友问我：“你难道不会因为自己无法给S和D争取同样的待遇而懊恼吗？”我回答说：“虽然我对无法挽救D感到万分遗憾，但我必须看清楚，什么事是我无能为力的。而且，既然已经决定不能帮助他，我就只有‘轻轻’地放下这件事，多想无益。我应该把精力放在我的工作中，这样，也许有一天，我就可以有足够的职权和信誉来帮助其他人。”

让人欣慰的是，多年以后，J被公司解职，S和D则都在新的岗位取得了骄人的成绩。

15.2.5 用学习积累经验

西方有一则寓言，说的是一个年轻人向一个年长的智者请教智慧的秘诀。年轻人问："智慧从哪里来？"智者说："正确的判断。"年轻人又问："正确的判断从哪里来？"智者说："经验。"年轻人进一步追问："经验从哪里来？"智者说："错误的判断。"

智者的意思是说，每个人最初都很难做出正确的判断，但在一次又一次的错误判断中，如果能吸取足够的经验教训，就能逐渐学会正确的判断方法，也就自然成为了一个有智慧的人。

学习经验不是一蹴而就的事情，有时候要经历漫长的过程。英文中有一句名言："旅途本身就是收获（The journey is the reward）。"很多时候，收获并不一定是每件事的成功，而是在走向成功的旅途中经历的一切。旅途中的每一次正确的或是错误的判断，都会让人学到新的知识、获取新的教训，并以此调整自己的自觉，掌握正确的判断方法。

从失败中学会选择

我回到微软总部后，发现自己刚接管的部门内有一个项目存在方向上的偏差——开发团队并没有把用户摆在第一位，而只知道研究一些看上去很"酷"的技术——就毅然终止了该项目的研发。当时，有位员工问我："你怎么能够确定你自己是对的？像Windows这样的产品也是在经历了十年左右的市场检验后才站稳脚跟的。你凭什么断定这个项目不会在未来收获惊喜呢？"

其实，我之所以能够快速做出抉择，主要还是因为我在此前的工作中已经有了类似的教训。

此前，我曾经在SGI公司领导两百余人的团队研发一套世界最先进的三维动漫技术。这套技术能在十年前的硬件上营造出美丽的三维效果。但在做这个项目时，我们完全没有考虑用户和市场的需要，开发出来的三维体验并没有针对某一个特定的客户群，而是想解决所有客户的问题。结果，最终的产品无法利用SGI现有的营销渠道，产品对硬件及网络的要求也超出了普通用户的承受能力，我们这个项目最终被取消，技术被公司出售。

这件事对我的打击非常大，因为我手下的两百余人都需要寻找新的出路，有的人甚至因此而失业。我对此深感愧疚。但另一方面，我也从惨痛的教训中吸取了足够的经验，使我深深懂得，创新固然重要，但有用的创新更重要。正是基于这样的判断，我才果断地取消了微软那个犯有类似错误的项目。

“创新固然重要，但有用的创新更重要。”我在一次演讲后把这句话留给了大学生们。后来，这句话也成为了我一贯坚持的科研风格，在微软亚洲研究院、在微软总部，我始终用这句话指导着一个又一个重要的研究和开发工作。

在整个学习的过程中，无论是错误的判断还是失败的经历，都可以成为印刻在我们心底，能够随时拿出来比较、借鉴的“模板（Template）”。当我们面临新的抉择时，就会使用过去积累的“模板”来比较、分析各种不同情况下成功的概率，以权衡利弊，做出正确的抉择。

15.2.6 用自觉端正态度

中国人常说，人贵有自知之明。社会生活中的每个人都应当对自己的素质、潜能、特长、缺陷、经验等各种基本能力有一个清醒的认识，对自己在社会工作生活中可能扮演的角色有一个明确的定位。心理学上把这种有自知之明的能力称为“自觉”，这通常包括察觉自己的情绪对言行的影响，了解并正确评估自己的资质、能力与局限，相信自己的价值和能力等几个方面。有自觉的人能够针对自己做出最合适的抉择，做自己能够胜任和能够得到满足感的工作等等。

做一个自觉的人意味着既不能对自己的能力判断过高，也不能轻易低估自己的潜能。对自己判断过高的人往往容易浮躁、冒进，不善于和他人合作，在事业遭到挫折时心理落差较大，难以平静对待客观事实；低估了自己的能力的人，则会在工作中畏首畏尾、踟蹰不前，没有承担责任和肩负重担的勇气，也没有主动请缨的积极性。无论是上述哪一种情况，个人的潜力都不能得到充分的发挥，个人的事业也不可能取得最大的成功。

缺乏自觉的下属

我曾有一个下属，属于“自觉力”明显不足的那种人。他虽然有些才干，但自视甚高，总是对自己目前的职位不满意，还喜欢随时随地自吹自擂。在他的自我评估里写着：“虽然我非常谦虚，但我只能这样评价自己：我的表现是有史以来最卓越的。”

当我看到这样一句自我评语时，我就知道这个人不会有什么好的发展，因为他缺乏最起码的自觉。果然，不久他就提出，我不了解他的才华、不能重用他，所以他决定到其他部门另谋高就。但他最终发现，自己不但找不到更好的工作，公司里的同事也都认为他缺少自知之明。最近，他沮丧地离开了公司。

接替他职位的人，是一个能力很强，而且很谦虚的人。虽然这个人在上一个职位工作时不很成功，但他明白那是因为自己升迁太快、没有做好充分的准备，于是，他愿意自降一级来做这份工作，以便打好基础。他现在的确做得很出色。

有自觉的人在工作遇到挫折的时候不会轻言失败，在工作取得成绩时也不会沾沾自喜。认识自我、准确判断自我价值不仅仅可以帮助个人找到自己合适的空间及发展方向，也可以帮助企业建立起各司其职、协同工作的优秀团队。有自觉的人做出的抉择更愿意得到别人的信任。

自觉对管理现代企业来说也非常重要。在公司里，管理者在衡量某个员工的工作绩效时，如果发觉该员工做得不好，就会马上想到这样的问题：“那名员工有没有足够的自觉？他是否意识到自己的不足之处？他是否愿意改进？”如果答案是否定的，那么，管理者就不用再有任何的犹豫，可以直接把他调离工作岗位；反之，如果答案是肯定的，管理者通常都会再给员工一个机会，让他证明自己。

自觉是大学生必备的素质

在开复学生网上，一位来自中国科技大学的学生提出“自觉是大学生必备的素质”。他说：

“之所以提出这样的观点，这主要来自我在校园生活中的一些体会。现在的在校学生，有多少人能真正认识自己？一年多来，因为我在学校某社团做组织工作，可以接触到许多不同类型的学生。让我很难过的是，几乎很少有人清楚，自己在哪些方面很出色，自己对什么方向感兴趣。特别是当学校的学制从五年改成四年以后，我发现很多大一新生一入校就开始准备考研、出国，两眼紧盯着GPA。这个时候，考研、出国、GPA不再是进一步深造的手段，而变成了很多人追求的惟一目标。

“深入了解自己并不难。事实上，很多人只是从来没有考虑过要了解自己。确定计划和原则时，必须完全基于对自己的了解。最关键的是，一定要清楚自己对什么事情最感兴趣。制定了一个计划以后，也许随着时间的推移，会有某种程度上的修改，但始终要明确自己的大方向。所以我觉得更难的一点是，能经常以旁观者的目光审视自己，看一下自己哪方面做得好、需要保持，

哪方面做得差、需要更加努力，哪方面走入了歧途、需要改正。”

15.2.7 用真心追随智慧

最后一个可以帮助你做出正确抉择的“智囊”就是你内心深处的价值观和理想了。

该注重自信还是该自省？该积极还是该有同理心？该勇敢还是该有胸怀？该读研、工作、还是出国？对于这些棘手的问题，你的价值观和理想都可以给出最终的解答。因为你的价值观是判断“是非”的准绳，你的理想是辨别“方向”的指南针——它们都是你心底里最真实、最“自我”的东西，还有什么是比这些更重要，更精确的判断依据呢？

我在1998年毅然到中国创办研究院的主要原因是，我认为我的人生目标——让我的影响力最大化——可以在中国实现得更好。虽然我也能成为一个出色的创业者，但是，像我这样或比我更好的创业者在硅谷有上千个。如果我能够跨越中西方文化、在中国做出一番有影响的事业，既能加深中美间的相互理解，又能帮助中国青年，那么，在这方面我一定可以做得比任何人都要好。所以，为了实现我的理想，我做出了重要的抉择。

我希望大家通过自己正确的价值观和理想来寻找最为完整、最为均衡的人生状态。任何一个高尚的人、一个有远大理想的人，都必然会在积极追寻成功的道路上运用自己最高的智慧。因为拥有了正确的价值观和远大的理想，在面临困难和挑战时就必然会听从自己的真心，用冷静的心态权衡各种利弊；也必然会在一次又一次或是成功、或是失败的抉择中不断积累经验完善自我……这样的人最能理解完整与均衡的真谛，这样的人最懂得使用自己的“选择”的权利来赢得真正的成功。

每个人的“真心”、“理想”、“兴趣”不同，每个人的机遇不同，参加的团队、学习的机会不同，擅长的“态度”或“行为”也不同。所以，虽然每个人都有一个“成功同心圆”，但因为选择的不同，每个人的“成功同心圆”都是独一无二的。你有选择的权利，只要用智慧做出正确的选择，你就能成为“最好的自己”。

15.3 融会中西，均衡发展

此前，我曾经讲到，中西方文化之间存在较大差异。而在今天这个信息化、全球化的时代里，只有融会中西才能成为真正有价值的国际化人才。因此，每一个希望获得成功的年轻人都应当在中西方各不相同的思想和文化范畴中寻找最适合自己、最能体现完整与均衡的文化精髓，并将中西方文化各自的优势结合起来。只有这样，才能同时发挥中国人讲求纪律与服从、重视谦虚和毅力以及西方人强调创新与个性、鼓励积极与勇气的特长，才能在成功的道路上更容易地把握各种要素之间的完整与均衡。

中国学生	美国学生
求稳务实	有创新精神
有毅力	有热情
讲纪律、服从	有主动性
扎实的理论基础	擅长独立工作，想得深远
含蓄，心里有想法不直说	直截了当地沟通、争论
谦虚	自信
不同意也不说“不”	不同意就说“不”

表 15-3 中美学生优势对比

中国和西方的年轻人在各自的文化传统和教育环境的影响下，形成了各自不同的风格或优势。我曾经求学、任教于中国和美国的著名学府，根据我的观察，大部分中国青年和美国青年的优势可以用表 15-3 来概括。

很多人认为，在 IT 和其他高科技领域内，西方人表现得更为出色，因此中国人只有吸取西方的企业文化才能获得一席之地。的确，IT 产业内的一些新观点、新理念和创新的思维确实与西方的科技发达有直接的关系。西方文化中直截了当的沟通和主动参与的意识，以及强调团结合作的观念和方法都值得认真学习。

但在另一方面，当东方国家努力追求现代化和工业化的时候，西方人却在试图回归到东方传统的价值理念中，许多优秀的企业管理者、科学家、艺术家都开始认真研习儒学、佛教等东方文化，试图从古老的东方寻找到最为恒久、最可宝贵的精神财富。

其实，对一个真正的成功者来说，既需要西方的科技和理性，也需要东方的心胸与美德。相比之下，后者可能还更重要一些，因为东方文化影响的是每个人内心深处的东西。许多中华的传统美德，例如“中庸之道”、“正大光明”、“学无止境”、“人贵有自知之明”、“将心比心”、“严于律己、宽以待人”等等，都可以成为人们在追寻成功时的最好指南。

所以，兼顾中西的目的不在于渲染中国或西方的文化，而是用不同风格、不同背景的思想充实自身，以达到均衡发展的最佳状态。我最想强调的其实是中西文化相辅相成的必要性和有效性。我认为，一个人甚至要同时具备两种看似相

互矛盾的品质，才有可能在复杂的境遇中做出最适合自己的抉择。就像傅雷先生曾在写给儿子的家书中提到的，要做一个“又热烈又恬静，又深刻又朴素，又温柔又高傲，又微妙又率直”的人。这其实就是要求我们兼具不同的特点和品质。套用傅雷先生的话来阐释我的观点，那就是：

希望大家成为一个“德才兼备，以德为先”的人——一个既有勇气又有胸怀、既有理智又有激情、既自信又谦虚、既聪慧又善于表达；一个追寻理想和兴趣、终身学习和执行、深谙与人相处之道；一个能够从思考中认识自我、从学习中寻求真理、从独立中体验自主、从计划中把握时间、从表达中锻炼口才、从交友中品味成熟、从实践中赢得价值、从兴趣中攫取快乐、从追求中获得力量的、融会中西的国际化人才。

人生最遗憾的莫过于轻易放弃了不该放弃的东西，或者固执地坚持了不该坚持的。请大家好好把握这三句话：

有勇气来改变可以改变的事情，有胸怀来接受不可改变的事情，有智慧来分辨两者的不同。

真正的勇气是能够主动影响或改变那些可以改变的事；真正的胸怀是能够用自我控制的方式接受那些不能改变的事情；真正的自觉是能够分辨自己有没有能力改变一件事情；真正的智慧是把有限的时间用在可以解决的问题上——希望大家都能在这三句话的基础上，更加深入地理解本书中的“成功同心圆”，希望大家都可以做到：

用诚信的价值观指导自己的事业和人生，完整、均衡地培养“勇气、胸怀、自信、自省、积极、同理心”这六种态度；

用态度指导“追寻理想、发现兴趣、有效执行、努力学习、人际交流、合作沟通”这六种行为；

用“选择成功”的智慧，寻找并选择最适合自己、最完整和均衡的成功

之路——用中庸拒绝极端；用理智反对片面；用务实发挥影响；用冷静掌控抉择；用学习积累经验；用自觉端正态度；用真心追随智慧。

希望大家都能在完整与均衡中用智慧选择成功，融会中西，做“最好的自己”。

本章要义

- 单纯追求成功同心圆中的某一种态度和行为方式、或者在某一个方向上走到极致，都无法获得成功。只有用智慧在看似矛盾的各个要素之间主动选择“完整”和“均衡”，才是取得成功的最佳方法。
- 所谓“完整”和“均衡”就是有勇气来改变可以改变的事情，有胸怀接受不可改变的事情，有智慧来分辨两者的不同。
- “选择成功”的智慧包括：用中庸拒绝极端、用理智反对片面、用务实发挥影响、用冷静掌控抉择、用学习积累经验、用自觉端正态度、用真心追随智慧。
- 中庸就是要在复杂多变的环境中，审慎而冷静地选择最好的解决方案，在诸多对立统一的因素中，敏锐而智慧地寻找最佳的均衡状态。
- 人生中的选择并非都是非黑即白、非此即彼，要在最合适的时候对最合适的人用最合适的方法，在做出决定前用理智全面衡量各种因素的利弊以及自己的能力和倾向，这些不能靠简单的公式来决定。
- 遇到问题要耐心分解，看清哪些是你可以直接或施加影响的，哪些是你无能为力的。而解决问题的第一步要从自己的影响圈开始，先影响自己，再影响别人，最后才有可能影响环境。
- 选择前要“重重”思考，依靠客观精准的判断力；选择后要“轻轻”放下，坦然面对选择后的任何结果。
- 所谓经验就是在面临新的抉择时，用以往学习中积累的“模板”分析比较各种不同情况下成功的概率，通过权衡利弊，做出正确的抉择。

Q：如何做到客观精准的判断？

A：首先，把所有的影响因素罗列并制成“利弊对照表”，面对客观和详尽的表格，主观因素就很难起作用了。其次，用概率论的方法看问题，计算出“最好可能”和“最坏打算”的概率，既要审慎评估风险，也要有勇气挑战自己。最后，当自己依然无法确定时，学会谋之于人，与别人讨论你的对照表，这样既可以节约对方的时间，也可以避免你的主观描述。

结束语

日复一日坐在西雅图家里的电脑前面，当窗外的风景一天天地从深秋的落叶纷飞变成盛夏的芳草如茵，这部日夜萦怀大半年的书稿，终告杀青。

近些年来，我所生活的美国社会正涌动着引人注目的中国热……

在机场，随手拿起一本《新闻周刊》，就可以读到这样的封面故事："中国的崛起已不是预测，而是事实。"——几年前，当高盛总裁桑顿[1]做出类似的预测时，不是还有许多美国人深表怀疑吗?

每一个跨国企业都在中国迅速增加自己的外包和科研业务。比尔·盖茨在演讲时会自豪地告诉大家："我们最优秀的研究院在中国。"——几年前，那些我曾经竭力邀请的人不是还傲慢地说:"成功的中国人不会留在中国" 吗?

就连我的园丁，一个来自墨西哥的移民，当他听说我来自中国时，也爽快地竖起了大拇指 ："中国，了不起！那将是世界最大的市场，到处都是机会！"——几年前，世界各地的人们不正是用这句话来描述美国的吗?

曾三次获得"普利策奖"的托马斯·弗里德曼（Thomas Friedman）新近推出了一本名为《世界是平坦的：二十一世纪简史》的书。中国在这本书中占有相当大的分量，其中几页还特别提到了我和微软亚洲研究院的传奇。该书出版才几周就一跃成为了排行榜上的第一名。在书中，弗里德曼高度评价了中国人的天分和毅力。他还认为："经过科技革命和世界性的合作，历史的潮流已将世界各地间的隔阂消除殆尽，如果你不努力赶上时代的潮流，你终将会被历史所遗弃。"弗里德曼对美国青年说："在我成长的时候，父母总是告诉我：'把碗里的饭吃完，中国还有孩子饿肚子呢。'但是今天，我将告诉我的孩子：'好好读书，中国的年轻人还要与你竞争呢。'"

在本书的最后，我想对所有中国青年说：

过去，可能有人告诉你"中国和美国互不相干"，也可能有人告诉你"美国的一切都值得学习"；但是，在全球化和信息化的今天，你们必须意识到，只有

[1] 桑顿先生在做出这个预言后不久，就离开了高盛，成为了清华大学经管学院的教授。

融会中西的人才是最有竞争力的人才！

梁启超曾说："故今日之责任，不在他人，而全在我少年。少年智则国智，少年富则国富，少年强则国强，少年独立则国独立，少年自由则国自由，少年进步则国进步。"

青年朋友们，中国是最了不起的国家之一，她即将成为世界上最大的市场和最大的人才中心。这里有无数机遇等着你把握，只要你用智慧主动选择，成功随时都有可能降临到你的身边！

相信我，你有选择的权利，你有成功的机会，你可以做最好的自己，你可以体验到多元化成功带来的无比快乐！

融会中西之——

我的成功之路

李开复

我出生于一个热爱祖国、重视东方传统文化的家庭，受教于崇尚自由和进步、体现了西方文化精华的美国院校——我是一个融会中西方文化的代表。我个人的成功是典型的中西方教育体系共同作用的结果。

2004年在中科院的“人文论坛”发表演讲时，有同学曾问我最爱中国还是最爱美国？我回答说：

“我觉得做科学家是没有国界的。我最想从事的科研事业是拥有最好的创意、可以帮助最多的用户的事业。曾经有一位美国员工也问过我同样的问题。我对他说，有时候，我的感觉比较复杂，因为我总觉得，虽然自己的头脑是经过美国思维方式训练的，但我的心永远是一颗中国心。”

回答问题时，我心中一直在想，作为融会中西文化的典型代表，我有责任也有能力帮助更多的中国青年发挥他们的潜能。

我的头脑是在美国经过了30余位师友、同仁和领导的教诲与栽培，又在学术研究、产品开发、企业管理的实践中经历了无数次跌宕起伏后历练而成的；而我的心灵则深深地烙着中国传统文化的印记，是我的父母在我小时候用以身作则的方法培养和塑造出来的。

我的中国教育

我庆幸我有一位既传统又开放的母亲，她给了我两样最珍贵的礼物——生命和自由；我同样庆幸我还有一位正气凛然的父亲，他也给了我两样珍贵的礼物——无私的品格和对中国的热爱。

母亲孕育我的时候，已经42岁了。当时，周围有很多人劝她说，不要在这样的年龄冒险生儿育女，但她还是固执地将世间最可宝贵的东西——生命赐给了我。

从小母亲就教导我们学习中国传统的思想和文化，要求我们恪守中国传统的礼节和德操。母亲对我期望甚高。小时候，每天早晨5点，母亲会亲自把我叫醒，送我上学读书；下午放学后又会亲自到学校接我。我的每一篇作文、每一张毛笔字，母亲都会亲自督促我做到完美。读书不用功的时候，母亲会生气地把课本丢到门外；读书有进步的时候，母亲会买来我最喜欢的历史小说作为奖励。

现在回想起来，我小时候最喜欢的事情就是躺在母亲怀里读书。那时候，如果有人问我最怕谁，我会马上回答“最怕妈妈”；但如果有人问我最爱谁，我也会毫不犹豫地回答“最爱妈妈”。正是这样一位严厉而又温和的母亲教会了我什么是严谨和务实，什么是品行和礼仪，什么是快乐和温馨，什么是忠孝和诚信。

我11岁的时候，母亲果断地决定送我到美国读书。这对我是一个机会，而对母亲却是一个不小的牺牲。她不仅仅要让心爱的幺儿远离家乡，而且还要每年抽出六个月的时间亲自到美国陪我读书。在伴读的六个月里，她要默默忍受语言不通、文化迥异的生活环境；而在分别的六个月里，她又要为我的学业操心。她要求我每周用中文写一封家书，还亲自改正我每封信中的错误，以提醒我永远不要忘记中国文化。

我很庆幸有这样一位既传统又开放的母亲，她给了我两样最珍贵的礼物——生命和自由。

父亲在我的心目中是道德和正义的化身。在父亲的书房中，悬挂着钱穆先生题写的“有容德乃大，无求品自高”十个大字，这是父亲终身的座右铭。

在贪婪和自私遍布政坛的时代里，父亲一身正气、两袖清风，从来没有拿过不正当的钱财。父亲70多岁的时候购买房屋的头款（首付款），还是子女们拼凑出来的。当父亲服务的“立法院”业已演变成一个时常拳脚相向的闹剧舞台时，他毅然改行当了大学教授，并成了学生们最爱戴的师长。

父亲一生心系家国，《大陆寻奇》是他惟一感兴趣的电视节目。父亲病危时梦见自己来到海边，在一块石头上捡到一方白纸，上面写着“中华之恋”。1994年，父亲在弥留之际嘱咐我们，无论做什么都要想到中国，要力争为中国多做一些事情。父亲临终时，面容安详，嘴角带着微笑，但家人们都明白，他内心深处必定留下了极大的遗憾。他曾告诉儿女自己有一个计划，就是再写一本书，书名叫《中国人未来的希望》。

父亲把他最珍爱的东西——钱穆先生亲笔题写的条幅传给了我。每当我看到“有容德乃大，无求品自高”这句话时，就会回想起往事，同时也会激励我踌躇满志地憧憬未来。我渐渐明白，父亲是在以自己为榜样，无声地指引着我

克服困难、走向成功。

我同样庆幸我还有一位正气凛然的父亲，他也给了我两样珍贵的礼物——无私的品格和对中国的热爱。

我的美国教育

在美国的学习和工作，使我从一个腼腆的东方男孩儿成长为一个能够适应现代社会发展趋势、融会中西方思想精华的国际化人才。

我第一次接触西方文化是在 1972 年。在父母的期待和鼓励下，11 岁的我来到了美国南方田纳西州的一个小城市。在这个只有两万人的小城市里，来自中国的小学生只有我一个。

第一年，由于听不懂英文，我完全是在半梦半醒中度过的。但我的老师从来不给我压力，而是给我很多正面的鼓励。例如，我不会英语，老师不但不嫌我，还利用午餐的时间教我说英语。后来，老师发现我这个听不懂英文的中国孩子有良好的数学天赋，就鼓励我参加田纳西州的数学比赛，结果我得了第一名。我在美国接触到的教育方式以表扬和鼓励为主，这让我信心十足，在我幼小的心灵里播下了自信和果敢的种子。

凭借着自信和勇气，我很快克服了语言障碍。两年后，在一次州级写作比赛中，我居然获得了一等奖，当地的老师十分惊讶——这个刚适应美国生活的中学生居然还有人文方面的天赋。此后，我到芝加哥大学参加暑期进修、竞选校学生会主席、创办新的学生刊物，还在高中阶段创立了三个营利的公司。六年后，那个曾经腼腆的东方男孩儿彻底消失了——我成为了一个典型的、美国式的活跃而积极的学生。

在美国求学的日子里，我不断从亲人和师长的鼓励、教导中获得自信与自觉；从课堂学习和课下自修中汲取思想和知识，从失败中获取教训和勇气；从竞赛和挑战中品味成功的快乐，从活动和交友中体验积极和勇敢。后来，在大学攻读学士和硕士学位时，我继续培养和发展我的美国式思维方式，同时理解了自修的重要，也认识到了兴趣才是人生的向导。攻读博士学位时，导师既要求我接纳、包容不同的思想与方法，也要求我培养严谨、求真的科学态度。

毕业后，在十多年的职业生涯里，我有幸参与了最先进的科研、教学与开发工作，不但指导了卡内基·梅隆大学最优秀的学生，还亲身经历了苹果公司的辉煌与低迷，体验了SGI公司的先进图像科技，并在微软公司提供的宽广舞台上取得了一个又一个的成功。

从苹果、SGI、微软到Google，我历经了无数次机遇与挑战，在各种不同的职位上，我充分感受到，将最有价值的知识和方法用于技术研究或产品开发是一件无比快乐的事。我有幸在约翰·史考利、爱德华·麦可科拉肯、盖茨、鲍尔默、施密特、布林和佩吉身边学习领导的艺术，了解管理公司的秘诀，体验人才和公司价值观的重要性。我学会了该如何做一个受员工爱戴的领导者，以及该如何做一个受领导器重的员工。我也深深地意识到，在世界一流的企业里，管理者最需要的是情商而不是智商。

最重要的是，通过在美国的学习和工作，我已经转变成了一个能够适应现代社会发展趋势，能够融会中西方思想精华的国际化人才。

来美三十载，我终于从西方文化这所大学校里毕业了。在未来的道路上，我仍会坚持使用中西方文化的精髓引领自己走向新的成功。

融会中西之——

我眼中的李开复

凌志军

看着李开复的时候，我总是禁不住想，他更像中国人？还是更像美国人？这个问题如果换个方式来问，那就是：他的成功是源于一种中国精神？还是美国味道？

5年前李开复担任微软中国研究院院长的时候，有一个周末，我到北京东郊的一座宾馆旁听他召集的内部会议。会议开始前的那个晚上，他来邀请我去打扑克。

我问："玩什么？"

他说："拱猪。"

我说："好啊！"

"太棒啦！"他兴奋得满脸放光，"输了钻桌子。"

此前我曾多次访问过李开复。我知道他是世界计算机科学领域里第一流的科学家，他在26岁时以统计学的方法开创了语音识别研究的全新方向，由此完成的博士论文，一举奠定了他在这个领域的领先地位。直到今天，全世界所有语音识别的研究者仍是在他当年工作的基础上继续前行。他还有着非常卓越的管理者的记录——美国苹果公司、SGI公司和微软公司的高级经理。这些履历使他在科研领域和管理领域都享有很高的声誉。尽管我当时已经知道不少他的故事，但是，参与到他的工作和生活中，从如此近的距离来观察他，这还是第一次。

那天晚上"拱猪"的气氛相当热烈，充满了笑语、喧闹和插科打诨，一直持续到次日凌晨3点。就像他事先说好的，"输了钻桌子"。这是个典型的中国场面，这位世界级的计算机科学家和跨国公司高级经理，看上去与一个顽皮和喜欢恶作剧的中国孩子没有什么区别。

会议将在早晨8点开始，所以大家仅仅小睡片刻之后便又在早餐厅见面。我因为睡眠不足什么也不想吃，却看见李开复在桌子的另一边正襟危坐，端着一杯咖啡。那是一杯清咖，不加糖也不加奶。他一口接一口地抿，脸上挂着一副心满意足的样子。那一瞬间，我觉得这就是好莱坞电影上一个美国人家庭早餐桌上的场面。

我曾在自己的书里用“这个美国人”来描述李开复，不料他在这几个字的下面重重地画了一道线，又在旁边画上一个问号。他的强烈的反应给我留下极深印象，让我清晰地感受到其中心境：他显然不喜欢别人把他当作“美国人”。

从国籍上说，李开复无疑是美国人，但是由于他的华裔血统，他拥有典型的中国人的身材和面貌。他在美国人中的影响大致上拘泥于他所效力的专业领域，而他在中国的影响力却能覆盖数百万大学生。

李开复在中国学生中的感召力来源于他的智慧水准和道德水准，这两者在他来说均非与生俱来。他祖籍四川，1961年出生于台湾，并且在那里度过童年。台湾和大陆虽然同属炎黄子孙，但在那时候却是两个完全不同的世界。大陆的年轻人全都投身于火热的政治革命，烧掉他们的课本并把老师赶到乡下去劳动，还跑到大街上高呼“打倒美帝国主义”，然而李开复的母亲却把他送到美国南部的一个小镇，去接受典型的美式教育。

那一年李开复只有11岁，所以我们可以断定，他所经历的中国式学校教育的时间很短，而美式教育却贯穿于他的中学、大学，直到完成博士学业，整整15年。从思维方式来说，李开复具有典型的西方人的特征：简洁、机敏、开放、逻辑清晰和直截了当。然而他也的确有着一些典型的中国式的情感：坚忍、执拗、含蓄、不卑不亢和尽忠尽孝。李开复曾说自己“有一个美国人的头脑和中国人的心。”我想这不是矫饰之词。他的价值观念是东方和西方的奇妙混合体。我去过他在中国的家，也去过他在美国的家。后者是一座美式建筑，但客厅是清一色的中式陈设。女儿房间的天花板上弥漫着一片淡淡的蓝色，挂满繁星。李开复告诉我，那些星星是他自己一个一个贴上去的。我当时在心里感受到一种震颤：这种弘扬梦幻和标新立异的努力，正是美国精神的返照，但是，只有一个中国式的父亲，才能如此一丝不苟而又不厌其烦地呵护家庭生活的细节。

李开复曾经告诉我，他的中国情结来自他的家庭，是父亲和母亲教会了他如何做人和如何热爱中国。但这并不表明他不看重学校的教育。事实上李开复从学校的教育中受益良多，这包括他在读书时的杰出表现——比如取得数学竞赛第一名和作文竞赛第一名，也包括他遇到的种种烦恼和问题——比如涂改糟糕的学习成绩、偷拿父母的钱去买自己喜欢的东西。大多数孩子童年时代经历过的欢乐，他都拥有过；大多数孩子童年时代品味过的苦恼，他也未能避免。正是由于有了这些经历，他才能够体会一个中国孩子在成长中的种种巨大而又微妙的感受，进而体会到改变我们的教育方式和学习方式是多么重要。

李开复在2000年夏天离开中国，回到美国就任微软公司全球副总裁，我本以为他和中国学生的联系会就此中断，他在中国大学校园里的影响力也会减少，却不料，实际的情形正相反，他的影响与日俱增。我的一些读者在写给我的信里常常提到他，有很多人希望得到他的通讯方式。在开始的时候，我不能肯定李开复是否愿意公开他的电子邮件地址，所以总是把读者来信转给他，听由他自己去处理。后来我听说，他给那些素不相识的学生写了至少2000封信，直至开辟了一个“开复学生网”。中国的学生从此有了一种更方便更简洁的方式与他保持联系，这对他来说却非易事。尽管他始终把中文当作自己的母语，但是因为极少使用书面中文，所以他用电脑录入中文的时候一直相当吃力。记得他第一次给我发来电子邮件时，向我抱歉他不得不使用英文，因为他用键盘拼写中文的速度实在太慢。可是，当他后来看到很多中国学生不能用英文和他交流的时候，他开始耗费大量时间学习用电脑录入中文。

这几年我们仍有很多机会见面，因为他把自己回中国短期访问的频率大大增加了。他在中国的访问日程大半被公司业务占据着，不过，与中国学生见面也是其中的重要内容。有一次他到北京大学去演讲，那是一个能够容纳400人的会议厅，却来了800个学生。我当时碰巧在场，看到主办者非常为难。他们担心如此拥挤的场面会发生事故，只好委婉地劝说一部分学生离开。

这时候李开复站起来，对主办者说：“不，你们不要让学生离开，只要把大家分成两部分就可以了。”

主办者望着他，有些茫然。

他接着说：“就让我讲两场好了。”

那个晚上，李开复在同一个讲台上连续做了两场内容完全相同的演讲。我知道他非常珍惜自己的时间——所有的成功者都非常珍惜时间，以至于人们会用金钱来衡量他们的每一分钟的价值。有一次我遇到开复在美国的同事，谈起他在中国学生身上花费的时间，那位同事听得直摇头，脸上露出既感佩又难以理解的表情。我觉得我能理解开复，因为我始终记得他对我说过的一句话：“我看到很多中国学生的生命被浪费了，觉得很可惜。”

2004年年初，李开复告诉我，他想为中国的青年写一本书。我听了并不感觉意外。过去这些年里，他总是念念不忘父亲的遗愿，那就是写一本书，题目叫《中国人未来的希望》。他也许是想用自己的书来实现父亲的遗愿。

现在他完成了这本书，几十万字竟然全部是用中文写成的。与其说他对自己的书寄托着巨大的希望，倒不如说他对中国的学生寄托着巨大的希望。他相信未来的中国一定属于那些能够融会中西的中国学子。他的这个信念有他自己的成功之路作为根据，并且经过了时间的考验。

2005年7月13日

后记：Google和中国
——追随我心的选择

2005年7月19日，我离开了微软，加入了Google。一次简单的工作变换，因为被诉讼，在新闻界被炒得火热。网上的谣传、批评、推崇、揣测、惊讶不断。现在，身处于官司诉讼的暴风眼，我只能说：

“一切事实在下一年都会公诸于世。我做的事，没有违背这本书里的原则，经得起时间的考验。”

也有人想知道：“为什么要做这个决定？为什么离开微软？为什么加入Google？”对这个问题，我的回答是：

“我必须听从我心中的声音，我的心告诉我：Google和中国，这才是追随我心的选择。”

微软是一个非常了不起的公司。我在微软学到了很多，受益匪浅。尤其令我终身难忘的是，有机会和比尔·盖茨先生共事。

作为一个了不起的公司，微软值得我们学习。

但是，Google是一个让我震撼的公司。

令我震撼的是Google的“新一代技术”和那种对创新的热情。我发现Google遍地宝藏。它的技术和产品已远远超越了搜索领域，而且最难能可贵的是，它的每一个产品和网络服务都是“让人惊讶的好”。它以“一切自己动手”为原则，像一个大实验室似的，让公司的计算机科学家能够自己设计特殊的软件和硬件，并从中体会到“有重大影响力”的感觉。它能够经过新的软件开发模式，使网络具备可以直接更新软件的能力,让用户不会再有漫长的等待，从而真正地把互联网服务发挥到淋漓尽致，造福社会，引领我们进入网络技术的新时代。这些新的技术其实就是一种新的创新模式，是我向往并渴望学习的。

令我震撼的是Google对诚信的执著。Google是一个“不做邪恶的事情的公司”。它绝不允许损害用户的利益，也不允许Google的员工买公司的广告。我第一天上班的时候，一位新来的同事提出了一个“先发制人”的战略。在别的公司，他可能会被认为是天才。但在这里，他周围的人马上说:“这是邪恶的。你希望别人这么对你吗?”然后，他很不好意思地收回了他的意见。这是我向往的一片“诚信”净土。

令我震撼的是Google对大众利益的追求。Google上市时，坚持让股民直接买Google的股票、而不是由大投资银行分配给大户的做法，得罪了不少投资银行，但却得到了民众的好评。Google是一个先让用户满意、然后再考虑赚钱、如果不赚钱也没有关系的公司。Google大部分的软件和服务都是免费的，而且许多软件和服务虽然推出多年仍没有找到好的商业模式。但只要能够帮助大众，Google就会继续做下去。这种对商场上惯有的“唯利是图”作风的摒弃，赢得了用户的心，也带给了员工一种社会责任感。这是我尊敬的一种难得的信念。

令我震撼的是Google的“激情魔力”。我认识的许多朋友都去了那儿。有些是资深研究者和科学家，我发现他们以前的憔悴消失了，他们充满了活力；有些是我的学生，我发现他们像找到了一个梦幻之家，上班像是在享受。当我见到这些人时，跳进我脑海的就是我在第三封信中写的:“当你对某个领域感兴趣时，你会在走路、上课或洗澡时都对它念念不忘，你在该领域内就更容易取得成功。更进一步，如果你对该领域有激情，你就可能为它废寝忘食，连睡觉时想起一个主意，都会跳起来。”这种对工作的热情是让我激动的。

令我震撼的是Google的“自由+透明”。在Google，每个人可以自己选择做什么，然后按照相同的兴趣，大家结合成一个个的团队。每个人想的都是怎么为公司好、做出对用户有意义的产品，而不是如何扩张自己的帝国。每个人都是透明的，没有秘密，没有“三角沟通”。每个人的目标和业绩也是透明的，在公司内部网络上即可看到。我第一次见到一批Google的中国员工，他们说他们都在考虑回中国。当我问道，“你老板的队伍只有两三个人，如果你走了，剩下的人就更少了，老板不会劝你留下吗?”我看到几十对不解的眼睛，它们像在问我:“难道你不记得我们这里的‘自由+透明’?难道你不认为我们的老板会为公司着想吗？”这样的团队氛围让我觉得是积极向上、充满活力的。

这些震撼激起了我的思考——

青年 + 自由 + 透明 + 新的创新模式 + 大众利益 + 诚信 =Google 的奇迹。中国有最优秀的青年，如果我能把 Google 的文化带入中国，是不是可以创造一个“Google 中国的奇迹”?是不是可以帮助中国青年创造未来更多 “中国的 Google”的奇迹?在我的论坛上有位学生提出:“无论微软、Google、开复的纠纷最终如何解决，最后的真正赢家是中国青年，是中国。”知我者，学生也。

当我一次又一次地再审我正在收尾的《做最好的自己》一书时，读到我自己写的许多文字:“追求你的最爱”、“终身学习” 、“你有选择的自由”，“做最好的自己”……这让我想到的是，我应该听听我心中的声音。无论这个决定带来多少困难，如果我没有追随我的心，我将终身后悔。如果我没有坚持我的原则，我怎么能建议你们这么做?!

于是，我做了重大的决定。

我有选择的权利——我选择了 Google。我选择了中国。

我要做有影响力的事——在中国，我能更多地帮助中国的青年，做最有影响力的事。

我要成为最好的自己——在 Google，我能经过学习新的创新模式，成为最好的自己。

2005 年 7 月 5 日，我走进了我老板的办公室，我说的第一句话是:

"I need to follow my heart."

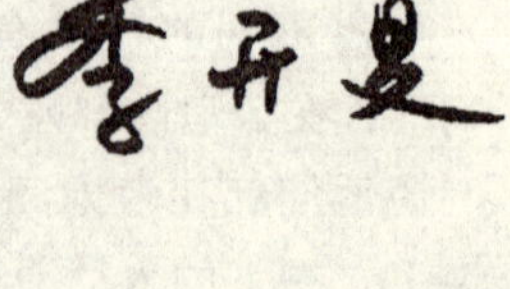

策　　划：李　朱(justinlizhu@gmail.com)

责任编辑：贾　兰

图书在版编目(CIP)数据

做最好的自己／李开复著.

-北京：人民出版社，2005.9(2010.2 重印)

ISBN 978-7-01-005124-6(平装本)

Ⅰ.做…　Ⅱ.李…　Ⅲ.成功心理学-通俗读物　Ⅳ.B848.4-49

中国版本图书馆 CIP 数据核字(2005)第 098672 号

出版发行：人民出版社

地　　址：北京朝阳门内大街 166 号(100706)

总 经 销：人民出版社发行部

010-65257256，65243313，65244241，65136418

邮购服务：人民东方图书销售中心

010-65250042，65289539

印　　刷：北京瑞古冠中印刷厂

开　　本：710 毫米×1000 毫米　1/16

印　　张：17.25

字　　数：300 千字

版　　次：2005 年 9 月第 1 版

印　　次：2010 年 2 月第 37 次印刷

印　　数：1,080,001-1,110,000 册

书　　号：ISBN 978-7-01-005124-6(平装本)

定　　价：28.00 元

本书在2006年全国两会期间报送中央领导、政府工作报告起草组、全国政协常委会、全国人大财经委及相关部长

刘国光　主编　　张卓元、董志凯、武力　副主编

出版时间：2006年3月　ISBN：7-01-005427-4　定价：98.00元

主要作者简介

本书主编刘国光研究员是首届中国经济学杰出贡献奖获得者、中国社会科学院特邀顾问；副主编张卓元研究员是素有“中国诺贝尔经济学奖”之称的孙冶方经济科学基金会秘书长、多次参与党中央文件起草。

内容介绍

本书是国内外第一本全面、系统地研究我国制定、实施前十个五年计划经验教训的学术性著作，不仅具有重要的学术理论价值，而且对于各地各组织制定和实施十一五规划也具有重要的现实参考价值。

非常宝贵的是，本书的部分历史文献资料是首次公开，这就保证了本书的权威性、独家性、资料性和价值性。另外，本书首次披露了过去十个五年计划制定和实施中的很多历史内幕故事，也使得本书具有极强的可读性、趣味性。

出版发行：人民出版社

邮购地址：北京朝阳门内大街166号　　　邮政编码：100706

邮购热线：010-65170515，65250042，65289539